开花的身体

KAIHUADESHENTI

一部服装的罗曼史

罗玛◎著

U0211988

上海社会科学院出版社

目 录
Contents

↑从约画于1310年的壁画《宝座上的圣母子》（乔托）看，长袍和连帽子的披风还是比较普遍的穿戴，禁欲主义在圣母这里尤其不例外。但到了15世纪上半叶，我们看到了穿紧身胸衣的圣母。

 前言

虐恋之花在束缚中盛开

↑根据《圣经》的说法，人类的始祖即亚当和夏娃并不认为暴露身体是一种羞耻，所以他们是不穿衣服的。直到狡猾的蛇引诱夏娃吃了智慧树上的果子，他们才产生了羞耻心，找来叶子遮蔽身体，产生了最早的衣服。1995年VERSACE找来典型的肌肉型猛男史泰龙和超级名模克洛蒂亚·西弗重现了这一传说，使我们更愿意相信服装起源的道德说。为了平衡服装起源于御寒需求的学说，可以解释为：伊甸园里气候宜人，赤身裸体并不感到寒冷。

　　或许只有重新回到裸体时代，我们才能真正领略服装的意味：那只是一场人类文明史中的性游戏，它被一种叫做审美的东西不断刺激着，变化在遮蔽与裸露之间，并在这半遮半掩中，完成对身体的色情想像。

　　毫无疑问，只有当人类耻于裸体之后，裸体本身才具有色情的意味，关于这一点，亚当和夏娃已经以"失乐园"为代价，为我们做出了解释。作为邪恶之蛇送给人类的第一件礼物，服装自它以树叶或兽皮的状态出现的那天起，便不可避免地带上了情欲的色彩。从最初的遮盖，到后来的自我美化以至异化，服装的发展从来都不是在实用的意义上得到推进的。正是从这个角度出发，人们重返伊甸园的努力总是以对服装的摒弃为开始。具体地说，目前流行于一些西方国家的天体主义运动，便是试图以消解欲念的方式，使人回到原始的状态。

　　所谓天体运动，就是一些人脱光了衣服进入某个封闭的区域。在这个区域里人们过着简单的生活，除了必要的运动和进食以外，更多的时候是无所事事地晒太阳，或看着某处发呆。我的一个朋友曾经在法国的某个天体营里呆了一个星期，用他的话讲，"那里

1

↑这个场景可以理解为亚当和夏娃在穿衣服问题上兜了很多圈子后，又在小范围之内找回了他们的伊甸园，当然，此时彼此的身体或许也不再构成诱惑。很明显的是装饰功能成了这个时代服装最主要功能，因此，珍珠项链和帽子还是不能放弃的。

的裸体们就像泥巴或石头一样，几乎没有性分别"。"没有性分别"显然是一句夸张的形容，但性的神秘感在完全而持续的裸露中被逐渐消解却是事实。来自各方的信息告诉我们，在天体营呆久了的男女们甚至懒得相互看一眼，更遑论调情或隐秘的性幻想了。

如果说裸露意味着消解，那么遮蔽则意味着萌发。对于身体而言，服装便是这样的一种土壤，它一方面掩盖着肉体这颗欲望的种子，一方面又以浮华、虚荣、自恋等大量的养分，滋养着更加纷繁的欲望之花。

回顾人类的服装史我们会发现，在道德的指向上，服装与肉体之间一直呈现着一种相互悖谬的紧张关系。当肉体被视为不洁和罪恶的摇篮时，服装便充当起警察的角色。在这一点上，欧洲中世纪的袍服为我们提供了一个研究的样本，当时的服装不仅在造型和结构上趋于封闭性，由于禁欲主义者认为女子的长发会引起人们的邪念，女人们除了长袍加身外，甚至头发也要用宽大的头巾遮蔽起来。在我们所熟悉的文学作品中，霍桑的《红字》表现的正是这样一种灵与肉的对立。在这部小说的一开始，女主人公海丝特即以一个荡妇的身份出现在受刑台上，厚重的裙袍将她完全地包裹起来，但胸前的红字——一个象征耻辱的标记——却泄露出肉体的秘密："那年轻妇女身材颀长，体态优美之极……那些本来就认识她的人，原先满以为她经历过这一磨难，会黯然失色，结果却惊得都发呆了，因为他们所看到的，是她焕发的美丽……"这个女人的美焕发在她的耻辱里，同时也焕发在她的服装里，事实上，正是服装和道德的双重囚禁，令海丝特的身体充满诱惑。

服装的压迫往往以束缚的姿态出现，而束缚导致的结果之一，便是在被迫的变体中开出奇异的花。从这个角度来看，中世纪之后的紧身胸衣正是一个极端的象征，那种用鲸须甚至钢筋塑造体型的方式不仅奇特，而且疯狂。相形之下，禁欲主义者的头巾在后来的放纵中发展成女人们借以卖弄风情的披肩，便显得微不足道了。

紧身胸衣从它出现的那天起就带有明显的虐恋意味，我们可

约翰·克雷特的油画《束腰》又名《美的代价》(1770～1775)，描述了18世纪贵族女子穿戴紧身胸衣的场景。必须强调的是通过历史学家们的调查，18世纪的紧身胸衣腰围最小的也有61厘米左右，画家为了画面的戏剧性效果而有所夸张。但到了19世纪科技的发展，使人们有足够的办法将紧身内衣勒得比画中的更紧。

"在我看来，著名的色情服装中，还有18世纪带裙撑的长裙……那种衣裙给人一种印象：里面可能什么也没有穿。"

以想像一个习惯受虐的女人为了持续地处于捆绑状态，而将一件内衣制成了紧绷的样式。当然这只是一个假想，实际的状况是16世纪的欧洲妇女为了突出细长的腰身，而将木片、鲸骨或者金属制成的撑架紧紧地绑缚在自己的身上，这样的习俗一直持续到19世纪的中叶，在维多利亚时代达到顶峰。在电影《飘》或《泰坦尼克号》中，我们都能看到这样的场景：一个贵族女子抱着柱子（或床头的支架）直立着，她身后的黑女仆则倾尽全力地拉扯着女主人背心上细密的抽带，假如这时女主人的母亲在场，她会吩咐女仆"紧点，再紧点"。然后这个腰肢几乎被勒断的女人被套上一层又一层的衬裙：亚麻的、法兰绒的、纱布的……当她穿上缀满花边的蓬裙，一个蜂腰、翘臀、乳房高耸的女性形象便完成了。

毫无疑问，这样的观看给人带来快感，正是在这样的观看中，我们发现束缚事实上意味着更大的放纵。紧身胸衣非但没有掩饰身体的欲望，相反，它在欲盖弥彰的反衬中更为放肆地强调了身体的性征，并使人陷入某种想像——"在我看来，著名的色情服装中，还有18世纪带裙撑的长裙。我之所以能如此详尽地描绘O娘的装束，那是因为有一段时间，我研究了服装史……一想到那种带护胸背心的长裙，我就心荡神驰。那种衣裙给人一种印象：里面可能什么也没有穿。"

以上的这番话是一位叫波莉娜·雷阿日（Pauline Reage）的女人在接受采访时说的，她因为写出了色情小说《O娘的故事》而被载入文学史。紧身胸衣在这篇小说中所起的作用是举足轻重的，也可以说没有紧身胸衣的虐恋之美，便没有了这部小说令人惊艳的色情想像。关于这一点，我们将在后面的章节中加以展开。

紧身胸衣和撑裙的演变史，几乎可以看做文艺复兴以来欧洲服装的发展史。从15世纪初到19世纪后半叶，长达400多年的服装演变中，无论荣辱毁誉、贫富苦乐，几乎所有的情感表达都能在女人的束胸及箍裙的变化中找到极端的例子。类似的服装事实上直至今天也没有完全消失。1990年，当流行歌手麦当娜在世界各地举行那场名为 Blonde Ambition 的巡回演唱时，其煽情热辣的表演不仅使她本人风靡全球，同时也将为她设计出锥型胸罩和虐恋

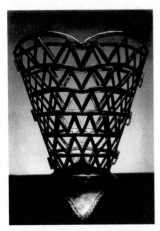

↑这看起来像是盔甲或者刑具的东西是1600年左右的"金属紧身内衣",由打眼的金属片做成,在身体的两侧靠铰链连接,穿着时用软物填塞。这种金属紧身内衣的初衷是用来"矫正变形身体",但也成为女子追求身段的"危险的时髦"。

式束胸的让·保罗·戈尔捷送到时尚的前沿。紧身胸衣在现代的意味上再次还魂。

束缚的奇花在东方则以为一种形式绽放。在中国,一个女人的脚是否够小,曾经是衡量其美感的重要标志。那些女人,她们从4岁起就开始缠足,所谓"三寸金莲"指的就是她们成年之后的脚的尺码。与紧身胸衣勒出的细腰相比,这样的小脚对中国男人有着更大的杀伤力。他们不仅对女人们摇摆不定的步态如痴如醉.甚至只要看一眼那畸形的小脚便情欲澎湃。中国明代艳情小说《金瓶梅》里一个著名的调情场景,就是从一个男人抚摸女人的小脚开始的,而那女人的名字就叫"金莲"。

尽管中国的小脚和西方的细腰一样长期以来为人诟病,但我们知道,更多的女人是自愿受虐的。这"自愿"一方面与当时的审美风尚有关,另一方面也是男权"注视"的一种必然结果。西方一些理论家认为,男人对女人的观看往往"在追求视淫快感的过程中将注视对象物体化"了。这句话如果用"女为悦己者容"来阐释,便可以转换为:在男人的性期待中,女人自觉地成为了被享用的对象。从这个角度来说,男人的"注视"最终决定了女人的着装趣味,并使她们在审美的想像中体味到虐恋的快感。这样的快感当然并不仅限于小脚和束胸,在世界的其他地方至今仍有为了吸引异性而将嘴唇撑大或将脖颈拉长的习俗。至于后现代服装史中的性感大师,只要列出维维安·韦斯特伍德、让·保罗·戈尔捷、亚历山大·麦克奎因、约翰·加里亚诺、乔万尼·范思哲……我们就知道虐恋的力量有多么强大。

第一章
Chapter one
虐恋之美

1 细，细到 40 厘米

一个女人，如果让她在 40 厘米的细腰与健康的肺之间做个了断，她会选择什么？维多利亚时代的女人会选择前者。为此，她们宁愿忍受因此引起的子宫下垂和肠胃的不适，至于呼吸方面的小问题，显然并不比一个"水桶腰"来得更加可怕。社交场上，一位女士因为呼吸困难而暂时地晕厥有时是一件赏心悦目的事，有点像中国的西施犯了心绞痛或林黛玉犯了眩晕症，这也使得嗅盐成为当时的女人们必备的随身物品之一。

↓这幅画向我们透露了 S 形体态的塑造秘诀，它们包括：托高乳房、束紧腰身的内衣、使臀部翘起的垫子或者裙撑，当然还有带装饰的帽子。因此，与那时候的女子约会，至少提前一天发出邀请是完全有必要的。

　　紧身胸衣最早是在西班牙流行起来的。那时大约是 16 世纪的上半叶，人们以鲸须为骨架制成一种无袖胸衣，这种胸衣呈倒三

↑保守主义者认为，S形身材时髦了多久，对女性身体的禁锢以及对她们的背部、内脏的伤害就有多久。但从这件大约1660年左右的紧身胸衣来看，问题似乎并没有这么严重。

角形，穿上身后从肩至腰都非常紧身，可调节的系带能将女人的腰肢勒到一个理想的程度。与之相配合的下装则十分的膨胀，一种由鲸骨、藤条或金属丝制成的圆环将吊钟状的裙裾层层撑起，罩上长及地面的华丽面料，便形成了贵妇们游走于宫廷时的浩荡场面。西班牙公主凯瑟琳嫁给英国国王亨利八世时，穿的就是这种衣服，所以，16世纪的后半叶紧身胸衣和撑裙迅速地在欧洲流行开来，人类史上一场最为奇特的"瘦身运动"也就此拉开。

第一个将"瘦身"推向极致的是法国王妃凯瑟琳·德·美第奇，由于她的腰围在传闻中达到了40厘米，欧洲的妇女们便立刻改变了紧身胸衣的标准：原来为了穿着舒适而设计的弹性功能现在变得多余了，鲸须胸衣不再适用，取而代之的是铁制的胸衣，一种由前后左右四块铁片组成的金属构件被设计出来，片与片之间用合叶连接，宽窄与松紧则通过铰链或插销调整。你可以想像穿这种衣服时发出的"吧嗒吧嗒"声，就像关窗户，或锁上小巧的密码箱，所以有人将这种胸衣形容为"痛苦的囚衣"。

点击今天的一些SM（虐恋）网站，我们仍然能在那里的购物网页上看到类似的"刑具"。那些虐恋者们，也许他们能够清晰地说出肉与铁相触时的快感，但300年前的女人们却再也忍受不了了。在持续的背脊损伤、肋骨变形等病痛中，她们终于在细腰和活命之间选择了后者，铁制的胸衣被废弃，转而采用布衲胸衣。

18世纪初的人们对娇小、纤细的身材情有独钟，女人们常用隐藏式的夹板束胸来控制自己的体型，对自然呈现的肌肉则十分厌恶。她们喜欢圆润的颈项，丰满的手臂，开得极低的领口凸显出的高耸的乳峰，用撑环撑起的夸张的臀部，以及使小腿看上去更加丰满的假腿肚。沉迷于社交场的女人们以忧郁的眼神来传达她们对情人的爱意，浅笑的小口、修长且胖嘟嘟的小手、挤在尖头鞋中的小脚，这些装束上的束缚、用金属架撑起的肉体、粘乎乎的胭脂制造出晚宴的奢靡与淫乐，同时也带来了头晕、贫血和疲惫，所以医生在开出的药方中，总少不了"须在空气好的地方

↑这是1895年一位束腰者的照片,这位年轻女士的细腰显然是"从娃娃抓起"的,而且很乐意展示她已经细到近乎不可思议的腰围和被高高托起的胸部。在19世纪中期,很多女孩在母亲或者时装寄宿学校的强迫下束腰,人为塑造出S形的体态。

散步,节制肉欲"之类的药引。紧身胸衣在此后相当长的一段时间里趋于宽松,但到了19世纪又再次走向极端。

1850年代的贵族女子在穿着上花费的时间,是我们现在任何一个女子都望尘莫及的。那时流行一种叫克里诺林(Crinoline)的撑裙,这种撑裙用轻金属制成环型撑架,然后填塞或包覆马毛、麻等材料作为裙撑。穿这种裙子单靠一个人几乎无法实现,一般由两个以上的助手协助完成。首先,她们得帮她穿上紧身胸衣,从后面一节一节地系紧抽带,然后穿上内衣和贴身的长内裤,然后是法兰绒的衬裙,然后是内衬裙,然后就是膨胀如车轮的裙撑,再然后是上了浆的白衬裙,然后是两层纱布的衬裙,最后,才是由塔夫绸或透孔织物等轻薄面料做成的裙子。穿这种裙子不仅需要足够的人手,还需要足够的空间,否则,当仆女们将太阳伞一样的裙裾用撑杆撑开并从女主人的头顶往下罩的时候,便很有可能将旁边的茶几、梳妆台或其他的小东西也一并收进去。事实上有些女人已经注意到了这一点,她们穿着巨大的撑裙招摇过市并不是为了显示身材,而是为了趁人不备的时候将她们喜欢的东西掖进裙子里。由于穿这种裙子偷窃的成功率总是很高,所以1868年以后克里诺林就不再受欢迎了。

佩雷在他1868年的《巴黎女子》中所写的"资产阶级女子不上妆,洁身自爱",指的是当时的化妆风尚。那时的女子刚从意大利式的浓妆艳抹中挣脱出来,却又在病态美的追求中走向另一个极端。在化妆室中,女人们在脸上涂抹白色的浮液或冷霜,搽厚厚的面香粉,如果头发是金色的还会在脸颊上抹些粉色的腮红,然后用眉笔将眉毛拉长,画上黑眼线,再把睫毛刷得又黑又亮。这样的妆容配合紧身胸衣塑造出的形象,使维多利亚时代的女子在放纵与端庄之间找到了一个衔接点。她们表面上高贵端庄,举止优雅,坐下时绝不交叉双腿和依靠椅背,说话时神情稳重,举止有致,但另一方面被紧身胸衣高高托起的酥胸却又泄露出不可遏制的情欲。康佐(Kunzle)在 Dress Reform as Antifeminism 一书中写道:"束腰及随之而来的低领服装作为一种时尚而首次出现于14世纪中叶并一直苟延到第一次世界大战的现象,并非历史上的偶然现象，束腰（即紧身胸衣，作者注）和低领服装是西方服装增加性感的主要手段。它们与人们的性意识及公开的性负罪感同时出现，与基督教的性压抑互为因果，而这种压抑在维多利亚时期达到了顶点。"

关于紧身胸衣的争论从来就没有停止过，有人说它将女性的美发挥到了极致，也有人说它是非自然的病态之花，损害妇女健康的头号杀手。第一次世界大战之前的网球明星贝蒂·瑞安回忆说，他曾亲眼目睹英国网球俱乐部女更衣室栏杆上的斑斑血迹——那是女选手们将她们汗湿的紧身胸衣搭在上面后留下的。

尽管人们怀疑紧身胸衣毁掉了女人的许多脏器：胃、子宫、肺……但维多利亚时代的女人与现代的女人一样，在美字面前无所畏惧。这就像如今的人造美女，她们之所以允许那些大夫们用手术刀割开自己的鼻子、眼皮、嘴唇、胸脯、大腿……是因为她们相信这样的确会使自己变得更美。

↓ 1581 年 9 月，在亨利三世的宫廷为安娜举办的婚礼舞会上，贵族男女们穿戴着闭口式轮状皱领或披肩式皱领。这是服装史上的"西班牙时期"，紧身胸衣和撑裙也是由嫁给英国亨利八世的西班牙公主凯瑟琳在 16 世纪初带到英国，从而在全欧洲流行起来的。

2 O娘的情欲

现在，让我们说说《O娘的故事》。

O娘是一个年轻貌美的女子，在一次外出中被情人带入郊外的一座秘密古堡。在那里，她被包括情人在内的男人们捆绑、鞭笞，受尽种种凌辱和虐待，最终心甘情愿地沦为男人的性奴隶。小说的情节并不复杂，复杂的是人物的心理变化和意淫般的细节描述：

> 浴室的门敞着，O娘从里面的镜子上看到自己的映像，纤细的腰身淹在绿涛中，那重叠的缎裙在她臀部上翻腾，就好像用裙环撑起来似的……

这是她进入古堡时所要接受的第一件事，她被几个和她一样年轻的女子伺候着，在巨大的镜子前赤裸身体、沐浴更衣，犹如苏丹后宫里的嫔妃，然后化上艳丽的妆，穿上规定的衣服，被带到挂满各种刑具的房间，供男人们鞭笞和享用。故事始终是在对服装的描述中展开和推进的：

> 接待她的那两名女子，给她送来在这里居住期间穿的衣裙……硬领的胸衣紧紧束住腰身，亚麻布衬裙十分挺板，外面套一条下摆肥大的连衣长裙，开胸很低，露出胸衣，乳房几乎裸露，只有花边半遮半掩。衬裙是白色的，胸衣和连衣裙是水绿色缎子的，镶了白色花边……雅娜伸手整理绿缎连衣裙袖子上的一条纹摺，她的乳房在上衣花边中摇晃……

这些令人晕眩的叙述、肉欲的狂想，当它在紧身胸衣的衬托中层层打开，着装便被赋予了仪式般的意义，就像祭品被放上供桌之前必要的清洁和装点。而作者波莉娜·雷阿日则借O娘之口，

↑紧身胸衣的商业广告，花瓶状的造型极富想像力。

关于封闭式紧身内衣（必须别人从后面帮助系带子）的情色笑话很多，比如丈夫晚上帮助妻子解带子的时候发现早上打的蝴蝶结变成了玫瑰花结之类。1877年，当马奈的油画《娜娜》首次公之于众时，评论家称模特身上的盛装才是这幅画的点睛之笔，附在旁边的小诗这样写到："赤裸得不能再赤裸，罩着那蓬松又轻盈的内衣。

美丽而纯洁的少女，透出了她那苗条的身材和迷人的魅力。

她就在那里，披上了轻柔的缎衣，当窗理鬓，对镜梳妆。

慢慢地靠近了前来探望她的心上人，这一切都无声无息。"

对照当今的审美标准，似乎只有"无声无息"这一句是准确的，画中的女子大约可以用虎背熊腰来形容。看来紧身胸衣也有无能为力的那一刻。

↑300年前的时髦女子看到今天的丁字裤潮流时不知会作何感想。真正意义上的捆绑只是"意思一下"，捆绑的主题，和由之带来的性诱惑却仍然没有失去。

↑复古风又带动了紧身胸衣的流行，不过大量弹性蕾丝、塑料撑架使它对人体的束缚已经不能与最早的紧身胸衣同日而语。装饰风格成了第一位的，例如可以这样使用紧身胸衣。

说出了虐恋者们不敢明言的快感：

她从正面给O娘扣上胸衣的搭扣，再从背面把拉带抽紧。胸衣又长又硬，就像从前束成的胡蜂腰，而上端有两个小兜儿托住乳房。在拉带逐渐抽紧的时候，胸衣兜儿便把乳房托起来，乳峰显得更加挺突。同时，腰身勒细，越发突出了腹部和腰臀。奇就奇在这甲胄似的胸衣倒十分舒适，在某种程度上使人得以休息……姑娘们这样穿戴上，倒不大像护身遮体，反而像卖弄姿色，故意撩拨了。

一语道破天机。原来维多利亚时代的女人们之所以迷恋"痛苦的囚衣"，除了追求美感外还另有原因！难怪让·波朗在这部小说的序中惊呼："终于，一个女人招认！招认什么呢？招认女人一直不能容忍的，男人一直责备他们的，即她们总是服从她们的血统，从她们身体，直至精神，一切都是性。必须不断地供养她们，不断给她们梳洗打扮，不断打扮她们……一言以蔽之，去同她们约会，必须随身带一根鞭子。"

这样的结论，女权主义者当然不能答应。和她们站在同一战线上的还有维多利亚时代的假道学们，他们认为紧身胸衣不仅毁坏了女人的身体，也毁坏了女人的道德，令她们在情欲的放纵中一步步走向深渊而不自知。

回到O娘的语境中来，紧身胸衣却正是其灵魂和肉体的双重安慰。在这部被称为"男人所能收到的最粗野的情书"中，O娘被描述成一个既贞洁又淫荡，既无耻又无邪的异数，在她永远赤裸的衣裙里，惟一不可逾越的，就是那道紧身的甲胄——同时也是将她放上祭坛的托盘，服装在这里完全成为性的道具：

"情人要求她做到简便，即随时并立刻能供人使用。她知道仅仅要供人使用还不够，用起来还必须毫无阻碍，首先是她起立坐卧的姿势，其次是她的衣着服饰，可以说都要赋予象征意义，让情人一见到就能心领神会。"那么什么样的衣服才能让人"心领神

在德特鲁瓦作于 1734 年的油画《向求
婚者展示她那精致小巧的手镯的女人》
中，其着装风尚可看做为 O 娘的古典版
本。

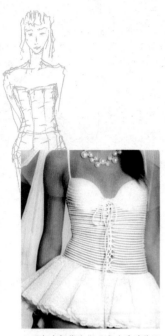

↑近年来捆绑主题又成为受时装设计师们欢迎的灵感，由捆绑象征的"禁锢"从而带来刺激，是现代时装表现性感的常用方法之一。这是2004春夏时装中的一些细节展示。

会"呢？小说中的O娘只穿两种样式的衣裙：一种是能够将拉链从上一拉到底的；另一种则是扇型裙，一把就能从后面撩起来的那种。这样的服装正如波莉娜·雷阿日所说，"给人的印象是里面什么也没穿"。但事实则不然，那里面始终有一件贴身的符咒燃烧着O娘，使她在受虐的耻辱中，感受到作为祭品的神圣和快感。

"有多少回她就这样想像着，在内心深处感受着秘密的喜悦。有时候她也想，我是《天方夜谭》里的女奴吗？但我为什么没有屈辱感呢？她在衣服的挤压中想像着喷泉，廊柱，无花果和椰枣……一切都是强加的，什么事也不征求她同意。然而现在，她半裸地待在这里，却是她心甘情愿的，她的许诺如同咒符将她锁住。"然而她又自问："锁住她的，仅仅是她的诺言吗？"结论当然不是，那是她心甘情愿的，她终于被紧身胸衣彻底驯服，成为人类受虐本性的一个极端象征。

作为虐恋小说的代表作，《O娘的故事》与紧身胸衣一样，自它诞生的那天起便备受争议。但不管人们给予它怎样的评价，紧身胸衣作为性的道具在其中的运用无疑是极其成功的，同时它也从某种意义上还原了服装的本质。

3 男人的束腰、马裤、黑死病

尽管紧身胸衣长期以来遭到男人的嘲弄和耻笑，但当时光推进到19世纪的30年代，法国的男人们首先改变了看法。他们为了追求修长的外表不仅将女装的羊腿袖吸收到男装的样式之中，甚至连女人的紧身胸衣也大胆借用。很难想像他们是怎样将自己粗壮的腰身装进那种倒三角的甲胄里去的，总之他们有的是力量将他们的腰勒得更细一些。所以，那些身穿燕尾服、打着领结的先生们，当他们在谈话的过程中不自然地转动身体或松松领结，千万不要以为那是不耐烦的表示。紧身胸衣让男人绷直了身体，也让他们体会到了被虐待的滋味。

除此之外，19世纪的男人还喜欢选用针织的面料做裤子，并在裤脚上设计了搭带，这样的裤子穿起来之后，绕过脚底的搭带能够将裤子拉得笔直——那样子很像上世纪80年代在中国大肆流行过的健美裤，腿细的人穿起来就成了鲁迅先生形容过的"圆规"——然后他们穿上马靴或低帮的高跟鞋。他们的上衣通常下摆肥大，这使得腰部看上去更细，此外他们还利用领结、翻领、双层背心使胸部隆起，这些人造的胸肌或许是他们惟一希望显示阳刚的地方了。

不管怎么说，那时的男人们浪漫而优雅，他们穿着讲究，举止得体，紧身胸衣绷得再紧也不妨碍他们弯腰行礼，随时向女士献上殷勤和礼貌。此后的男装稍有变化，19世纪中期的一些男子开始放弃绅士风度，转而追求一种叛逆的形象。他们蓄起了蓬乱的长发，穿一种有褶子的宽大直筒裤，外加一顶天鹅绒便帽和夸张的领结，随意中带着一点刻意制造的邋遢。有时他们喜欢穿一种丝瓜领的宽松夹克到处闲逛和吸烟，所以人们将这种夹克叫做闲

↑男人也能将腰勒得很细，这是真的！

←束腰并不是女性的专利。19世纪初的这幅讽刺漫画刻画了一位花花公子在仆从的帮助下把腰身勒得更紧的场面。在整个19世纪30年代，时髦的男装仍旧注重收腰、肩部宽阔、下摆宽大飘洒。

荡夹克或吸烟夹克。而事实上这种夹克在做工和用料上一点都不马虎，大多以华丽的天鹅绒或丝绒制成。由于质感上的细腻和款式上的随意，后来一些女子也开始穿这种衣服外出购物或聚在一起喝下午茶。这或许是男装女穿的最早先例。

追述20世纪以前的服装史我们会发现，男子的服装事实上是在西装出现之后才开始变得僵硬和无趣起来的，而在此之前的服装则一直充满了华丽和生动之气。夸张的款式，富于想像力的造型，精致的细节处理，铺张的用料，这些如今仅仅适用于女装的描述，曾经十分自然地修饰着男子的衣着。这其中颇值一提的，是流行于15世纪前后的一种切口装饰。

所谓切口装饰，也叫雇兵步兵风格（landsknechts），原本是用刀、剑等兵器砍劈或割伤的意思。那个时期的欧洲战争不断，各国君主为了巩固自己的权力纷纷招兵买马，将大量的雇佣军投入战斗，这其中最骁勇善战的是德国和瑞士的士兵。由于长期作战，他们的衣服常常被磨损得破烂不堪，所以他们只能临时从战利品或敌人的军服上撕下一些碎布片，来填塞和缝补衣服的破损处。战争结束后，雇佣兵们穿着这些光怪陆离的衣服回到家乡，于是，这些衣服便和英雄们一道，被家乡的人们尊重和效仿起来。人们拿起剪刀将好好的衣服和裤子划得"伤痕累累"，以表示对英雄的敬意。有趣的是这些"切口"中露出内衣的服装在一番细细地打量之后，竟被发现别有一种美感。就这样，切口装饰不胫而走风靡欧洲，并于 1530 年前后达到流行的顶峰。

切口装饰发展到极致的时候，几乎全身上下都布满了"伤痕"。切口可以装饰在身体的任何部位，也可以组合成各种图形，而切口处暴露的内衣无论在质地上还是颜色上都是十分讲究的，甚至有人在里面缀满了珠宝。事情一旦发展到这个地步往往就无法继续了，正所谓"物极必反"，于是 17 世纪的男装被一种半长的马裤和大衣取代。这种紧身的马裤款式十分简洁，从上到下只有一个装饰，这个装饰就是前裆处的一块楔形遮挡布，也叫下体盖片，说白了就是套住阳具的小布兜。由于马裤紧绷而光滑，所以这个小布兜孤零零地吊在那儿就显得特别的扎眼和突兀。但这样还不够，男人们还会在里面塞上一些更显膨胀的填充物，有的还会在表面刺绣甚至缀上珠宝。当然，切口装饰并没有被彻底忘记，现在它常常在前裆处打开，露出里面的白内裤。

这种在今天看起来多少有些无耻的装束，事实上与女性的紧身胸衣大有异曲同工之妙。据说，这种叫做布里彻斯（breeches）裤的流行与 14 世纪以来肆虐欧洲的黑死病有关，由于这种可怕的疾病几乎夺去了欧洲半数人的生命，繁衍后代的问题便立刻提到了议事日程上来。毫无疑问，在这方面男人们总是乐意多承担些义务的。从这个角度来看，他们将自己的生殖器官显上一显，也就不足为怪了。

4 脚越小，美丽越大

西方世界流行这样一个传说，在 11 世纪的中国有一位叫 Taki 的皇后，由于她有一双先天畸形的小脚，所以他的丈夫就向朝廷颁布了一道旨意：从今往后，宫廷里的男人们只准娶小脚的女人，因为只有小脚的女人，才真正具有女人味。于是全国上下的女人

↑罗伯特·达德尼画于 1575 年左右的《列斯特的伯爵》，人物的腰显然是勒出来的。

↑脱去丝缎的带刺绣的精致鞋子，这就是"三寸金莲"的真相。

都忙活起来了，她们用长长的布带将脚紧紧地裹起来，直至最后彻底变形。

还有一种传说比较诗意一些，说的是宋代的宫廷舞女为了能够在铺展于地面的荷花上跳舞，便想出了这么个让脚变小的办法。但这个说法似乎更适合于西方的足尖舞，而中国的小脚，一旦我们了解了它是怎样变形的，便无论如何也无法将它与舞蹈联系在一起了。

中国女人的小脚又叫三寸金莲，也就是说它大约只有三寸这么长。要想达到这样的尺寸，女孩们在四五岁的时候就要把脚紧紧地包裹起来，一层又一层，一条裹脚布通常有好几米长。中国有句俗语，是用来讽刺那些废话连篇的人的，就叫"小脚老太太的裹脚布，又臭又长"。这样的酷刑一直要持续到十岁左右才能解除。这时的女孩身体已基本发育成形，但脚却永远地停留在"三寸"那么大了。被迫停止生长的小脚很像中国人爱吃的粽子，五个脚趾从脚尖开始依次蜷伏在前掌上，而前掌由于长期的挤压早已弯成一道深沟，所以，也可以说那些可怜的脚趾是直接叠合在脚心上的。这样的脚几乎无力承担任何的重量，用它来行走已经勉为其难，就更别说跳舞了！

不管怎么说，裹小脚是一件需要想像力的事，应该给它的发明者颁发虐恋天才奖。因为这个用来走路的器官一旦被损坏，作为一个劳动者的功能也就基本被废除了。中国的女人在此后很长的一段时间被男人当作附属品来供养，正是拜这双小脚所赐。而假如这个女人恰巧又生得漂亮，便不折不扣地成了男人们的宠物或花瓶。看着她们细碎摇摆的步态，男人们无不顿生怜爱之情，体内的热能也常常因此喷涌而出。

"妇女的脚变成她主要的性诱感力。"高罗佩在《中国古代性生活》一书中写道："男人在'办正事'前，会触碰它，而这种接触甚至成为传统上的开场白……当求爱者已获女士同意私会，他不必靠身体上的接触来探测对方的感觉，甚至不必碰到她的衣袖，但可以用语言来表白动机。如对方并无不快的回应，他让用过晚餐的筷子或手帕掉到地上，当他低下身子拣拾筷子或手帕时，轻触女士的脚。这时便是决定性所在，若对方没生气的表示，便达到目的了……"

熟悉中国古典文学的人一眼便可以看出，高罗佩所说的"女士"就是历史上最著名的荡妇潘金莲。这段文字还原到《金瓶梅》里是这样的：

> 这西门庆故意把袖子在桌上一拂，将那双筷拂落在地下来。一来也是缘法凑巧，那双筷正落在妇人脚边。这西门庆连忙将身下去拾筷，只见妇人尖尖巧巧刚三寸。一对小小金莲，正巧在筷边。西门庆且不拾筷，便去她绣花鞋头上只一捏。那妇人笑将起来……

一双畸形的小脚何以有如此大的性威力？不仅西方人百思不解，就连身在其中的中国人也很难说清。一些学者认定裹小脚这个步骤可以刺激女性的阴阜扩张，而男人的"脚骚扰"又可以将阴道反射区的敏感度进一步"激活"；另一些人则从社会学的角度对小脚加以肯定，认为裹小脚这个习俗不仅可以限制女人的活动，使她们大门不出二门不迈，同时也让她们兼具了谦卑的美德。

以上结论不用说，一定是男人得出的。作为既得利益的享用者，他们对小脚的爱慕更甚于爱慕女人本身。那个时代，一个女人的脸生得再丑，也总能嫁出去，但如果有一双不体面的大脚就彻底完了，谁娶了这样的女人，谁就意味着一辈子抬不起头来，除非他是皇帝。传说中的马大脚就是明太祖朱元璋的老婆，据说她的脚伸出来有车轮那么大——当然那是和三寸金莲相比。但就算是皇帝，朱元璋也没少被人说道。那些乡野村夫，他们干完农活后往田垄上一坐，再抽上一袋烟："说起那马大脚来呀，那个脚那叫大呀……哈哈哈。"这一笑，就笑了几百年。

小脚女人到底好在哪里，现代人已无法体会，因为至今为止见过小脚的人，年龄最轻的用时下的流行语说也已经"奔四"（快40岁）了，而他们所见的小脚，对应的也只能是老太太的面容，所以我们的词汇里有"小脚老太太"之说，却从来没有"小脚美女"或

↑ 16世纪威尼斯贵族妇女中流行的高底鞋，鞋跟高达惊人的55cm，虽然说可以解释为"在水城穿这样的高底鞋能免于踩在水坑里"，但她们走路时不得不依靠女仆的搀扶。中国清代的妃嫔也有类似的鞋子。

↑不知道谁会穿它？20世纪60年代由安德烈·佩鲁吉亚设计的这款无法平衡的船行高跟浅帮鞋，大概只作为一种概念放在橱窗里展示，或者为了赢得惊呼而且耐心又极好的女士才愿意花费相当长的时间、冒很大的伤残风险来穿它那么一小会儿。

↓特高跟的晚宴便鞋。如果这样的流行持续，经过若干年的进化，女性的平衡能力将会比男性更强。

"小脚女孩"。我们需要任何样式的鞋子，却从来不需要不能走路的鞋子。难说幸与不幸，时代已经进展到这样的关头：不管你是男人或女人，都必须自己挣饭吃。而从前的女人却不是这样，她们不穿运动鞋和宽松裤，是因为她们不需要在上班的路上疲于奔命。

并非只有中国的女人如此，18世纪的欧洲妇女同样在鞋子的束缚中"痛并快乐着"。据说有一次拿破仑的妻子约瑟芬将一双崭新的鞋子扔还给鞋匠，鞋匠只看了一眼就明白了："啊，我知道什么问题了，"鞋匠指着鞋尖上的一个小洞说，"夫人，您穿着它走过路了。"

显然，欧洲女人的脚在相当长的一段时间里，也不是用来走路的，尽管她们并没有像中国女人那样采取极端的态度（在我看来这主要是因为紧身胸衣转移了她们的注意力），但那种必须屏住呼吸才能将脚挤进去的薄底鞋、后跟高到6英寸的尖头鞋，其刑具的效果有时并不亚于"三寸金莲"。

如果我们能回到16世纪的意大利，我们将发现那时的女人出奇地高——因为她们都穿着一种叫做乔品（chopin）的软木鞋，这种鞋子很像中国清代妇女穿的盆底鞋，只是她们的鞋底更夸张，有的足有30厘米高。以至于一位到过威尼斯的游客在日记里惊呼："这个国家到处都是会走路的五朔节花柱。"

"五朔节花柱"并没有完全消失，20世纪末由日本流行到中国的松糕鞋或许可以看做它的翻版。至于一双脚丫子在今天代表了什么，只要你在晚餐的时候将筷子拂落，然后假装弯腰去拣，然后将女人涂着指甲油的小脚捏上一捏……你会得到和西门庆同样的答案。

第二章
Chapter two
S 在延续

1 时装之父和第一个模特

　　1845年，当年轻的查尔斯·沃斯（Charles Worth）怀揣一张五英镑的钞票只身前往巴黎的时候，谁也没料到他的到来将引发一场时装界的地震。那一年沃斯20岁，此前他曾是伦敦一家布料店的伙计，此后他在巴黎著名的Maison Gagelin纺织品公司里工作了11年。这11年间发生了很多事，对沃斯来说最重要的事之一，就是1848年爆发的法国"二月革命"。那时的社会动荡不安，多变的政局使政客们提心吊胆，但对于一个活跃的设计师而言，却正是他大讨女人们欢心的好时机。

　　沃斯成功地活跃在达官显贵之间，成为上流社会的妇女们不可或缺的时尚领袖——尽管那时尚一词尚未发明。在此期间他筹划了服装行业里的第一个时装发布会，并将那些用以展示的服装穿在真人身上——这一举动开创了服装史中的一个新行业，时装模特由此而诞生。用真人展示服装的做法使服装得以在动态的审视中得到丰富和发展，不仅如此，这些走动的女郎还将沃斯的服装展示会变成了热卖场。当然，起用真人模特还有另一个好处，

↑查尔斯·弗雷德里克·沃斯，出生于英格兰东海岸的林肯郡，12岁即为谋求生计来到伦敦一家布料商店工作。如果不是这样，这位日后的时装之父或许就不会想到走上服装设计这条路了。

而这好处只能由沃斯自己去体会了，因为那个叫玛丽·弗内的姑娘——服装史上的第一个女模特，后来成了沃斯的妻子。

1855年，沃斯以层叠的布料衬裙取代了传统的裙箍设计，将妇女们的身体从夸张的"母鸡笼"里解救了出来。对这一变革做出积极响应的女人中，有一个被称做那个时代的戴安娜或杰奎琳·肯尼迪，这就是拿破仑三世的妻子欧仁尼皇后。以她当时在服装界的影响力，可以说随便选择一种布料就可以改变纺织工业的命运。所以，当她喜爱上沃斯的布料衬裙，沃斯的命运也就可想而知了。很快，他决定脱离原来的公司另起炉灶。当他与一个叫奥托·博贝夫的衣料商在巴黎的和平大街上开设了"沃斯与博贝夫"时装店时，一个由服装设计师左右潮流的时代宣告来临。他们不仅销售成衣，还销售自行设计的服装图纸，这种带有独创意味的经营方式，将他们与以前的宫廷裁缝区分开来。

沃斯的步伐迈得更大了，他不再满足于硬布衬裙带来的成功，而将挑战的目光投向女人的全身。他用抬高女装的腰际线、放宽下摆、加长裙身的做法，使女装的面貌发生了巨大变化。一个新的时代来临了，沃斯不仅让女人们体会到了长裙曳地的优雅，也让她们体会到不戴披肩和帽子的轻松和简便。在他为贵族妇女设计的服装中，有一款采用公主线和刺绣装饰的晚礼服，堪称服装史上的经典。这款晚装是为一位叫格雷夫尔的伯爵夫人设计的，其整体造型依然沿袭了紧身胸衣塑造的纤细体态，但后背的放射型线条和极富装饰意味的工艺刺绣，则体现了"新艺术"运动的时代精神。所谓"新艺术"指的是一种唯美主义的装饰风格，由稍早一些的工艺美术运动发展而来，其特征是以藤蔓类植物图形和弯曲的线条为基本元素，变化出华丽而繁复的装饰图案。这些图案不仅用来装饰建筑、家具、书籍和日用品，也大量地出现在纺织品中。

↑沃斯设计的女服华丽、娇艳、奢侈，但他摒弃了原先"鸟笼式"的裙撑，而改用层叠的布料突出翘臀的S形，形成前平后耸的风貌。1860年沃斯被聘为法国皇室的服装设计师，之后维多利亚也下旨请他设计服装。

沃斯的另一个传奇是他为萨冈公主（Princess de Sagan）设计的一件孔雀服，这件传闻中的奇妙服装据说是为1864年的"动物晚会"专门制作的，在中国的语汇里可以用"羽衣霓裳"来对应。至于沃斯当时在时装界的威信，法国一位叫波利特·丹纳的

←沃斯1896年为格蕾夫尔伯爵夫人设计的晚礼服，充分利用省道分割设计出紧身效果，加上精致的刺绣，显得典雅而高贵。这种省道裁剪就是后来的 "公主线"。

史学家描述过的一个场景大致可以说明：

　　沃斯穿着一件丝绒大衣，黝黑的脸上很少表情，带着神经质的目光看着她们。他随随便便地坐在一张无靠背的特长沙发里，叼着雪茄，对她们嚷嚷：

　　"起步走——转身——停，一个礼拜以后再来，我会把最适合您的服装交给您。"

　　在那儿，选择服装的不是她们，而是沃斯……曾有一次，一位满身珠光宝气的太太走进沙龙。"太太，"沃

↑沃斯在1921年的时装发布会上，使用了鲜艳的色彩和东方元素。

↑作于1882年的《着日本服装的少女》显示在19世纪后期，东方风情就已经成为巴黎的一种别致而时髦的情调。

斯说，"您这一身打扮是给谁看的？"

"我不明白您的意思。"

"我想，恐怕您是穿给我看的吧！"

那位太太勃然大怒，扭头走了。但其他在场的女士们纹丝不动，她们说，"我不在乎他的粗鲁，只要他能为我做衣服。"

19世纪60年代的女人们对沃斯如痴如狂，那些暴发户的女人们不仅令他的店铺频频爆棚，同时也确立了他作为世界服装史上第一个女装设计师的地位。到了1870年前后，沃斯至少已经雇佣了1200多个女裁缝，每周生产出上百件的衣裙，年净利润高达四万英镑。对于一个曾经睡在柜台下面的小伙计来说，这可是一个不小的数字。1885年，"法国高级女装协会"成立，而这个协会的前身就是沃斯组织的巴黎首家高级女装设计师的权威机构——时装联合会。这个组织的成立，使沃斯的服装理想得以最大化实现，并迅速带动起高级时装业的发展，为巴黎成为日后的"世界时装之都"奠定了基础。

也许今天的人们会说，"这个布料店的小伙计，他的设计并没有摆脱宫廷裁缝的匠气。"但如果能回到当时的年代，我们将重新发现他的前卫意义，比如他将皇后的裙长缩短了25厘米，这在今天看来，不亚于让英国女王穿上超短裙。

2 巴斯尔的翘臀欲望

正当法国高级时装和"新艺术"运动蓬勃发展之际，普法之战不幸爆发。随着法国的战败和接踵而来的巴黎公社起义，贵族阶层深受打击，巴黎的时装业也进入了一个低迷的阶段。沃斯的

时装店一度关闭，勉强流行的时装在色彩的搭配上也显得和时局
一样混乱。在这种背景下，一种叫做"巴斯尔"的箍裙在怀旧的
气氛里再度回潮。

　　巴斯尔是一种使后臀看上去高高隆起的围腰式撑架，呈半月
形固定在女人的后腰上。所以那个时期的女人，应该是欧洲历史
上屁股翘得最高的女人，不仅如此，她们还喜欢在那上面装饰蝴

←雷诺阿名画《散心》
(1870) 中的女子身着当时
最为流行的巴斯尔式服装，
在裙子的后部装饰着多层蝴
蝶结，裙子后摆拖曳及地，
穿这样的裙子到野外散心似
乎是不方便的，从裙子的损
坏可能看也不划算。

↑当时的巴斯尔广告。广告
中说，巴斯尔是一种不约束
身体、功能性好的新式裙
撑。

↑这件作品取消了服装的遮蔽性，却对贵族妇女的日常发式做了完整的保留，正是这种体面与无耻的强烈对照，形成了这幅照片极为有趣一面，这也可以看作是对维多利亚时代女性着装一种戏谑和嘲弄。

→修拉的作品《大碗岛上的星期天下午》，图中女子穿着巴斯尔裙。这样的裙子、帽子、手笼和佩饰、阳伞，在19世纪晚期妇女外出时一样都不能少。

蝶结和花边褶，并将裙裾拖得很长，使自己看上去像一个自命不凡的软体虫。有的裙裾甚至长达2米左右。

由于臀部的夸张，人们对乳房的要求也"高"了起来。有记载表明，那时的女人已经开始使用橡胶乳房。贝侯在《外表的运作》一书中这样写道："橡胶制乳房与一个放在腰后的轻型弹簧连接可使其跳动，如有一双手臂伸过来抚摩触及弹簧，便会马上引起跳动的效果直到手放开为止。宽阔完整的垫臀凸显出腰部的纤细……穿上这套紧身衣经常会有奇遇，而不仅仅是约会。"

由此可见，那时的人们对手感的要求与现在大不相同，他们似乎并不在乎一触之下的真实感受，却会对一个弹跳的乳房如痴如醉……还是让我们想像一下他们切入"正题"时所要完成的程序吧：首先，他们得脱去外衣，然后是衬裙，然后还是衬裙，衬裙，还是衬裙……终于看到皮肤了！不，那是橡胶的胸衣，装着弹簧的腰垫，然后是紧身胸衣——不能急，抽带只能一节一节地松开……这是一个激动人心的时刻，就像游戏打到了最后一关，夺标竞赛中干掉了最后一个对手。这种依靠服装所取得的前戏效果，恐怕是其他性手段所无法比拟的，难怪写下了《恶之花》的波德莱尔会说，"所有美和高贵的事物都是由理智与计算而来的"。相形之下，那种直奔主题的勾当就显得寡淡和无趣得多了。

修拉的名画《大碗岛上的星期天下午》，表现的正是那个时期人们的着装风尚和生活情趣。那些女人们穿着使臀部高高隆起的曳地长裙，一手打着遮不住太阳的小阳伞，一手抓住折扇或情人的手，沉静在午后的树荫里。而男人则戴着窄边的礼帽，穿着和今天的西服很接近的"三件套"，前襟扣着拘谨的双排扣。这种双排扣的服装据说最早起源于海员制服，其特点是可以根据海风的风向，随时变换搭门的方向，可以左扣，也可以右扣。后来的西装则不知因为什么，只能向右扣了。配合这样的上衣，裤子一般用条纹棉布或格子呢料制作，款形在臀部和大腿部放宽，在小腿收窄，裤脚流行翻边。这种翻边裤脚据说起源于18世纪末的一个雨天，那天爱德华七世在伦敦市的一座竞技场看赛马，忽然天降大雨，这位君王弯腰将裤脚卷了起来…

↓ 1900 年的法国街头咖啡馆，男士们蓄着小胡子，帽子是必备品，穿着已经类似今天的西服三件套。

↑关于紧身胸衣，人们产生了很多联想，并且产生了一些新的创意。显然，这至少有助于人类智力的开发。

3 高贵的假领子

生于20世纪60年代的中国人，应该还能记得父辈的一种着装习惯：他们在穿上外衣之前，往往要贴身戴上一个洗得很白、浆得很硬的假领子，这种领子的延伸部分一直到肩膀，由两根带子分别穿过腋下，这样就被固定住了。这种穿假领子的习俗在过去的公共澡堂十分常见，人多的时候可谓蔚为壮观，大家七手八脚，有的穿，有的脱，讲究的人还会套上假的袖子，并将袖口扣得十分整齐。然后他们穿上低领毛衣或外套，喜欢显摆的人还会将雪白的领子翻在外面。

这种流行于20世纪70年代的装束让后来的人们笑掉了大牙，他们怎么也不会相信这种代表了土气与寒酸的什物，曾经也是欧美人的时髦标志。

事情要从19世纪末20世纪初说起。那时的美国人干了一件粗野但了不起的事，他们将欧洲人一直作为内衣的衬衫，拿去当了外衣。于是，衬衫作为自由和民主意识的先行标志，在世界范围内流行起来，并且在款式上也做了进一步改进。这种改变主要体现在领子上，当时十分有名的箭牌领和纽扣领衬衫就是在这个背景下出现的。

箭牌领源于男式衬衫上一种经过上浆处理的可拆卸领子，这种领子事实上在文艺复兴时期的西班牙就已经流行过。那时的人们喜欢戴一种打皱的领子，形状有点像齿轮，高高地竖在脖子上，上端直抵住下巴，外缘几乎与肩同宽，夸张的时候弄得吃饭都成问题。为此人们不得不改变吃饭的方式，甚至发明了专门的餐具。后来人们终于受不了，于是在保留褶皱的基础上进行了改变。变通的结果是将领子的上端打开并放倒，像扇子一样披在肩膀上，也有人称之为"扫帚领"。到了18世纪，男人们开始喜欢起一种波状的胸饰。这种胸饰一般由花边或其他的轻薄织物做成，褶边成波浪状，可以固定在衣服上，也可以脱卸。这种花哨的胸饰取代了此前的领巾。大肆流行一段时间之后，男人们又被一种宽大

←1905年的照片，照中的这位男子穿着当时巴黎男子的典型服饰。

的硬套领所吸引。这种领子的形状很像当时的军装领，由细棉布、亚麻布或丝绸等加衬制成，套上脖子后在颈后打结固定。再后来流行起黑色的蝴蝶领结，这应该是领带的前身……纵观男装的变化，我们将发现他们在领子上花费的心思并不比女人在脸上花得少。那真是一个美妙的年代，"花样男子"的如意岁月。他们打着华丽的领饰戴着高高的礼帽，周旋在政治和女人之间，从不担心精致的修饰会招致情人的反感。那时的人们似乎更相信男人之所以为男人，是因为他们解风情，懂女人，有绅士风度和骑士精神，而不仅仅是"穿得像个男人"。

1820年，美国的设计师设计出了类似于现代男式衬衫领的可拆卸领子，箭牌领由此得以确立。后来的40年里，假领子风靡美国，专门生产假领子的工厂也应运而生。这其中最有名的，便是后来创立了箭牌商标的梅萨斯·莫琳和布兰奇特工厂。第一次世界大战后，人们的兴趣开始转移，假领子的需求量下降。一度高高在上的假领子不得不与衬衣重新联姻。

4 与时髦无缘的男人

↑ 20世纪初的那些老绅士们看见这样的小伙子，多半是要吐口水的——当然，有的也会咽口水，但不管他们做何反应都已经不重要了。时尚这个东西从来都不是在因循守旧或四平八稳的人中产生的，相反，那些我行我素的同性恋者、流行歌星、嬉皮士们，由于他们往往通过对主流文化的反动来彰显自己的个性和主张，所以在服装上的选择更加自由和放松。从这个角度来说，他们或许正是男性时装的真正推动者。

女人可以追求时髦而男人却不能！这样的感叹即便在时装业极其发达的西方国家也十分常见。其原因恐怕要追究到19世纪维多利亚时代的性观念，这些观念将男女区分开来，并给他们安排了不同的任务。毫无疑问，女人在这一过程中担任了被观看的角色，也就是说，她们承担了追求时髦的任务。这样一来，男人们在服装方面的实惠就受到了影响。

事实上在西方，自18世纪起，男人的服装就不像女人那样受到重视，他们在这方面的选择范围非常小，无非是衬衫、裤子、内衣等基本构件，款形上也没有太多变化。所以，当他们想改变一下形象的，往往就只有在领带、袜子或者毛衣上玩些花样。有人甚至认为，胡子的修剪方法也是他们改变形象的手段之一：

胡子很有规律的变化，表明了这些风格在相当程度上独立于当时的历史事件。安全剃须刀的改进和当时发生的战争似乎对这些风格没有产生什么影响。金·吉列的专利安全剃须刀从1905年开始销售直线上升。在这以前的30年中，越来越多的人开始不留胡子，而这种现象的发展此后也没有加剧。吉列先生并没有开创什么修饰

←20世纪30年代的欧洲蓝领将西服穿出了粗野的味道，领结在这里变成粗布的围巾，可以随时取下来擦汗或干点别的。

风格，而只是成功地利用了一种存在现象，为自己创造了名声和财富。

男装产品的单调使男人们在服装上趋向统一。这使得正统的男人们不是抵制时装，就是与主流时装相认同。比如那些穿西服打领带的中产阶级，看他们穿衣服的方式就可以轻而易举地将他们从人群中认出来。在这一点上，不妨引用一下保罗·福赛尔先生在《格调》一书中的研究成果：

以男式领结为例——系得整齐端正、不偏不斜，效果就

↑具有现代感的西装，大驳领，窄领带、立领衬衫。这样的套装显然是为了某个特殊场合而准备的，如果平常也这么穿，其效果大约和女人穿晚礼服去上班没什么两样。

是中产阶级品位；如果它向旁边歪斜，似乎是由于漫不经心或者不太在行，效果就是中上阶层；甚或，领结系得足够笨拙，你无疑属于上层阶级。社交场合最糟糕的表现莫过于：当你应该显得不修边幅时却很整洁，或者当你看上去应该邋里邋遢时，你却一身笔挺……上层和下层男士着装效果的差异，主要体现在上层男士更习惯于穿西式套装或至少是西上装。据爱丽森·卢莉说，套装"不但使懒散的人显得优雅妥帖，还能使体力劳动者显得难看"（当然包括运动员体型，或肌肉过分发达的类型）因此，套装——最好是"深色套装"——是19世纪资产阶级与贫民阶级分庭抗礼的最佳武器。

而另一些人就完全不同了，那些我行我素的同性恋者、流行歌星、嬉皮士们，由于他们往往通过对主流文化的反动来彰显自己的个性和主张，所以在服装上的选择更加自由和放松。

从这个角度来说，他们或许正是男性时装的真正推动者。对他们来说，极力表现符合自己生存状况的形象是一件至关重要的事。这种修饰并彰显男性性征的欲望，在20世纪的欧洲被部分地表现出来，这使得那种"无修饰"的男性神话变得多少有些尴尬和矛盾。

在欧洲工业化的过程中，男人们醉心于职业带来的社会地位和权力。一方面，他们有意识地回避服饰的平民感，一方面又希望能从正经豪华的服饰中解脱出来。当他们在政治和经济的双重交困中疲于奔命的时候，女人们却被赋予了装点自己和打扮他人的机会。

回顾文艺复兴时期的欧洲宫廷社会，我们会发现当时的男性时装非常兴盛。尽管在此之前的好几个世纪中，人们对服装的消费热情已经十分高涨，但只有宫廷社会才将这种消费变成了艺术，以至于奢侈的路易十四被人称为"消费国王"。这位说出过"我死后，哪管洪水滔天"之类名言的国王，不仅自己沉迷于豪华的服装、装饰、宫殿、家具和酒筵，而且将他的大臣们也带上了"消费"的不归路。一些贵族为了维持自己在宫廷中的地位，不得不

如果有一天男人的领带真的这么系，
至少说明男装有了实质性的进展。

↑ 20世纪60年代的经典男人：细条纹的深色西服，白衬衫，暗花的宽领带，标准的中上阶层形象。惟一的装饰是他的眼神——忧郁有时是一种贵族的标志。

倾家荡产来讨得国王的欢心，因此对国王欠下巨债。有资料表明："宫廷通过这种花费赢得了贵族对宫廷的依赖。由于宫廷是王权所在之处，这些贵族聚集在国王周围，但结果却发现他们自己的奢侈进一步强化了王权。"

随着时间的推移，宫廷中豪华刻板的习惯被追求时髦的中产阶级和年轻的贵族所抛弃，他们开始无视宫廷的着装规定而穿得随意起来。然而路易十四时代的结束并不意味着消费主义的结束，相反，更多的人开始体会到体面的穿着带来的好处，尤其是一些暴发起来的资产阶级，他们迫切地希望通过模仿贵族的消费方式，成为新生的贵族。

到了18世纪，套装成为男人的基本服装，尽管这时的上衣仍配有极富装饰性的裙子，裤子也还是保留了马裤的样式，但贵族的影响力开始趋于式微。这样的套装与宫廷社会所流行的繁复上装、华丽的马裤和长筒袜，形成了鲜明的对比。这事实上反映了一股自下而上的潮流，这种由工人服装演变而来的套装最终成为具有社会意义的标准男式服装，并在18世纪晚期趋于统一。

到了19世纪晚期，男人的服装变得更加简化，但这种简化并不意味着男式时装以及服装规则的消失，相反，它变得更加微妙和隐秘了。这种微妙体现在一些男人开始将他们的热情投入到诸如领结之类的小零件上去。新一轮消费主义的出现宣告更多时装样式的到来，工业社会和都市的发展也为时装带来了新的可能性。人们获得服装购买机会的同时，也获得了购买理想形象的可能性。但问题是，这种令女人欢欣鼓舞的状况，对男人们来说却恰恰意味着克制而不是放纵。因为只有保持体面和稳重，才被看成是一个成功男人的形象。

在这样的情况下，"社交"时装为男人们提供了一个改头换面的机会。一个著名的例子是，19世纪的一个叫博·布吕梅尔的花花公子（也有人认为他是个社交家），喜欢穿一身裁剪得体的外衣以及浆过的领饰和衬衫出入社交场合，结果为当时的绅士们树立了一种"低调而优雅"的理想形象。据记载，这位开创一代男装风尚的先生在穿着紧身上衣的同时，还穿了及膝的裙子、背心、配着领带的衬衫和马裤。布吕梅尔为现代男装提供了一种"低调"的样板，并因此而成为"现代西装和领带的先驱"。

由领带和饰物加以得体的调节，是这种标准化服装成功的秘诀。不要小看一条领带的魅力，没有它带来的变化和自由感，男人们很可能受不了西服套装的僵硬和死板。另一方面，这种套装在裁剪、布料等方面的讲究，也的确代表了一定的阶层和品位。为了这样的品位，男人们必须付出昂贵的代价，他们不得不去光顾最贵的服装店。到了19世纪晚期，以统一的颜色、风格和布料为特点的简化服装已蔚然成风，为了突出肩部和腰部，男人们用了大量的衬垫，有的甚至还穿上了紧身胸衣。男人的理想形象不再是那种举止有措的"绅士"，而开始向充满野心和朝气的年轻人看齐。

作为男装的基础，套装在20世纪遭到了挑战。20世纪30年代前后，人们试图通过取代统一的套装和衬衫，来取消男式服装中有碍健康和运动的成分，有人甚至建议用一种拜伦式的衣领来代替领带。他们认为一旦衬衫被一种有装饰性的罩衫所取代，那么人们就不必穿外衣了。此外，紧身的长裤应该由马裤和短裤所取代，而拖鞋应该成为日常穿着的鞋子。尽管这场运动很快便告失败，但还是对男子的泳装、户外休闲服及运动装产生了影响。就泳装而言，这一运动反对那种成套的厚重泳装，而提倡裸泳或只穿短裤。

事实上，作为白领阶层的主要服装，套装的地位始终没有受到动摇。除了一些细微的变化，20世纪的欧美男子总是身穿衬衫、裤子和外衣。领带则完全取代了旧式的蝴蝶结领结，为男人们提供了一个发挥个性的空间。

第二次世界大战对男人的影响不仅仅在于唤醒了他们的爱国意识，定量配给制度并没有放过男装。尽管英国的裁缝们带头反对政府对袖子卷边实行的限制，但本已十分单调的男装还是遭到了进一步简化。男人们变得更加保守了，一些人通过选择毫无特

↓男人，时装体系中的一个滑稽形象。

男人的地位从未像在时装中那样卑
微，并彻底地沦为配角。不仅如此，
他们还被时装摄影师戏谑地置于
"被观看"的境地，这种裸体的"殊
荣"，过去可是专供女人享用的。
1998 年秋冬，伊夫·圣·洛朗(Yves
Saint Laurent)的印刷广告就是直接对
《草地上的午餐》等古典绘画的直接
嘲弄。在原来的作品中，所有的男人
都是着装的绅士，只有与他们共进
午餐的女人是全裸的。而伊夫·圣·
洛朗的时装摄影则刚好相反，只有
女人穿了一套条纹西装，几个男士
却一丝不挂。这种观看对象的微妙
转换，一方面是在颠覆旧的性别观
念，一方面也反映了女人在时装中
的主角地位。

点的深色套装，来表现他们对无聊时尚的拒绝。

伴随着这种做法的另一种现象，是对同性恋的恐惧，这种恐惧使他们对身体的修饰尤为敏感，以至于谁要是在这方面稍加注意就会受到怀疑。具有讽刺意味的是，那些通常对同性恋感到恐惧的运动员在参加比赛时，却会做出有明显同性恋意味的举动，比如触摸、拥抱、接吻等。

牛仔裤也许最能代表1960年代年轻人的流行服装。列维牌牛仔裤的成功，表明一部分男人终于摆脱了西服套装强加给他们的压力，服装开始变得有活力和充满变化。到了1970年代中期，牛仔裤已不再限于工人和年轻人，商人们开始为那些身体已经发福的中年人设计新款式，这其中包括配套的敞胸衬衫和金项链。

尽管牛仔裤从某种程度上改变了男子服装的面貌，但西装作为职业服装的标志，仍然处于不可撼动的地位，因为它反映了"个人外表、举止以及这个人应该具有的个性之间的相关性"。用保罗·福赛尔的话来说，即西服"套装的胜利，意味着蓝领阶层在与'上层'进行任何正式对抗时，即便披挂了自己最体面的服饰，仍然处于劣势"。

↑ 2000年之后，国际时装舞台上的中性男装开始大行其道，这些花样男子一方面为长期以来无衣可穿的男人找回了一点心理平衡，一方面也满足了女人们对男人的"观看"欲望。

5 "新艺术"的S体态

回到女装的世界中来。1900年，一位叫做萨洛特（Sarrautte）的法国女子运用她的人体构造学知识，对紧身胸衣进行了改造，将原本紧顶着乳房并将其高高托起的上缘降至乳下，这种可以让乳房自然呈现的紧身胸衣，一度被称为"健康胸衣"。此外，"健康胸衣"还降低了前腰的位置，束紧腰身的同时，小腹也得到了平复，强调了背部的曲线，臀部更显得圆润和饱满起来。这样的体态再加上那时的女人寸步不离的大帽子，整个人从侧面看上去就像一个大大的 S。S 体态风行欧美的时期，也就是服装史上所谓的"S形时期"。

S 体态使女人体会到了臀部线条被自然呈现的美妙，轻触之下的真实手感。于是那些裙箍、可笑的"母鸡笼"、使屁股始终处于空置状态的"巴斯尔"，便再也不需要了。女人们穿着紧身的短上衣，戴着缀满各种果实、花朵、羽毛以及缎带的帽子，柔软的长裙紧紧地包裹着臀部并在那里形成柔和的曲线一泻而下，一切似乎都流动起来。这样的形象显然与当时的新艺术运动十分合拍。

"新艺术运动"直接继承和发展了这之前的工艺美术运动，集哥特、巴洛克、罗可可等欧洲各历史时期的艺术之大成，并吸收了日本浮世绘的精髓，将图案的装饰感发挥到极致，而流动的 S 形如弯曲的花梗、花蕾、枝叶、藤蔓等则是构成这些造型的主要元素。这也是欧洲艺术史上激动人心的一个时期，当塞尚、格里格、易卜生、契诃夫等艺术巨擘相继隐去，取而代之的是马蒂斯、德兰、杜飞以及毕加索的横空出世。这些具有先锋意味的艺术实践对服装潮流也产生了巨大的影响。这其中，插图画家保罗·易利伯（Paul Iribe）便是将艺术与时装巧妙融合的开创性人物之一，在他为服装设计师保罗·波烈（Paul Poiret）创作的小册子里，那些精美的插图常常被人拿去直接变成套装。另一方面，与马蒂斯（Matisse）同以倡导野兽派运动而著名的杜飞（Raoul Dufy），则将其大胆的艺术实践运用在印花和染色技术上，其设计的真丝和锦缎面料由于图案的新奇而大受欢迎。

不仅如此，舞台艺术也同样给世纪之交的设计师带来灵感。1909 年，俄罗斯芭蕾舞团在巴黎的首次表演竟意外地改写了服装史。舞台服装设计师赖昂·巴克斯特为这次演出的服装选择了轻薄飘逸的面料，金银的亮片和丝线勾勒出神秘的东方图案，用色浓重而艳丽，再配上斯特拉文斯基热烈的音乐，精彩的表演轰动了整个巴黎。时尚界更是如痴如醉，一时间具有东方情调的服装在法国风行起来，其中最受欢迎的是俄罗斯衬衫。这种衬衫多以丝绸或细棉布制成，立领、前襟、袖口及肩部等处都饰有大量的抽纱和刺绣，宽大的灯笼袖洒脱飘逸。这种东方情结的漫溢对当

↑ 1903 年的内衣是将上下两部分组合在一起的，更加合身，使用软材质，穿着也更加舒适了。女士们终于可以舒一口气，不过，还是在较为繁琐的外衣下面。

↑ 19世纪末20世纪初，女士们出门时可能不穿曳地长裙（礼服依然崇尚长长的及地的裙裾），但带有装饰物的、使头部向前突出的帽子是必不可少的。同时，除了晚礼服可以暴露手臂、脖子和胸部外，日装必须是高领、长袖或使用长手套。

→ 1903年的《费加罗时装报》刊登了对当时诸多女演员的采访，在问及她们最喜欢的时装设计师、女帽商和紧身胸衣的款式时，夏娃·拉瓦利小姐很坚决地说："我不穿紧身胸衣"。但从这张照片中，这位小姐好像确实穿着紧身胸衣。此后，紧身胸衣逐渐被看做是年老体胖的妇女的矫形工具。

时的设计师们产生了巨大的影响。

与此同时，也有人将古希腊的美学观点从故纸堆里翻了出来。马瑞阿诺·佛坦尼（Mariano Fortuny）的著名披肩就是从克诺塞斯（Knossos）中汲取灵感的。此外佛坦尼还翻版改造了古典的服装，舞蹈家邓肯穿过的"Delphos"长袍便是其中一例。

尽管如此，女人们的帽子和曳地的长裙仍然是一个有待解决的问题，因为虽然自行车、汽车已开始取代马车成为最新的交通

↑芭蕾服装至今仍是不少服装设计师的灵感来源，看，2004年Alexander McQueen的设计中，芭蕾舞裙的元素仍然在使用，制造出活泼的淑女风范。

工具，但20世纪初的汽车还只是一些敞蓬车，所以女人们出门的时候不是担心帽子被风吹掉，就是担心头饰被颠掉。至于拖曳的长裙就更不用说了，穿了它根本就没法骑车。好在她们的户外活动还不是很多，这当然是指那些贵族妇女，她们每天最大的乐趣就是待在家里换衣服。早餐要穿早餐的衣服，午餐要穿午餐的衣服，下午茶和晚餐的装束也要有所区别，而晚餐后的社交活动更是一天中的重点。不打扮成标准的"S"造型，她们是不会出来见人的。

6 风流寡妇的帽子和吉布森女郎

纤细的腰肢，丰满的臀部，拖曳的长裙对应着夸张的头饰，S形时期的女人离开帽子简直寸步难行。那是爱德华七世时期的英国，上流社会仍然过着挥金如土的生活，女人们穿着华丽的茶服、夜礼服穿梭在下午茶和夜晚的社交沙龙之中。无论在哪里，她们的头上总少不了一种被称为"风流寡妇"的帽子。这种帽子帽檐阔大，装饰着夸张的羽毛，由于戴上它能够更好地衬托出S形的体态，所以在上层社会的女性中十分流行。

"风流寡妇帽"原本叫"露西尔女帽"，是由当时著名的女装设计师曼森·露西尔设计的。之所以后来被更名，是因为一部叫做《风流寡妇》的歌剧在欧洲上演，而那里面的女主角戴的恰巧是这种帽子。

与此同时，美国出现了一位众所周知的插图画家，叫查尔斯·达纳·吉布森（Chareles Dana Gibson）。他为一对叫做兰霍恩的富有姐妹所绘的画像，由于极其符合S形的审美理想而被人纷纷效仿，这样的女性形象后来干脆被统称为吉布森女郎。

"吉布森女郎"大胆、热情、生动而富有朝气，代表了当时女性的新形象，用A.Bailey的话讲："这个'高大的美国姑娘'十分自信，看上去既像个大学生又像个时髦美女。她梳着高高的卷发并逍遥地戴着一顶帽子，后面总是跟着一群男崇拜者。这个新来的美国姑娘不仅漂亮无比，也能正视他人并用力与人握手。她以一种自信时髦的解放姿态从 19 世纪步入 20 世纪。"

尽管吉布森女郎仍被紧身胸衣和长裙所累，但她却因为代表了新的性别观念和生活方式而被大众所追崇。她不仅为女性形象建立了一种新典范，同时还在媒体的倡导下，引发了一场吉布森商业大潮——当人们步入商店时，到处都能见到吉布森少女式的仿男式衬衫、裙子、鞋子、紧身胸衣以及相关的墙纸、招贴画等，其形象被当时几乎所有时装画家所模仿和传播，进而大量地出现在欧洲的时尚刊物之中，最终作为一个具有国际意义的女性楷模而定格。

吉布森女郎同时也预示了一种新的服装趋势。由于她的着装风格从普遍的意义上符合了大众审美和实际生活的需要，所以不仅贵族阶层的女性适用，一般的劳动妇女依葫芦画瓢也可以轻松模仿。

适逢时装业正在兴起和发达，女人们即便坐在家里也可以通过邮购买到自己想要的衣服了——邮购时装这一概念之所以1890年即在美国出现，看来与吉布森女郎的影响不无关系。

当然，有钱的女人更愿意到时装店去，她们乱哄哄地挤在挂满时装的衣架前时总是充满激情。开在巴黎留德拉派大街上的帕奎恩（Paquin）时装沙龙，便是当时的贵族女子最爱光顾的场所之一。她们戴着那个时代最典型的宽边软帽聚集在这里，一边交流着着装心得，一边炫耀着最新的服装款式和面料。同时受到追捧的还有卡洛特姐妹的时装店，贵妇们喜欢在那里购买她们需要的缎带、花边和其他的时髦服饰。

吉布森女郎的出现和高级时装业的兴起使女性的着装越来越个性化，贵族形象不再是时装的惟一样板，交际花、电影明星等开始提供另外的样板。

↑吉布森女郎的真人版。

↑19世纪末，美国俄亥俄州塞尼卡福尔斯的著名女子解放运动先驱阿米莉亚·布卢默夫人根据骑自行车运动的特点和动能要求，设计了骑车装。但由于当时美国传统势力较强，一直未能流行开来。后来布卢默夫人游学英国，将这种宽松式灯笼裤介绍给英国妇女时，却受到了意想不到的欢迎。

7 保罗·波烈——紧身胸衣终结者

↑保罗·波烈本人是个大块头,生活中就是有那么奇怪的事情,触发他无数设计灵感,甚至改变了女性身材审美标准的,是一位娇小、并不丰满的妻子。

　　既然一只苹果能在牛顿头上砸出不朽的"万有引力",那么一个女人以她怀孕的身体使丈夫懂得服装的舒适性有时和观赏性同样重要,便不能算是什么了不起的事。但如果这个男人就此结束了紧身胸衣的历史,事情恐怕就要另当别论了。

　　这个叫保罗·波烈(Paul Poiret)的男人出生于巴黎的一个布商之家,他的经历告诉我们,一个人永远不要低估环境对自己的影响。由于从小在布料堆和女人的搔首弄姿中长大,保罗·波烈对女人的身体形成了一套不同于常人的看法。这看法使他后来画出了大量的时装画,并因此得到杜塞、沃斯等人的赏识,先后在他们的时装店里扛起助理设计师之类的活计。但这只是小小的序曲,对于一个改变了服装进程的人而言,故事发展到这一步还算不得真正的开始。

　　事情的变化发生在保罗·波烈对女装的繁复装饰感到厌倦,并决定单干的那一刻。他向母亲借了一些钱,然后在巴黎的欧伯街上开起了自己的店铺。那是1904年,"新艺术运动"方兴未艾,巴黎的高级时装店正如雨后春笋,除了前面提及的沃斯、杜塞、卡洛特、帕奎因、曼森·露西尔之外,对当时的服装业产生过重要影响的还有马瑞奥·福图尼——这位西班牙设计师以发明了一种像垂褶又呈波浪状的永久性细褶而出名。在这些名声赫赫的大牌面前,保罗·波烈尽管把他的橱窗搞得与众不同,也只能算是个小店。不过这并不重要,重要的是他很快结了婚,并得到一个能够给予他创作灵感的妻子。

　　保罗·波烈的妻子德尼兹·博莱是位布厂主的女儿,她身材苗条,平胸,性格古典。正是这样的形象,将保罗·波烈的服装演绎成当时女装的最佳范本——他的设计开始从矫揉造作的S形中摆脱出来,趋于简洁和轻松。

　　1906年,保罗·波烈为怀孕的妻子设计了一件不束腰的衣服,这件衣服造型简洁,线条流畅,直线型的外廓线彻底改变了传统

回溯到古希腊时期，从古希腊瓶画上我们可以看到这种宽大松身的长袍。不少现代设计师从这里学习到服装的流动感和垂感的美。

↑保罗·波烈为鞑靼主题的艺术唤醒，很快设计出一组以东方民族服饰为启迪的新时装，他推出一种中国大袍式的宽松女外套，将它命名为"孔子"，迅速获得巴黎女性的欢迎。接着他又推出以"自由"命名的两件套装，同样吸收了东方服饰的剪裁方法。

→第一次世界大战期间，波烈应征入伍在军服厂工作，后来他到了一直向往的古国摩洛哥，在那里的"梦幻般的印象"自然成为他设计的新材料。他把他美丽的妻子打扮得像一位波斯皇后，把家里也布置得像东方的宫殿。

的着装习惯，令人耳目一新。保罗·波烈忽然之间茅塞顿开：既然那种将身体分为上下两截的紧身胸衣既令人不适，又有损健康，何不将它彻底地放弃而代之以更为舒适的内衣？于是，一种以胸罩来强调基本体形的服装被设计出来，这些服装将原来放在腰部的支点移到了肩膀上，在整体的造型上形成一泻而下的流畅之势。当女人们一边体会着这种衣服的自由飘逸之感，一边兴奋得不知所措时，服装设计师们终于明白，紧身胸衣的历史走到了它的尽头。

时势造英雄。正当保罗·波烈为下一轮的设计方向寻找出路之时，俄罗斯的芭蕾舞团带着他们艳丽的服装来到了巴黎。这一切简直就是喜从天降，波烈的灵感随之喷涌而出。这之后设计的一系列带有东方风情的服装影响了整个欧洲，并成为服装史上的经典流传至今。

这其中最著名的，是在 1910 年到 1914 年间风靡巴黎的霍布裙。这种裙子腰部宽松，膝盖以下则十分窄小，穿上它几乎迈不开步子，所以这种裙子又称蹒跚裙。对于那些穿惯了撑裙走惯了大步的欧洲女人，这简直是一种嘲讽。但女人并不这么想，为了能够跟上波烈的步伐，她们宁愿像中国的小脚女人一样踯躅而行。

狂热迷恋东方情调的波烈甚至将妻子打扮成波斯皇后的样子：珠子装饰的束腰外衣，伊斯兰式的便鞋，再加上穆斯林式的头巾。这样的装束在当时几乎引发了一场波斯浪潮。一次，博莱戴了顶饰有鸵鸟羽毛的大帽子出席名为"阿拉伯之夜"的晚会，立刻成为巴黎的时尚样板。

除非厌倦了受虐的快感，否则永远不要指望女人们在服装的选择上会有什么明智之举。保罗·波烈太懂得女人的心思了，所以在给了她们一些狠招之后，就很快做出妥协。这一变化如此轻松，只是将霍布裙的下摆开了个衩，便又赢得了女人们新一轮的膜拜。

霍布裙的出现显然与东方文化有关，有人直接认为是受到了中国旗袍的启发，这样的推测并非毫无来由。据说保罗·波烈的家布置得像中东王宫一样。1911 年，这个已经微微发胖的男人开始了他的东方之旅，在先后考察了东亚、近东以及埃及之后，他的作品中开始大量地出现红、绿、紫、橙、蓝等色彩，这些色彩因其对比的明艳和神秘，而给西方人以新的刺激。

这同时也是一个工业技术突飞猛进的时代，电动缝纫机的出现不仅改变了服装的生产方式，也改变了人们的着装观念。批量化的工业生产需要更加简洁明快的设计，而保罗·波烈的服装刚好符合了这样的要求。S 形的"吉布森女郎"终于消失了，女人们换上同样可笑的霍布裙，迎来了"波烈线条"大行其道的新时代。

↑ 现代舞的奠基人之一伊莎多拉·邓肯在舞台上下都喜欢穿着希腊式的古典服饰。1927 年，她开着敞蓬车，她最喜欢的飘逸长围巾缠绕在车轮里，不幸将她勒死。

↑ 随着裙子越来越短，脚成为人们注意力的新吸引点，跟高 5～6cm 的日间舞鞋出现了。这双以上好山羊皮为材料的，带金属丝环扣的高级宫廷舞鞋，是 20 世纪初的时髦奢侈品。

第三章
Chapter three
在战争中开始奔跑

↑1911年的一则广告展示了实用"有型有款的橡胶跟"，这时候妇女外出更多，走路和乘马车穿的鞋在宽度设计上发生了变化，以便走路舒适。而女权主义者特别喜欢这种实用的鞋。

1 炮火开创"爵士乐"时代

第一次世界大战和美女们开了个玩笑——当她们好不容易摆脱战争的阴影并准备认真对待男人们的追捧时，却发现自己一夜之间变成了丑八怪。这是许多进入1920年代的女人的命运，那些战前被欣赏的红脸蛋、丰满的乳房、纤细的腰肢，忽然不再吸引异性的目光，相反，瘦削的身材、棕褐色的皮肤、平坦的乳房、男孩一样的短发，成为新一代美女的标准。

战争改变了人们的外观，优雅的服饰很快被实用的服装所取代。曳地的长裙变短了，露出双脚和踝关节；风流寡妇的帽子不见了，代之以轻便的钟形帽。由于炮火的提醒，女人们终于发现鞋子除了装饰以外，还可以用来奔跑，所以当战争的硝烟散尽，一种系带的高统靴也开始流行起来。与此同时流行的，还有一种叫做"查尔斯顿"的舞蹈，这种源于美国南卡罗莱纳州查尔斯顿镇的热舞，由于其欢快的节奏和疯狂的旋律迎合了人们及时行乐的心态，在战后大受欢迎。尤其是年轻的人们，他们伴着强烈的爵士乐跳着疯狂的查尔斯顿出现在各种舞会、酒吧、夜总会上，有的甚至在马路上就跳了起来。旋转的气流鼓荡起女孩们缩短了的裙裾，时隐时现的大腿预示着新一轮时装浪潮的到来。

"爵士乐时代"的女子不仅疯狂地抽烟、喝鸡尾酒、跳查尔斯顿，还开始选举投票、工作和开着车到处跑。在这样的情况下，战前在一些保守女子那里尚有一席之地的裙撑和羊腿袖，现在彻底成了老古董。女人们不约而同地冲向丈夫或情人的衣橱，将他们的领带、衬衫、夹克翻出来，并据为己有。曾经被认为是美女标准的S体态，忽然间变成了嘲笑的对象，女人们争先恐后地用宽大的衣服将丰乳、肥臀和细腰遮掩起来，直筒型的服装外观骤成风尚。

这种男性化的着装倾向，不仅将妇女解放运动推向了一个新的高潮，同时也给服装设计师带来新的灵感和机遇，一大批天才设计师应运而生：珍尼·郎万、加布里埃尔·博纳尔·夏奈尔、马德琳·维奥尼、吉恩·帕特、杰克·海姆、爱德华·莫利纽克斯、埃尔莎·斯基亚帕雷利……那一时期的时尚天空可谓星光灿烂。这其中，尤以夏奈尔的宽松套裙将女装的直筒型外观发挥到极致；而另一方面，莫利纽克斯又在这性别解放的缝隙里，制造着紧身连衣裙的极简韵致，在他的客人名单里，除了希腊公主马丽娜之外，还有以勾引了英国国王而著称的辛普森夫人。当然，他的名声并不是靠一两个女人赢得的，作为服装史上的经典，他所设计的小黑裙子和阿尔卑斯村姑式连衣裙，足以确立他在时装界的地位。

裙裾的上提使人们的视点由胸部下移，原先千篇一律的黑羊毛袜被扔进垃圾堆，印花的长统袜风靡一时：天蓝色、肉色、黄色……各种颜色的丝袜令人目不暇接。小腿的裸露使女人们欢欣鼓舞，她们穿直筒型西服上衣，直筒型半截裙，男式的衬衣领上打着条纹的领带，头发剪成小男孩的模样，然后戴上钟形帽或贝雷帽四处招摇。在祖母们还抱着紧身胸衣不放的年代里，这样的装束真是物极必反的有趣观照。

↑带有相对低跟的高筒系带靴在第一次世界大战期间卷土重来，这种鞋适用于那些在后方生产一线上从事男性工种的的活跃妇女穿着。与第二次世界大战比，那时候皮革不是那么紧缺。

↑"跳吧,直到倒下"——这是漫画速写的上流社会,时髦男女随着新兴的爵士乐,通宵达旦地跳着查尔斯顿舞。

那么男人们呢?当他们的衣橱被女人们洗劫一空的时候,他们在干什么?

他们穿起了裤管直径足有30厘米的牛津裤,这种翻边的直筒裤由于发端于牛津大学而得名。与女子的男性化装束相比,这种裙式长裤穿在男人身上真是一道有趣的景观。当他们觉得大裤脚有些碍事的时候,就会将裤腿塞进长统的袜子里去——这让人想起战争期间军人的绑腿,这种在今天看来很土的穿法,在当时却是"帅哥"的样板。

↓20世纪20年代爵士乐风行,这是一张当时的酒吧音乐专辑封套。

2 口红挺起来

绵软的口红是到了1915年以后才开始"挺"起来的，在此之前它一直躺在脂粉盒的底部，并始终处于次要位置。翻看自古以来的美容记载，我们会发现化妆品的发展史事实上就是那种含有

←现在可以理解电影《伊丽莎白》中，女王的脸色为什么总是那么惨白，而玛丽女王的脸在这方面也丝毫不逊色。

大量铅粉、石膏或白垩的粉末被不断改进的历史。即便今天，任何一个化妆师在传授经验的时候也会不假思索地告诉你："好的妆容，总是建立在好的粉底之上的。"之后，他们才会追加一句："备一支好的口红。"

化妆的风尚最早见于古代的埃及，那时的人们喜欢往身上抹一种近乎金黄色的涂油，太阳穴和脚上则涂成蓝色，与金黄形成对比。然后他们用黑色将眼睛画成鱼的形状并向眼角延伸，再用孔雀石、绿松石、硬陶土、铜等多种物质研磨的粉末涂在眼睑上——那应该是最早的眼影了。再然后他们将脸颊涂上粉红，嘴唇则以玫瑰红或胭脂红来妆点。

化妆术传到欧洲之后，便渐渐演变成对脂粉的滥用，尤其是那些宫廷里的女人，她们如果不将脸、脖子、肩膀、手臂以及胸脯等所有裸露的部位抹成惨白，简直就不能见人。甚至男人也不例外，有资料记载，亨利三世便经常用白垩和红染料将脸抹得像个"老来俏"，然后招摇在巴黎的街头。

18世纪的欧洲宫廷则盛行起红色的化妆狂潮，他们先以白色打底，再将双颊涂成鲜红、黄红、百合红、玫瑰红或者橙红。这样的化妆显然并不在乎看上去是否自然，很有些像现在的另类妆容，比如将眼睑化成一边绿一边黄或者将嘴唇涂成恐怖的蓝色，有人认为这样做是为了表示人们允许抛弃理智，从而尽情地享受狂欢。这种推论十分有力，因为那些贵族，他们的确将脂粉当作面具，用来掩饰因前一夜狂欢而引起的苍白和萎靡不振，有些女人甚至在睡觉的时候也要抹些脂粉。据说摩纳哥公主在被送上断头台之前，仍坚持在面颊上抹了些胭脂。

↑路易十五的女儿亨利埃特夫人脸上抹着绝对鲜红的颜色。当时的资产阶级妇女则流行在双颊上稍许抹上点不露痕迹的红晕。

亨利三世经常用白垩粉和红染料将脸抹得像个"老来俏"，然后招摇在巴黎的街头。

尽管香粉被运用得如此广泛，但到了19世纪末20世纪初，那些真正引人注目的化妆品比如彩色的口红和眼膏等，也只有青楼女子和戏子之流才敢使用。著名化妆品牌雅诗兰黛的创始人海伦娜·鲁宾斯坦·雅诗兰黛在谈到她的创业经历时，用了"大胆"这个词，她说："化妆品当时只在舞台上得到使用，只有女演员了解这种艺术，只有她们才敢在公共场合用化妆品，而其他人只敢在自己脸上涂上一层薄薄的香粉。除了戏剧界之外，没有人听说过化妆品。我进行了一些私下的试验并从演员那里学到了许多宝贵经验。然后我将我的经验传授给一些大胆的顾客。她们为我做了宣传。我于是知道人们不久将克服一种对美的障碍。"

第一次世界大战之后，职业女性开始大量出现，经济的独立和自由使她们可以在美容方面化上一笔数量可观的钱，于是，鲁宾斯坦的化妆品王国由发廊里延伸出来，并在百货商场里设立了自己的化妆品专柜，化妆品——或者说现代的化妆概念得以确立。与此同时，美容史上的第一支棒型口红在美国诞生，据说其大受欢迎的原因之一，是因为它很适合画当时十分流行的"玫瑰花瓣小嘴"。

"爵士乐时代"在改变服装的同时，也改变了女人们仅仅涂抹面颊的化妆习惯，为了与服装匹配，唇膏、眼影等一系列彩妆被发明出来，并迅速成为女人们必需的消费品。走红于1917年前后的女演员西达·巴拉，曾经由于没有任何眼部化妆品而十分烦恼，因为她的眼睛"有时看上去像两个黑洞"。在这样的情况下，鲁宾斯坦给她送去了一种不易化开的睫毛油和彩色的眼影。这种化妆方式立刻收到了戏剧性的效果，不仅改变了她的眼部状况，还使她的眼睛成为整个面部动人的中心。"所有的媒体都对此进行了报道——"鲁宾斯坦在她的回忆文章里得意地写到，"这场轰动仅次于西达·巴拉第一次用彩色来涂脚趾甲而引起的轰动！"

专业的美容院也应运而生，除皱，消除鱼尾纹、嘴角纹、额头与颈部拉皮等手术，在当时的一些美容诊所里已经声称可以在几分钟内完成。诸如此类的整容术首先在女演员中流行起来，然后扩及名门淑女，进而波及大众并一直蔓延至今。

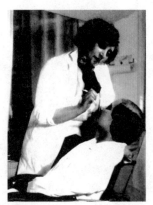

↑美容院的雏形在这个时期开始出现，阔绰的妇女可以在那里沐浴、按摩、学习化妆课程、修指甲、做头发等。

3 改变乳房

如果说，紧身胸衣使女人的胸脯看上去像漫溢而出的牛奶，那么胸罩的发明的确在某种程度上还原了乳房应有的姿态。不仅如此，胸罩的问世还意味着着装方式的彻底改变。1928年，纽约的时尚杂志上刊登了一则关于"轻薄型内衣"的广告，即以一个左手抛弃衬裙、右手抛弃紧身胸衣的快乐女子形象，宣告乳罩时代的到来。

据记载，美国的第一件专利胸罩是一个叫杰可布丝（Mary Phelps Jacobs）的女子发明的，这个初入社交圈的女孩在参加一次舞会的时候，忽然厌倦了僵硬的紧身胸衣，于是在法国女仆的帮助下，用两条手帕加上一条粉红色的丝带结成一件类似胸罩的内衣。当她穿着飘逸的晚装在舞会上出现时，其自然凸显的乳房立刻招来艳羡的目光。随后她为周围的女友进行了很多同样的制作，并于1914年以克瑞丝·可丝比（Caresse Crosby）的名字申请了专利，所谓"无背式胸罩"（Backless Brassiere）即在那时诞生。后来这项专利被"华纳兄弟紧身胸衣公司"以1500美元买去。有人估计，这项专利后来的价值至少要在1500美元后面追加4个零。

然而，早期的胸罩尽管花哨和令人兴奋，但缺乏真正的支撑力，因此，当女人的乳房在品尝了小鸟出笼般的喜悦之后，仍然希望在自由的同时，找到一个坚实的家。1914年，第一次世界大战爆发不久，德国和法国又在内衣界掀起了另一场战争：前者仍然坚持紧身胸衣托举的豪乳，而后者则开始提倡无肩带松紧式胸罩制造的小乳房。这场战争最终以法国的胜利而告结束。

如今的平胸女孩如果回到1920年代，一定会笑得合不拢嘴，因为那时的女人们一心想"消灭"的就是丰乳肥臀，她们一窝蜂地拥挤在出售窄奶罩（banbeau）的专柜前，为的就是能够将身材挤压成平板的样子，好让长串的珍珠项链顺着连衣裙完美地垂挂下来。再后来，随着年轻女孩们对乳罩的摒弃，薄如蝉翼的纱质

↑没有一副豪乳是无法尝试这样的胸罩的，事实上这也是Elizabeth Hurley的上衣，这位既是模特又是演员的女人看来很乐于炫耀她深陷的乳沟。

↑杰可布丝（Mary Phelps Jacobs）用手帕和丝带结成的胸罩，想来和这件胸罩式上衣比较接近，看上去很舒适，但没什么托举功能。

衣料开始大行其道。

然而，并不是所有的女人都愿意使自己看起来像个男孩，纽约的罗森莎（Ida Rosenthal）和碧赛特（Enid Bissctt）便觉得平胸毫无美感，而缩胸乳罩也并不舒服。作为一家服装公司的合伙人，她们决定设计能够衬托乳房自然曲线的胸罩，为女人们找回性感。这种后来被称为"自然支撑乳房"的胸罩最初是以她们自己为模特进行推销的，结果比她们预想的还要好，这就是著名的"仕女造型胸罩公司"（Maiden Form Brassiere Company）的由来。

到了1930年代，女人的内衣结构与今天已无太大差别，虽然百货公司的货架上仍然顽固地陈列着连身衬裙、半身衬裙、束腰、吊袜带、紧身胸衣和连体式内衣，但胸罩与内裤的单纯组合已成为主流。1935年，以1500美元买下杰可布丝专利胸罩的华纳公司，率先推出从A到D型不同罩杯的胸罩，为全球的乳房形状定下统一的标准。

↑这件文胸的背带十分讲究，可以配合露背的晚装。当然，内裤也很漂亮，但要露给别人看而又不失体面，还是有些难度的。

胸罩真正的黄金年代始于1938年美国杜邦公司发明了弹性纤维之后，尽管第二次世界大战的爆发很快抑制了这种原料在民用工业方面的运用，但女人们仍然想尽办法将回收后的尼龙降落伞等军用品利用起来，制成各式胸罩和内衣。第二次世界大战结束后，美国公司迅速推出全新的人造丝胸罩系列，并开发了十字交叉、回旋织法来制造圆锥型罩杯。这种俗称"鱼雷"的胸罩，使女人的乳房看起来真的像蓄势待发的鱼雷一样，令人触目惊心。而"仕女造型胸罩公司"则在1949年成功推出圆型织法的"轻歌"（Chansonette），又称"子弹胸罩"，这种胸罩在此后的30多年里风行100多个国家，创下9000万件的销售业绩。

狂飙突进的胸罩产业终于在1970年代末滑入走火入魔阶段：当时的美国流行起一种慢跑运动，两个热爱慢跑的女人竟然将男人的护阳三角腹带缝制成慢跑胸罩，并被商家发展成胸罩市场上主要的副产品线。

所谓风水轮流转，正如紧身胸衣曾经的辉煌，再没有任何力量能够阻挡乳罩的魅力了！1992年，1月号的《时尚》杂志宣称："显露乳沟、游走于'走光边缘的胸罩'，最能展现新的女性魅力。"

↑对付这种露背的晚装，最好的办法就是抛弃内衣。

同年 2 月号的《柯梦波丹》则以"胸罩就是要给人看"一文，直接进劝女人："别害羞，露出乳沟正流行！"乳罩业在 1994 年的美国，卓然壮大成年营业额 30 亿美元的产业。

这也是魔术胸罩风行全球的一年。当超级名模们穿着这种能够改变乳房形状的胸罩在铺天盖地的广告中亮相，丰乳的风尚开始全面回潮。1994 年 4 月，美国的魔术胸罩在纽约首次登场，10 天之内即售出 3000 套。同年 8 月，魔术胸罩登陆旧金山，那里的梅西百货竟然摆出惊人的阵势迎接它的到来：门口不仅有管乐队迎候，还有一队歌剧男高音大唱赞美诗，而运送魔术胸罩的护花

↑这样的胸罩具有很好的定型作用，有的内里还衬有海绵衬垫，可以使原本并不挺拔的乳房显得十分有型。

在《西西里岛美丽传说》中扮演了一个
绝色佳人的莫尼卡 (Monica Bellucci) 被
男人们视为"心脏起勃器",尤其是她
的乳房在《花花公子》的眼里值到500
万美元,堪称当代女子的理想样板。

使者，则是一队美艳的足球拉拉队。另一个百货商店的场面更是离奇，魔术胸罩竟是用防弹运钞车送达的！疯狂的抢购者在商店尚未开门时就开始守候，店门刚刚打开，胸罩就被一抢而空。

翻看1993年到1995年间的时尚刊物我们会发现，那时的杂志封面十分流行"双手放在乳房上"的照片，有的是男模特从女人身后托举，有的是女模特自摸。一个化名"盖儿"的模特，在回忆为杂志拍摄封面的经历时，揭露了一个关于乳头的小秘密："摄影师最喜欢硬挺的乳头，认为它能激起性欲。所以我们便把冰块放在乳头上，让它受刺激变硬，实在受罪！乳头不是变得很敏感，就是冰得麻木了。"

有人做过统计，平胸、丰胸大概40年一轮回。如今被嘲笑为"荷包蛋"或者"停机坪"的小乳女人，只好干瞪着眼等待那40年后的风光了。

↑ "仕女造型胸罩公司"1949年推出圆型织法的"子弹胸罩"，确有蓄势待发之势。

4 夏奈尔5号·直筒裙·假珠宝

1895年的某一天，一个叫阿尔贝·夏奈尔的男人将他的三个女儿送到他母亲那里："妈妈，我把孩子留给你啦——我去拿一包烟草。"然后，这个男人便消失了。

这三个女孩中，有一个就是后来被世界人民称为科科（Coco）的加布里埃尔·夏奈尔（Gabrielle Chanel）。在后来的回忆中，尽管夏奈尔一再谎称自己是在富有的姨妈家长大的，但孤儿院里的记录却出卖了她：她是在12岁时被父亲遗弃的，因为她的母亲——一个靠帮人洗衣、煮饭、做家务"挣几个小钱"的女人——在那一年去世了。后来，夏奈尔被祖母送进孤儿院，并在那里度过了她的童年。

在不到20岁的时候，夏奈尔曾经想以咖啡馆歌女的角色谋求

↑夏奈尔穿着她自己设计的小黑裙，戴着她招牌式的钟形帽，在镜头前摆出了标准的模特架势。

↑ 2004春夏的夏奈尔裙和外套，苏格兰花呢、层层叠叠的珍珠佩带……牌还是那些，不过重新洗了一下，换上了当下流行的粉红色调。历代执掌夏奈尔的设计师都明白一个道理：夏奈尔的这些经典元素，才显得时尚。

↑ 夏奈尔还是配套服饰的先锋，她开发出了与服装相配的新的饰物系列，包括珠宝、菱格纹包和双色皮鞋。

出路，这一经历使她获得了Coco的别名，但她很快发现这条路行不通。于是，她将眼光投向了一个叫艾蒂安·巴尔桑的男人，并由此进入巴黎的上流社会。此后，她遇见了博伊·卡佩尔，这个男人的出现改变了她的一生，他不仅为Coco带来了刻骨铭心的爱情，还帮她实现了在Deauville开一家时装店的愿望。那是1914年，当时的服装还沉浸在S体态的繁复风尚里，用夏奈尔的话来讲："那些可怜的上流社会的太太、小姐们……帽子插各种羽毛，到处流行假发，裙子长得拖地。"所以，当夏奈尔展示出她设计的第一件女装——大口袋、有纽扣和腰带的对襟宽松式毛衣，一场扫荡服装界的清新简洁之风便迅速流行起来。

第二次世界大战前夕，夏奈尔的时装事业发展得如日中天，著名的"夏奈尔套裙"就产生于这个时期。这套衣服由夹克式上衣、衬衫和直筒裙组成，其直线型的简洁外观奠定了后来职业女装的基础。美国《时尚》（VOGUE）杂志甚至宣称，夏奈尔简洁而价格不菲的针织裙装是"时尚的代名词"。她于1926年设计出的"小黑裙装"，至今仍被奉为时装界的经典。

不过，关于夏奈尔人们最不能忘记的，或许并不是她的服装，而是一款被称为夏奈尔5号的香水。这款香水由于被玛丽莲·梦露宣称为"睡觉时的惟一穿着"，而成为CHANEL王国里的又一传奇。与此同时，夏奈尔还教会了女人如何使用假珠宝，当她将那些闪亮的假珍珠、镀金的链子和无领的宽松套衫、镶饰边的花呢套装或小黑裙装搭配在一起的时候，女人们欣喜若狂地意识到，贵族阶层一统天下局面终于被打破了。

当然，夏奈尔还有另一条线索上的传奇，这传奇贯穿了当时世界上最有名和最有权势的男人，如毕加索、达利、丘吉尔，以及英国最富有的男人威斯敏斯特公爵，据说她的第一件海军式套头针织衫，其灵感就是得自于威斯敏斯特公爵的游艇。

1930年代的夏奈尔生活十分放纵，经常和前卫艺术家们在豪华的餐厅饮酒作乐到深夜。但不管晚上回去有多晚，第二天她一定准时出现在时装店里。她曾经对作家巴恩斯（Djuna Barnes）说：对她来说，这种生活仅仅是为了应酬和扩大自己的圈子而已。

这是最经典的夏奈尔女士本人的照片，由著名的超现实主义摄影师曼·雷（Man Ray）拍摄于1935～1936年间，小黑裙、珍珠项链、真假难辨的珠宝和她借以发迹的女帽，所有的元素在日后都成为经典被反复引用。

这说法和她一贯的作风很一致。这个漂亮的女人，她白天和威斯敏斯特公爵钓三文鱼，晚上和法国诗人单独讨论哲学与人生的意义，周末则和丘吉尔打扑克……

夏奈尔一直到50多岁还保持着姣好的容貌和苗条的身材，在那时留下的照片中，她穿着自己设计的小黑裙，戴着又长又大又啰嗦的珍珠项链，叼着细长的烟嘴，那样子很像好莱坞影星葛丽泰·嘉宝在电影《大酒店》中的造型。而事实上她也一直生活在戏剧的幻觉中。她住在自己的时装店的楼上，豪华的公寓装饰得像宫殿一样，布置着非洲的木雕、从中国进口的酸枝木做的明式屏风、巨大的水晶吊灯、18世纪的巴洛克家具等。这样的场景她十分乐意向媒体随时敞开，和她编造的身世一道成为大众饭后的谈资。

↓因在电影《希茜公主》中扮演希茜公主（后来的奥匈帝国皇后）而闻名的电影明星罗密·施奈德在20世纪60年代电影BOCCACCiO'70中的剧照，经典的夏奈尔套裙、珍珠和烟卷，像极了可可·夏奈尔的翻版。这也比任何模特来演绎夏奈尔的服装更有说服力。

1936年，由于店里的工人罢工，她不得不关闭了自己的服装店。第二次世界大战结束后，来自英国情报部门的消息披露出她的另一身份。据载，早在1943年她就被指认为德国特务，根据是她曾经参加过一场纳粹分子的运动，并试图以此影响威斯敏斯特公爵的老朋友丘吉尔爵士。1944年的春天，夏奈尔曾旅行到柏林，与纳粹高层人物会面。巴黎解放后她被盟军逮捕，对于自己与纳粹的交往，这个天才的种族主义者有一套极其浪漫的辩解，她承认自己有一个纳粹军官情人："在我把这年纪还有男人想和我睡觉，我怎么会想到去看他的护照呢？"就这样，62岁的夏奈尔以她一贯的善辩获得释放。也有人猜测盟军这样做，是不想泄露她那些身世显赫却暗地里结交纳粹的英国朋友的身份。

不管怎么说，德国人并没有给她带来更多的好处，因为自1939年第二次世界大战爆发之后，夏奈尔的时装店就停业了，一直到1954年才再度开张。这年夏奈尔已经71岁了，谁也没想到她的复出会再次创造时装界的奇迹：她的无领粗花呢服装到处被复制，其趋于实用性的设计不仅将时装带上街头，还迅速征服了美国市场。

1971年，88岁的夏奈尔吃了大量的安眠药后颓然倒下。她对自己的女佣说了最后的一句话："你看，就是这样死去的。"

↑1939年，夏奈尔关闭她的时装店（1954年重新开业）前推出的最后一个系列中，这套吉普赛晚装以鲜艳的色彩和异国风情的装饰令女性向往。

5 斜裁大师维奥尼

所谓斜裁就是将面料斜过来，使裁剪的中心线与布料的经纱呈45度夹角。这样裁出来的衣服有着极佳的悬垂感，同时面料的光泽也发生了微妙的变化，尤其是那种柔软的丝质面料，斜裁成合体的长裙会显得尤其飘逸，如果突出了身体的曲线还会显得十分性感。

别小看这面料的微微一斜，它发动了服装史上的一次重大革

↑20世纪50年代末，夏奈尔亲自为罗密·施奈德试衣，无论传媒怎样评价夏奈尔，"希茜公主"始终是她的拥护者，她说过："世上有三个人改变了我的生活：阿兰、维斯康蒂和可可·夏奈尔。"

命，相对于延续了千百年的直裁历史，斜裁法事实上建立了人与服装的一种新关系，这种在人体上直接进行的手工立体裁剪，使服装无论在形态结构和艺术效果上，都与人体达到了自然和谐的状态。

斜裁法的发明者马德琳·维奥尼，也是叱咤于20世纪30年代的风云人物，她曾经受聘于卡洛特姐妹的服装店做设计师，并与杜塞有过近5年的合作。1912年，维奥尼的时装店在巴黎波里街222号开业。1920年，她以斜裁法设计的服装问世，世界服装史自此翻开新的一页。

维奥尼1876年出生于法国的奥贝尔维利耶，3岁时母亲便去世了，由当宪兵的父亲一手带大。窘困的家境迫使她12岁便去裁缝店当了帮工，18岁匆匆结婚。这场不幸的婚姻很快就随着第一个孩子的夭折而结束了。此后她只身来到伦敦，在凯特·贝莉的制衣店里当学徒。

1900年，她重回巴黎，先是受聘于卡洛特姐妹的服装公司，后又转到当时已十分著名的杜塞门下。1912年，36岁的维奥尼离开杜塞公司，开设了自己的时装店。第一次世界大战使她一度歇业，1918年重新开业后，生意日益兴隆，她便将店铺搬到马蒂龙街的一所有名的房子里，自此开始了她作为一个时装大师的设计生涯。

她很快从过去的经验中跳了出来，创造了改写服装史的斜裁法。这种方法巧妙地运用了面料斜纹中的弹拉力，进行斜向的交叉裁剪。也有人称斜裁服装为"手帕服装"，因为斜裁的最大难度在于边缘的处理，但维奥尼很好地解决了这个问题。她经常运用菱形与三角形的接合处理裙子的下摆，此外还有抽纱法、缝补法、刺绣等。1922年，维奥尼的时装发布会令所有人大开眼界，她的

→↓斜裁法在今天已被广泛应用，以制造悬垂、飘逸的效果，各种打褶和不同形状的裁片更是被挖掘出了更多可能性。

←1876年出生于法国一个普通家庭的维奥尼11岁开始在服装店见习。虽然她的经历并不比夏奈尔平静多少（18岁结婚、孩子夭折、夫妻离异、远走英国等等），但她将更多的精力花在研究裁剪法上。1920年，她发明了著名的斜裁法。这张照片摄于维奥尼晚年，前景是她在20世纪30年代设计的女礼服，采用了立体裁剪法制作。

服装中不仅出现了前所未有的斜裁款式，而且，一些衣裙甚至不用在侧边或后背开门，仅仅运用斜纹本身的张力，就能轻易地穿上脱下。所有的服装是如此地自然生动，贴合人体，这样的曲线在此之前几乎没人看见过。维奥尼大获成功。随后，她又运用中国广东的绉纱面料，以抽纱的手法制成在当时极受欢迎的低领套头衫，独特的裁剪使这款服装被称为"维奥尼上衣"。

人们不得不承认，要想复制她的衣服实在是太难了，除非拥有和她一样高超的技艺。她用斜裁法设计的露背式晚装，不仅是西方礼服史上的一大创举，更使好莱坞女星珍·哈露成为当时最性感的明星。这与她的名言正好吻合："服装就是肉体，而不是其他。"

对人体的真正尊重，是这位"女裁缝"的成功秘诀。在设计

↑1926年的"坏女孩",但是绝对流行。

↑维奥尼1922年设计的裙装,在结构上与众不同,由于使用了斜裁法,同一条裙子从不同的侧面看起来有不同的效果。

中,她几乎从不画平面设计图,而是直接在人体上反复缠绕、打褶、别布和裁剪。为了表现得更加准确,她还用木头和帆布做了一个比例缩小到大约一米左右的、有着灵活关节的人体模型,这样不仅能反复实验,而且也能够细致地琢磨服装的动态造型,不断发现面料的特点,以寻求服装的最佳效果。运用这种方法,她能够方便而准确地取得"立体草图",然后再用昂贵的面料放大到真人尺寸。所以,维奥尼一直认为运用"人体模型"来设计衣服是惟一的方法。

维奥尼偏爱玫瑰红、乳白、黑色、棕色和响亮的绿色。她的时装做工上乘,面料也十分讲究。她特别喜欢那种透明而硬挺的面料,并常常要求厂家为她生产140厘米阔门幅的丝绸(比常规门幅宽出一倍)。此外,她还喜欢选用软丝绒、缎子、蝉翼纱(也叫玻璃纱)、雪纺绸、金银丝织物。维奥尼在面料运用上的一大突破,是将长期用作内衣的双皱面料,创造性地用作外衣。

在维奥尼的服装中,我们常能看到古希腊、中世纪以及东方袍服的影子,她善于将各种元素融合在一起,设计出具有现代感的时装。她还把过去只用来做衬里的皱绸运用在晚礼服中,充分利用面料的斜向垂坠感和弹性创造出丰富的变化,线条流畅,华美、优雅而不失性感。她所创造的修道士领式、露背装和打褶法,如今都已作为专用词汇收入服饰词典。

然而,对于这个被誉为"时装界的建筑师"的"女裁缝",媒体的记者们却颇多抱怨,因为维奥尼太怕被人抄袭了,而那些摄影记者们起的恰恰就是原创与抄袭之间的"桥梁"作用。"每次我们想拍她的作品时,都要花相当的时间来求她,即使她答应了,也只让我们在十分钟内拍摄完。"说到辛酸处,记者们几乎声泪俱下。

维奥尼以其毕生的精力追求服装的独特性,她的座右铭是"抄袭就是偷窃",所以她从不画服装效果图,从不买媒体的账,从不宽恕抄袭她的人。1939年,63岁的维奥尼关闭了在马蒂龙街上的设计沙龙,过起了深居简出的日子。1975年以98岁的高龄谢世。

关于斜裁法在今天的运用,我们不妨看一个专业的裁剪方案,这个方案来自《名牌时装缝制秘诀》一书。它将使我们在无衬里裙子的具体制作中，体会到斜裁的精妙：

在裙子的制作中，其悬垂性是最重要之处。基于这一原因，制作者必须考虑布料的纹理。应当注意的其他方面还有底边、拉链、接缝和腰头末端。

斜裁裙与直裁裙的比照：

直裁的中长裙（见附图1）

斜裁的休闲迷你裙（见附图2）

专业提示：

·确保底边可平整下垂，且与裙子整体的丰满度成比例。直裙的底边宽度不应超过5厘米，而斜裙的底边可宽至2.5厘米，也可如卷边一样狭窄。

·斜裁的裙子有伸缩性。在将底边修直前，应将裙子悬挂至少一夜。

·最好用车缝的方法上腰头拉链，或手缝细密的针迹。

·缝纫时，在车针的两侧略微拉伸接缝，以防起皱，并确保接缝平滑。但是，不要在斜裁的接缝处施力。这样只会使布料在接缝处产生波纹。

大致步骤：

1. 选择合适的裙子纸样，对纸样进行必要的调整。

2. 选择合适的布料，然后对腰头和其他需用衬头的部位进行热黏合测试。（见附图3）

3. 铺开布料裁剪，如有必要，裁剪时考虑布料上的图案，裁出相应尺寸的衬头。（见附图4）

4. 将衬头热黏在腰头和其他任何需用衬头的部位上。（见附图5）

5. 整合前的准备：缝纫省，打褶裥或抽褶，以及抽褶皱边，以对准槽口；缝合衣袋；并在需要之处打活裥。注意，打褶前要先折底边。

6．对齐裙上的开口，应将所有的毛边锁边。缝合后中心线上或其他需要安装拉链的接缝。

7．装上所有的衣袋，缝合剩下的接缝。装上饰边，然后处理并修剪其外缘。（见附图6）

8．装腰头。最后将裙子折底边，挖扣眼，钉纽扣，熨烫。（见附图7）

↑斯基亚帕雷利1937年设计的蝴蝶纽扣。小昆虫、花卉经常被她出人意料地使用。

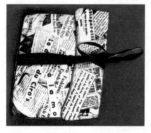

↑斯基亚帕雷利的手提包设计。灵感来源于哥本哈根鱼市上妇女用报纸折成帽子，这主意用来设计包也不错。

6 斯基亚帕雷利和她的龙虾裙

如果你看见有谁将高跟鞋顶在头上当帽子，请别诧异，那是埃尔莎·斯基亚帕雷利（Elsa Schiaparelli）的杰作。这个将20世纪30年代的时装界搅得天翻地覆的女人，从超现实主义大师萨尔瓦多·达利（Salvador Dali）那里借鉴了不少东西。

与夏奈尔同时代的斯基亚帕雷利一度让她的前辈伤透了脑筋，对于这个喜欢搞怪的老对手，夏奈尔开腔之前总是会酸溜溜地来上一句："啊，那个裁衣服的艺术家……"但她心里很明白，这个"会裁衣服的女人"和自己不一样。她之所以这么快就被巴黎上流社会所接受，是因为她确实有着贵族血统。这一点从她的姓名就可以看出，因为埃尔莎（Elsa）是伊丽莎白（Eilzabeth）的昵称，而斯基亚帕雷利（Schiaparelli）是她叔叔———一个意大利参议员兼天文学家的名字。至于他的父亲，则是学识渊博的东方语言学教授。教养良好的斯基亚帕雷利成年后嫁给了一个美国人，并于迁居美国两年后离婚。

以破落贵族和美国阔女人形象来到巴黎的斯基亚帕雷利，起初并没有与夏奈尔一较短长的妄想，然而事情就像有些人说的，"当好运降临到你的头上，不想出名都不行"。那是1922年的一天，斯基亚帕雷利在保罗·波烈的时装店里闲逛，并心血来潮地试穿了一件华丽的晚装大衣，这时波烈走了过来，不仅向她提供了全套的晚装搭配，同时还鼓励她"自己设计点什么"。这样的事，有时真不知该看成是"种豆得瓜"呢还是属于"养虎为患"。总之，这个精灵古怪的女人将保罗·波烈的服装研究了一番之后，发现了一个可乘之机：她毫不犹豫地继承了保罗·波烈在色彩与面料方面的成就，同时又增加了许多女性化的装饰，并将戏剧性、异国情调等诸多顺应潮流的元素融入服装，当然，还有她那独一无二的幽默感。

她的成功是必然的。1927年，斯基亚帕雷利推出了使她一举成名的黑毛衣上加白蝴蝶结领子的提花毛衣；1931年又推出令好莱坞明星纷纷效仿的宽垫肩套装。此后，她的创作如泉喷涌，与超现实主义先驱让·科克托和萨尔瓦多·达利的亲密交往更是将她的设计带入了一个超常的境界：她为科克托设计的夹克上衣，有一双刺绣的手抱住了穿着者的身体；给达利的，则是著名的"泪滴"图案和一大堆夸张的帽子——那只倒扣在头上的高跟鞋，应该算是其中的极品。

至于真正的有钱人，他们似乎更喜欢斯基亚帕雷利的机智与大胆。她那令人触目惊心的龙虾裙一经炮制，便立刻得到了辛普森夫人的首肯——这个将英国王室搞得鸡犬不宁，又在时尚界呼风唤雨的女人，当她穿着绘有大龙虾和西芹的晚礼服出现在公共场合时，斯基亚帕雷利的声名算是到达了顶峰。

斯基亚帕雷利的时装用色强烈、装饰新奇，罂粟红、紫罗兰、猩红等一系列"惊人的粉红"的运用，打破了夏奈尔黑色套装一统天下的局面。不仅如此，她的服装造型线也完全有别于夏奈尔的矩形，而是

←温莎公爵夫人著名的龙虾裙，有手绘风貌的印花不能说前无古人，但这样凸显地使用还是第一次。

与达利相比，斯基亚帕雷利的疯狂还是略逊一筹。

以女性的腰臀线为视觉重点，追求自然和审美的统一。她最初的针织运动套装和绣有精美花样的西班牙式外套的黑白礼服，是她自己所认为的"一生中最成功的作品"。

毫无疑问，斯基亚帕雷利丰富的想像得益于她青年时代的艺术训练，以及后来周游各地的旅行生活。无论是北非土著人的色彩，还是美洲暴发户的疯狂，都能够激发出她的创作灵感。她将巴尔干服装上的大贴袋用于夹克衫，东方的具有原始意味的印花布用于时装的细节装饰，并设计出茶匙形、鸡心形、三角形西服翻领。此外，她还将她的"惊人"牌香水瓶创造性地设计成沙漏般的蜂腰人体造型，女式拎包在打开时伴有音乐声，鞋子形状的帽子，装有办公桌抽屉式口袋的外套，蜻蜓形的围巾等。良好的艺术素养使她的设计新奇而不失高雅，怪异而不媚俗。

↑穿腰部有唇形装饰的套装的女子，头上倒扣着一只高跟鞋，这同样是斯基亚帕雷利的设计，她的灵感来源于超现实主义画家达利的作品。

1930年代后期，斯基亚帕雷利将时装的重点从腰臀部移到了肩部，强调肩部平直与挺刮的同时，收缩了臀部，据说这一灵感是从伦敦近卫军制服上得到的。对于这种男性化的垫肩女装，美国时装杂志《哈泼市场》不吝溢美的言辞，认为是"最具想像力的创造"。这种服装此后很快在好莱坞的带动下流行起来，成为第二次世界大战之前的主流女装。

对于面料，斯基亚帕雷利也常有天马行空的设计，把超现实主义和未来主义画家们的画，非洲黑人的图腾、文身的纹样以及骷髅等抽象的图案，作为花样印在面料上。此外，这个多少有些自恋的女人还将报刊上有关她的文章剪贴下来，设计成拼图，印在围巾、衬衫和沙滩便装上。

一个女人的成功，并不意味着另一个女人的失败。但当这个女人叫斯基亚帕雷利，而另一个女人叫夏奈尔时，火并便开始了。

尽管1930年代的巴黎拥有如维奥尼、阿丽克斯、朗万、路易斯·布朗杰、帕杜、莫利纽克斯等一大批杰出的时装设计师，但当时能够和夏奈尔一争高下的，似乎也只有斯基亚帕雷利一人。这个美国杀来的小女子，不仅做衣服有一套，做人也有一套。有趣的是，这两个势不两立的女人各自的沙龙恰恰处在同一条街上，

→斯基亚帕雷利有贵族的血统和
"超现实主义"的疯狂个性。在崇尚
高贵血统和艺术气质的巴黎，加上
她充满奇异想像的机智设计，她总
是能成为焦点。1937年，她在摄影师
Horst P.Horst的镜头前示范她那奇怪
的帽子。

中间仅隔了一家叫"雷茨"的酒吧。这也是她们经常光顾的地方，
但每人都有心照不宣的进退之路：夏奈尔一般从酒吧的右后门进
来，而斯基亚帕雷利则从另一侧。即便如此，斯基亚帕雷利也有
话可说："可怜的夏奈尔，我走正门，她却只能走后门。"

她们不仅在舆论上言来语去，在市场的争夺上更是你死我活。
夏奈尔无论推出什么款式，斯基亚帕雷利都会有应对之招：你叫
"顽皮女孩"，好，我有"傲慢之美"；你发表"轻便时装"，我就
来个"整齐服装"……公开叫板的结果是夏奈尔抱怨连天——她
的风头终于被这个比她更年轻更疯狂的女人压下去了。

还是战争为夏奈尔找回了公道，第二次世界大战爆发后，斯
基亚帕雷利的时装店也关掉了，她本人则逃回美国。终究是夏奈
尔笑到了最后，因为那个以"奇"制胜的女人此后再也没能找回
昔日的辉煌——这其中的种种缘由和遗憾，相信斯基亚帕雷利在
她的自传《骇人听闻的生活》中，会有详尽的解释。

7 尼龙卷起丝袜狂潮

1937年，一个叫卡罗瑟斯的美国人由于长期的抑郁而自杀。也许人们应该庆幸，这位哈佛大学的博士没有更早地结束生命，如果那样的话，我们很有可能就没有尼龙袜穿了。1935年，卡罗瑟斯在杜邦公司实验室里主持一项高分子化学实验时，发明并研制了聚酰胺纤维——尼龙66。当人们将这项发明运用到丝袜的制造上时，女人们的腿上革命便开始了。一时间，袜子的广告如同巧克力、洗衣粉和速溶咖啡一样铺天盖地，女人们对丝袜的狂热追崇成就了20世纪的一桩大生意。

曳地长裙一统天下的时候，袜子显得很不重要。所以，第一次世界大战之前的女人们只穿黑色羊毛袜，谁要是穿了白色的袜子，就要背上荡妇的恶名。后来裙裾逐渐上提，一向隐姓埋名的袜子开始显山露水，印花的长统袜也流行起来，蓝色、肉色或桔黄的底色上，扭动着妖冶的蛇型线条，女人们半遮半掩的小腿成为街头的一道风景。

好看的还在后头。尼龙的发明，使女性的着装发生了根本的变化。她们用一种橡胶松紧绳将透明丝袜高高地吊在大腿上，并尽量完整地让人们看见小腿肚上的线缝。这不仅意味着裙裾的进一步上提，也意味着腿部的健美变得越来越重要了。1939年，用尼龙纤维制成的丝袜在纽约世界博览会上一经亮相，立刻招来了女人们的抢购狂潮，因为她们发现穿上尼龙丝袜的双腿变得更加结实和富有光泽了。作为性感和时髦的象征，尼龙丝袜成为所有女人追逐的对象，即使花上2美元一双的代价，也在所不惜。一家出售丝袜的商店，甚至因此而被挤碎橱窗，致使几个女人当场晕厥。为了一双袜子挤破门槛的肯定不止这一家，据说，仅1939年这一年，美国人就"抢"掉了640万双尼龙袜。

看过电影《最后一班地铁》的人都不会忘记，那里面的女人看见尼龙袜时是怎样的一种表情——多年不见的情人偶遇街头也不过如此了！而她们表现得还要兴奋。在此之前，由于物资的极

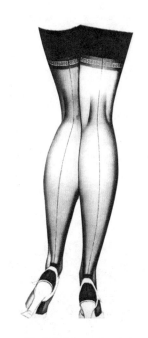

↑二战题材的影片里，美国大兵通常用一双丝袜就能换来一个漂亮姑娘的投怀送抱，这并不完全是虚构。在物资短缺（是与妇女们对丝袜的向往相比较而言）的时候，用颜料涂抹双腿，然后用眉笔在腿后画一道笔直的线——来冒充穿了丝袜。是的，她们是这么干的。

即使穿两层袜子，也挡不住热辣的注
视。当然，穿两层袜子本来就不是为了
阻碍观看的。

度匮乏，她们不得不在腿上涂上类似丝袜的颜料，并在腿肚子画上逼真的线缝。这一切都是因为战争！由于没有真正的尼龙袜穿，她们几乎要变成专业的画家了。

不过，第二次世界大战事实上反而成就了尼龙生产商的一桩大生意，因为他们刚好可以借此证明尼龙的广大用途以及可靠性——并非只能做做袜子而已！首先，当日本丝的供应中断时，尼龙被用于降落伞的制作，接下来的应用是重量很轻的帐篷和雨衣，以及以尼龙加强的绳索和轮胎。

但更重要的还是，自从尼龙被发明出来，女人们离了丝袜简直就无法苟活！尤其是到了 20 世纪 60 年代，迷你裙的风行将尼龙袜提升到一个前所未有的高度，短袜时代结束了，适合于展示大腿的连裤袜风靡全球。不规则网眼纹、鱼网纹和蕾丝花边等使女人们的腿变得千奇百怪，微型小网眼尼龙成为袜子的主要原料。

1980 年代，英国王妃戴安娜对踝部装饰着小蝴蝶的裤袜的偏

↑与丝袜配套的产品是吊袜带，这不是新发明，但到这时候它的美、或者说诱惑意味才被挖掘出来，并且在日后的岁月里演变成情色意味的必备道具。1972年的影片《深喉》里，一度被称为"色情女皇"的琳达·洛芙蕾丝为这种产品做了极好的广告。

←丝袜曾经是紧俏商品，要时刻注意商店的商品信息和排队才能买到。照片中这位妇女抢购到丝袜，等不及回家就在街头穿起了袜子，根据她的衣着和手袋判断，平时这并不是个不注意形象的女性。

好，引发了一场饰花裤袜的新浪潮，动物印花、方格、苏格兰佩丝利涡旋纹、格子、花卉及电脑制作的图案纷纷爬上女人的大腿。到了1990年代，袜子与季节流行色的结合开始审慎起来，一些设计师如日本的川久保玲，再次将人们的趣味带回到黑色短袜的老路上……

有资料表明，世界上最早的袜子出现在中国的夏朝（公元前21～前17世纪）。据《文子》一书记载，当时的周文王在一次征战途中，忽然袜带松了，即文献中的所谓"文王伐崇，袜系解"，说明那时就有袜子了。另一个考古发现，是在长沙马王堆一号西汉墓中出土的两双绢夹袜，均用整绢缝制而成，脚面和后侧有缝，袜底无缝，袜筒后开口，开口处附有袜带。袜子的号码分别是23cm和23.4cm。由此可见，中国的制袜工艺至少已有两千年以上的历史，比欧洲要早得多。

欧洲的袜子最早出现在古罗马，是由一种类似于绑腿的布带演变而来的，称为"足衣"或"足袋"。到了16世纪，西班牙人开始把连裤长袜与裤子分开，并采用编织的方法来制作袜子。1589年，英国人威廉·李（William Lee）在认真研究了妻子的手工编织技巧之后，发明了世界上第一台手工针织机，用以织制毛裤，1598年又改制成可以生产较为精细丝袜的针织机。不久，法国人富尼埃（Fournier）在里昂开始了丝袜的生产，直至17世纪中叶才开始生产棉袜。1938年，美国杜邦公司发明了尼龙后，同年第一批尼龙袜投放市场，从此袜子的面貌开始了革命性的变化。

↑蕾丝花边与丝袜之间有一种天生的默契。

←20世纪90年代后期开始，人们一度放弃了丝袜，转而展现腿部的光洁皮肤。这让条件不是那么优越的女性着实烦恼了好几年。这下好了，从2002年起，各种袜子，印花的、镂空网眼袜、色彩鲜艳的长筒袜又回到了潮流舞台上。

第四章
Chapter four
战后新形象

1 乘"最后一班地铁"去美国

1939年，第二次世界大战爆发。次年6月，德军占领巴黎，切断了这个时装之都与外界的联系。生死存亡之际，人们的生活标准被迫降到底线，穿什么已不再重要。巴黎的时装店纷纷停业：夏奈尔的时装店早在战争爆发之初就已关门，首饰设计师杰奎斯·海曼躲得不见了踪影，莫利纽克斯和沃斯逃往英国，斯基亚帕雷利也在苦苦撑持了一段时间后，乘上"最后一班地铁"逃往美国……原来的90多家时装店，现在只剩下莱隆(Lucien Lelong)、帕杜、罗切斯(Rochas)、朗万、里奇(Nina Ricci)、费斯和巴伦夏加。

战争简化了许多过去看来必不可少的精致细节，有的女人甚至穿一件普通的连衣裙和军制服也可以结婚了。更多的日常用品从货架上消失，尼龙丝袜成了难得的奢侈品。在反映二战的影片《最后一班地铁》中，那些食不裹腹的巴黎女人见到丝袜之所以比见到火腿还高兴，是因为丝袜不仅满足了她们爱美的天性，还让她们重温了昔日的体面与优雅。

精英人才的大批逃亡，使巴黎失去了它的中心地位，时装业更

↑菲拉格慕(Ferragamo)在1939年设计的黑天鹅绒高台底鞋，多层的高台底与鞋跟相连，穿起来比看起来轻巧得多。但是，战争已经打响，这双漂亮的鞋并不能配合战争中人们慌乱的脚步。

是深受重创。尽管一些设计师仍然坚持在1940年的1月举办了第一次战期展示会，但艰苦的生存环境根本无力滋养一个哪怕勉强维持的时装市场。战争期间一切都匮乏，包括用来制作服装的面料也实行了定量配给制度。在这样的情况下，设计师们既没有足够的面料，也没有足够的人力来制作他们那些想像中的衣服。

英国的情况也好不到那里去，"标准化实用服装"、"定量配给"等专用词汇同样沉重地压在VOGUE之类的时装杂志上。最先受到限制的总是尼龙丝袜，因为尼龙被发现是制造降落伞、轮胎、帐篷和其他军用品的最佳原料。再接下来所有的物品都必须凭票供应了。1941年，英国的成年人每人只能领到66张票证，这意味着一个女人再有钱，一年之中也只能做一套衣服——这已经耗去了18张票证，剩下的还是用来吃饭吧！

"标准化实用服装"的推出，不仅消除了服装作为身份标志的阶层特征，同时也消除了作为性别标志的生理特征，大家都穿上了一样的衣服——那种既耐磨又实用的款式。至于身体的线条和个性化的装饰，只好让它见鬼去了。好在这些战期服装的规范设计，英国政府委托给了莫利纽克斯领导的伦敦时装设计合作社。他们在不浪费材料的前提下，尽量将服装设计得具有时尚感：线条简洁、比例适度、强调肩部造型、收腰，裙子的底摆略低于膝盖的下沿。为了便于识别，这些服装还被统一挂上了"CC41"的标牌。

尽管如此，女人们还是有办法让自己显得更好看些，她们总能在走投无路之际，发现一些新的可能，比如丝和尼龙制的降落伞，当它们从天上掉下来时，无异于上帝给她们送来了额外的礼物——这些轻薄的面料，用来制作短衬裤、胸罩和睡衣是再好不过了。一时间，黑市上充斥着高价的降落伞材料，为了离它们更近些，有些人干脆申请到制造降落伞的工厂去工作。到了1945年，降落伞已公然摆在商店里出售，并附有如何运用几何学裁出更多内衣的说明。此外，"自己动手，缝缝补补"这些过去只有老祖母和底层妇女才会动用的手段，现在也被普遍地接受了。女人们开始动手做一切自己能做的东西，换了今天时尚的说法这叫"DIY"(do it youself)，而在当时这可不是什么时髦的事。为了节省票证，

↑战争的持续和全面爆发，使参军的妇女人数空前，这给时装带来了深远的影响。奢侈品变得遥远了，除了在好莱坞电影里描摹一下时装梦幻外，妇女还学会了精密计算布料和各种改制服装的方法。参军的妇女则穿上了对于她们来说也很新鲜的军队的制服。

↑1942年英国商业部实施了"实用方案"。这个方案禁止在任何衣着上应用刺绣和花边等装饰。内衣只准用黑、白色，而不是以前的粉红色。大多数内衣是成批生产的，上面通常盖有CC41标签。许多内衣厂转向生产降落伞及其他物品。

↑时尚是有延续的，没有多少东西能凭空而来，1946年克莱尔·麦卡蒂尔（Claire McCardell）设计这款娃娃式连衣裙在20世纪50年代将演变成一场娃娃造型大流行。

↑电影明星Veronica Lake，她的长头发很漂亮，并且总是留了一缕垂下遮住小半边脸庞，于是女性纷纷效仿。但是这样的长发对于劳动的妇女来说不方便，而且对于从事某些机器作业的妇女来说还可能造成危险。不过这些都不能阻碍人们克服困难追求这种时尚。

她们将毛衣拆开重织，旧毯子做成大衣，鞋子补了又补……时尚离欧洲越来越远了。

离美国却越来越近。第二次世界大战不仅使美国成为政治和经济的中心，也给他们的时装业带来发展的机遇。战前，美国的时装市场一直是仰法国鼻息、惟巴黎的时尚马首是瞻的，但骤然而至的战争改变了这一切。一方面，大批法国设计师逃往美国，使时装的中心无形中向美国偏移；另一方面，当美国设计师发现他们要独自面对一个庞大的服装市场时，他们自己的大牌产生了。1940年，《时尚》杂志报道了在纽约举办的展示会，这其中便包括了洛德（Lord）、塔约尔（Tayor）和梅因鲍斯。美国人开始欣赏自己的设计师，如哈蒂·卡莫基（Hattie Camegie）、维拉·马克斯韦尔（Vera Maxwell）、内蒂·罗森斯坦尼（Nettie Rosenstein）和克莱尔·麦卡蒂尔（Claire McCardell）等。其中麦卡蒂尔被公认为美国时装的开创性人物，他的设计常常从农民、铁路工程师、军人甚至运动员那里寻找灵感，形成了美国人特有的风格：简洁、平易、富于运动感。这样的时装不仅接近了普通人的生活，而且易于大批量的工业生产。

美国时装业的发展反过来也刺激了欧洲市场，尤其是好莱坞的明星效应势不可挡。由于战时的媒体传播受到阻碍，所以那些美妙的银幕形象便成为动态的时装杂志，被人们广泛效仿着。1939年出炉的《乱世佳人》是那一时期的经典之作，片中女主角郝思佳的形象影响了整整一代人，而她的扮演者费·雯丽也成了人们心目中的偶像，她的着装趣味时不时地形成时尚潮流波及街头。那一时期，美国高级时装店所经营的时装，往往都是好莱坞电影中的戏服。

好莱坞效应的另一个例子，是当时社会上流传的一个可怕传闻：一个女工由于梳了一种叫Veronica的发式，而将头发卷进了机器里，并因此被削掉了头皮。这种Veronica发式得名于当年的电影明星Veronica Lake，由于她总是让一缕长发从脑门上垂下来并遮住一只眼睛，所以才招致了这场灾难。

战争，再次改变了服装。

2 爱上军装

　　一套好军装的诱惑力是惊人的。有人甚至认为，希特勒法西斯分子之所以当年在苏联前线失利，原因之一是因为他们太爱自己的军装了——那些德国士兵，他们穿着制作精良但并不厚实的制服跋涉在冰天雪地里，当然斗不过戴着针织帽、裹着羊皮大衣、脚穿毛毡里靴子的苏联红军。至于英国的军官们，如果你想说服他们摘下低顶圆帽和窄窄的武装带，那可不是件容易的事，尽管这两样东西往往使他们成为狙击手的攻击目标。

　　女人们也发现了军装的妙处，她们从男人的衣柜里翻出制服或衬衫，有时并不仅仅是为了节省定量的票证。1941年，一些年轻的女性被强征进入工厂、农田和军队，开始了她们穿长裤的历史，那种劳动布的工人裤、帆布绑腿、绿色针织衫，有时还会加上一两条头巾，一副受尽苦难的模样。但有些女人显然喜欢上了这样的装束，并为此而加入军队。当她们穿上军用夹克、半截裙或紧身的短上衣时，立刻就被这种特殊的感觉迷住了。于是，军服式女装随着弥漫的硝烟在欧美国家流行开来。这种在设计上强调直线和活动机能的女装，配以贝雷帽和丝绸围巾，的确使女人们史无前例地英气和洒脱起来。而另一方面，毫无疑问，当炸弹掉下来的时候，这样的装束更易于奔跑。

　　一些军便服在战后也大肆地流行起来，如因艾森豪威尔而得名的艾森豪威尔夹克，这种掐腰、翻领、胸前有盖式大口袋的夹克因为坚固耐磨、质地优良而风靡当时的欧美。同时受到追捧的，还有空军的飞行夹克，那些时髦的男人们围着花里胡哨的丝绸围巾、脚蹬飞行靴，硬是要将这套出生入死的制服穿出洒脱的样子来。

　　军服式时装的设计从此以后便没有停止过，让我们看一则来自2003年的时装报道：

　　　　早在今年春天，受到战争的影响，军装已经激情地冲上了时尚的最前沿。……今秋，大小名牌如LV、Christian

↑女兵们的穿着和男服区别不大的衬衫和外套，服装采用最简洁的款式，最典型的战时特色是鞋子上无用的鞋带或拉带、搭扣都被严格取消了。这似乎比20世纪70年代开始流行的"极简主义"还简单得多。

↑20世纪40年代的一位妇女穿着当时流行的军服式女装走下人力车。

↑贝雷帽原先是西班牙和法国边境巴斯克地方的农民帽，在第二次世界大战以后非常流行。茱丽娅·罗伯茨也弄了一顶来戴，并且仿效了切·格瓦拉的戴法。

↓妇女们加入繁重劳动的行列。

Dior、Miu Miu等等，都一窝蜂加入军装热潮。值得注意的是，今季的军装主题大都体现在下半身上，例如裤子上多了几个口袋，裁剪硬朗许多，呈现男性化粗线条的美感。另外也会有更多的拉链装饰，更多金属性的搭配设计，例如腰带处的扣，这些安排将女性服饰的细节与精致粗犷化、阳刚化，在体现女性的柔婉之美中糅入干练、爽快的气质。著名设计师Marc Jeans在他的个人系列中，大玩丝绒军大衣、铜扣、徽章等等，军味十足。Celine也以束脚、拉链等细节加入战斗。Miu Miu摒弃它一贯热爱的华丽色彩，让模特穿着卡其布裤子登上舞台。那种硬朗的风格，轻易就迷倒了和平年代里出生的人。同时，走青春路线的品牌，亦有不少军装推出，如刚刚入驻北京的香港品牌Touch Jeans，更是让军装前卫得一塌糊涂。一位设计师说，军装与华贵的礼服，形成强烈的对比，正是这种对比，刺激了上流社会的潮流品位。

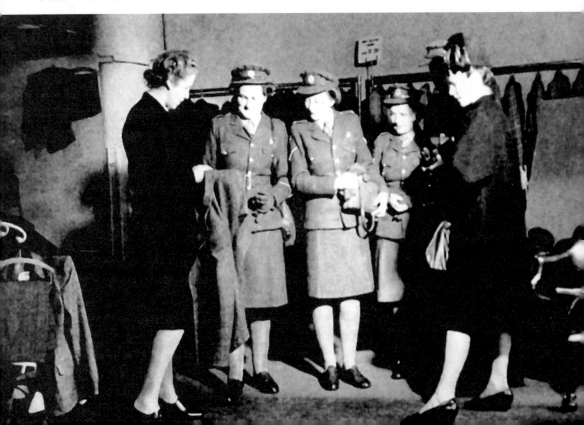

　　所有的设计师都明白，没人能够抵挡军装的魔力。那些硬朗的线条、金属拉链、夸张的铜扣、大口袋……当它们与女人的身体相遇，就会绽放出奇异的花朵来。合体的军装让女人出足了风头，它就像紧身胸衣的变体，在同样的欲盖弥彰中反衬出肉体的诱惑。没什么更让男人激动的了，那些穿军装的女人在另一个战场上唤醒了他们的征服欲望。

　　军装在中国的流行则被赋予了另一种意味。20世纪60年代，一些部队干部的子弟首先将它们穿上街头，并以一种特权的形象将自己与平民的孩子区分开来。穿军装的优越感在姜文导演的电影《阳光灿烂的日子》中有过十分逼真的表述。

　　那些部队大院里出来的孩子，不管他们长得多矬、学习成绩多差，只要斜披着军大衣往那儿一站，立刻就能招来女孩子艳羡的目光。在那时，拥有一套军装曾经是无数中国女孩的梦想，她们扎着羊角辫、束着武装带、背着军用挎包奔走在"无产阶级专政"的街头，不砸烂点什么简直就对不住那身"革命"的造型。在这个特殊年代，军装有它特殊的含义。

　　直至今天，军用书包仍被一些艺术家将当做特殊的符号继续使用着，有的甚至做到了"人包合一"——到哪儿都是一身军装配着黄书包，这也从另一个角度赋予了军装前卫的意义。而年轻的人们则更愿意在媒体的蛊惑下，将军装穿出时尚的味道来："例如上身穿军装，下身配窄身牛仔裤。女生一件简单的棉质背心，一条卡其布的七分泡裤，或是选择军绿色的迷你裙，但是，记得最好有许多拉链或是大口袋作为装饰。男生则可以来一身橄榄绿的线衫，配卡其长裤。当然，还可以不厌其烦地来上一大套水壶、帽子、布鞋、夹脚拖鞋和后背、侧背的软帆布包，或是头盔、护腕、粗犷的皮绳、金属饰物等，也都是增加气氛的道具。"

↑麦当娜对军装的热爱是理所当然的，要想卖弄性感，没什么比穿军装来得更强烈了。

↑设计师巴伦夏加被认为是时装领域中少有的全才。以他名字命名的品牌中文翻译成"巴黎世家",事实上,巴伦夏加却是毕加索和委拉斯凯兹的老乡——西班牙人。

3 认识巴伦夏加

被誉为"时装界毕加索"的克里斯托伯·巴伦夏加(Cristobal Balenciaga)也是西班牙人,他的客人名单中除了比利时皇后法碧奥拉(Fabiola)外,还有阿娃·嘉娜(Ava Gardner)、英格丽·褒曼(Ingrib Bergman)之类超一流的影星。

1895年出生于西班牙的巴伦夏加自幼丧父,与母亲相依为命的结果之一就是学会了裁缝手艺。他先是在家乡圣·塞巴斯蒂安开了一家服装店,后来又将地盘扩大到马德里和巴塞罗那。1937年,西班牙内战的爆发造成了许多人的死亡,但却从另一个方面成就了两个天才,一个是毕加索——他的不朽之作《格尔尼卡》因此而问世,另一个就是巴伦夏加。战争使他远走他乡,并催生了他在巴黎乔治五世大街的时装店。

要在法国时装界立足并不是一件容易的事,看惯了高级时装的巴黎人一开始并不买这个西班牙"裁缝"的账。但人们很快就发现他的女装设计中蕴含了非同寻常的贵族气派,那种夸张的戏剧感甚至带有西班牙画家戈雅和委拉斯凯兹式的华丽与震撼。

巴伦夏加很快就出名了,他在巴黎的第一个服装展示会便获得了巨大的成功,而他于1939年设计的束腰女装,事实上已经预示了战后"新形象"的到来。他的设计正如《时尚》杂志所言:"每次都有精彩的创意,并且保持一定的水准,令人耳目一新,对未来时装的潮流走向意识敏锐。"他是一个优雅而温和的设计师,穿着的舒适性总是被他放在重要的位置,就连一向尖酸的夏奈尔也不得不承认:"只有他才会裁料子,配搭成时装,用手工缝制。其他人不过是时装设计匠罢了。"

精湛的裁剪技巧奠定了巴伦夏加在时装界的大师地位,他常常像建筑设计师对待建筑一样,研究服装的结构变化以及造型力度,所以他的作品以雕塑般的造型而著称。他于1961年设计的只有一条缝的大衣一经推出便引起极大的轰动,成为服装史上的经典之作。同时他还十分善用西班牙传统服装中的黑色或土黄,成功地将西班牙人的严谨与稳重体现在时装之中。其画稿生动优美、结构精准，被公认为时装设计领域里少有的全才。

同时巴伦夏加又是个勤奋的天才，从画图、选料、裁剪到缝制，服装制作的每一个过程他都要亲力亲为，甚至连选择配饰这样的小细节也不放过。此外，他还担任起模特教练的角色，教那些女孩怎么走路，如何微笑、傻笑、抽烟和摆姿势……总之，他从未愧对"全才"这个称号。

尽管巴伦夏加的女装在第二次世界大战前就已享有盛誉，但真正成熟的作品还是在战后的1950年代。1947年，迪奥推出的"新形象"虽说怎么看都有巴伦夏加束腰女装的影子，但巴伦夏加还是被刺激了，他此后的一系列创作不能不说与这一事件有关。1950年代初，巴伦夏加推出的袒肩晚装以美丽的带子和性感的曲线令人叫绝；他把半紧身的夹克做成不定形的软套装夹克；设计了高立翻领和四分之三的中袖；在迪奥的"A形线"赢得新的轰动时，他的蚕茧状大衣和球状裙同样获得巴黎的喝彩。有人认为巴伦夏加是有意在用和"迪奥造型线"相反的廓形，来表达新女装应有的典雅。而巴伦夏加本人则轻松地将这个设计称之为"睡袋"。

此外，巴伦夏加还以吉普赛歌舞中的"弗莱门戈"装为蓝本，设计了一种前短后长的晚礼服。在这款精美绝伦的晚装中，巴伦夏加显示了极好的审美素养，精确地控制了比例及平衡的要素。为了获得惊人的效果，他还设计出或大或小的帽子，与晚装相映成趣。他的邮筒式小帽也因此为成为他独特的标志。

被贴上古典主义标签的巴伦夏加并不急于在每个季节亮相，他创作是间歇性的，总是要隔上一段时间才激发出新的灵感，并且，还要花上一大堆时间对既定作品修修改改，臻至完善。他的日装舒适、优雅，可穿性极强，但晚装却往往由于装饰得太过华丽而显得不切实际：裙撑、垂挂的饰物、泡褶、花边镶嵌、毛皮和花朵，累赘的装饰让穿着者几乎无法落座，但也因此而令人过目不忘。

巴伦夏加设计的女装在1950年代的欧洲犹如一座丰碑，他的设计思想和方法影响了整整一代人，包括纪梵希、古海热、安伽

↑著名影星英格丽·褒曼热衷于穿巴伦夏加设计的服装。

↑就像再早些时候时装设计师依靠宫廷的青睐而名声大噪一样，巴伦夏加的设计也借助于这个时代最得力的传播者的推广。女明星阿娃·娜嘉的曼妙身材在巴伦夏加的出色裁剪衬托得越发婀娜的同时，人们在打听：这是谁设计的衣服？

1939年—1940年秋冬，巴伦夏加设计
出拱形的女装。

罗在内的时装设计师都曾出自他的门下。进入1960年代以后，由于生活方式和意识形态的急剧变化，以少数贵妇为服务对象的高级时装业趋于式微，一批年轻的时装设计师开始活跃起来，并获得年轻人的欢迎。那是1968年，玛丽·奎恩特的迷你裙正风行天下。面对服饰新潮的冲击，巴伦夏加选择了放弃，他宁愿关闭那间曾经在时尚界呼风唤雨的设计室，也不愿为时髦的浅薄青年服务。但"过时"的达官显贵们并没有忘记他，他们仍不惜重金地向他定制华丽的时装，所以这位退休的老人事实上是"退而未休"。1972年，巴伦夏加在为一位王子做完平生的最后一件礼服之后，再没从床上爬起来，终年77岁。

4 迪奥的新形象

1947年，迪奥（Christian Dior）推出的"新形象"以其铺张的用料和"花冠造型"震惊世界，并一举为巴黎夺回时装霸主的地位。

1905年出生于法国格朗维尔市的克里斯汀·迪奥家境富有，5岁时全家迁居巴黎，曾就读于巴黎政治学院，与毕加索、马蒂斯、达利等人均有过艺术方面的交往，如果不是因为后来家道中落，很难说会不会走上"裁缝"的道路。

1930年，迪奥家的一面大镜子忽然从墙上坠落，这不祥的兆头使这个殷实的中产之家陷入倒霉的境地。先是他的一个兄弟病死，接着是母亲猝逝，更糟的是他的父亲在房地产方面的投资全盘失利。家道的中落使巴黎成为一个令人沮丧的地方，无奈中迪奥前往前苏联寻求机会，回国的途中又得到了与他合开画廊的合伙人破产的消息，这真是雪上加霜。此时，迪奥的父亲和妹妹已经离开了巴黎，这个26岁的小伙子只好孤身一人在巴黎苦苦支

↑爱好艺术的迪奥曾经的理想是经营一家画廊，不过只开了很短的时间就惨淡收场了。开创出"NEW LOOK"后，这个法国时装设计师曾经登上美国《时代周刊》的封面，并被称为"时尚界的传奇"。

↑迪奥的"Bar"，其怀旧的"花冠造型"，预示着女装世界春天的来临。

撑。后来他遇到了一个叫让奥泽恩的时装设计师，与他相处的结果是画起了时装画。不久，他的六幅时装画竟然以每幅20法郎的价格被一家报纸采用。看来这是一个不错的行业，迪奥由此开始了对时装的真正进入。

30岁的迪奥终于迎来他人生的第一道曙光，那一年他遇见了当时任巴黎时装商会会长的勒隆，在他的公司里结识了著名设计师皮尔·巴尔曼之后，又得到棉花大王马塞尔·布萨克的资助，在蒙田大街30号开起了自己的时装店。到了1946年，战争的硝烟慢慢从欧洲的天空消散，尝尽了战乱之苦的女人早已厌倦了灰头土脸的生活，她们抚摩着憔悴的面容怀念起战前的华衣锦服，盼望着过上几天像样的日子。这一切被迪奥尽收眼底，一个大胆的计划迅速在他的脑子里形成。

1947年2月，在马塞尔·布萨克的大力支持下，迪奥推出了他的"花冠"系列时装。这是他的首次个人展示会，很少有人像他这样一经亮相便同时引来正反两面的舆论轰炸。女人疯狂了，因为他的"花冠"系列不仅以怀旧的柔情安慰了她们那颗饱受忧患的心，更以铺张的用料满足了她们重归奢华的渴望——一套衣裙竟要用掉22.8米甚至73米布料！这对于已经习惯了"限量配给"的人们，简直就是一次超越极限的心理挑战。天哪，这个男人是不是疯了？

他当然没有疯，相反，这是一个冷静揣摩的结果。战后的欧洲太需要这样的回归了，那些"花"样的女人，她们终于从"标准化服装"的硬壳里走了出来，重新显现出柔软的肩、纤细的腰，犹如引颈向上的花朵，宣告男性化女装时代的结束。"花冠造型"也因此而被媒体誉为"新形象"（New Look），标志着新时代的来临。

而事实上"新形象"并非全新的创造，确切地说它应该是20世纪30年代后期女装的简单化再现，束腰和蓬裙的运用甚至可以看作是对保罗·波烈的一次反动。最经典的"新形象"造型，是一款被称为"Bar"的套裙：上装由天然丝绸制成，无垫肩，腰部

紧收，沿臀部加入一圈衬垫让衣摆撑开，使人体呈沙漏型；下装则是一条带裙撑的阔摆打褶裙，长及小腿肚，配上黑色的长手套，细高跟鞋，活脱脱一副"S体态"的翻版。1959年，芭比（Barbie）娃娃首次面世的时候，身上穿的就是这款时装。正是这种怀旧的奢华，唤起了人们的审美激情。"别在意战争"，广告词说，"尽情享受宽松吧！"

　　就这样，迪奥以铺张的用料轰开了成功的大门，并由此登上

↑ 1947年，还笼罩在战争阴云里的欧洲，用这么多的布料来制作一套衣服简直是不可思议的。迪奥设计的这一系列女装一推出，便被形容为"极具革命性和代表性的"；另一方面，他也受到了同等激烈的指责其奢侈和"疯了"的攻击。

↑有坏小子和解构大师之称的约翰·加里亚诺也执掌了Dior好多年，2004年他又有恐怖新动作。

时装霸主的宝座。"新形象"开启了他此后的一系列设计，自1950年至1957年，他几乎以每年一个"新形象"的速度连续推出了"翼型"（wing line）造型、"垂直线"（vartical line）造型、"椭圆形"（oval line）、"波纹曲线形"和"黑影造型"、"郁金香形"（tulip line）和"埃菲尔塔形"（Eiffel Tower）、"H形系列"、"A形系列"、"箭形"（arrow line）、"自由形"（liberty line）和"纺锤形"（spindie line）。

这其中，迪奥于1952年放松腰部的曲线、提高裙子下摆的举动最引人注目。一年以后的秋冬季，当他继续将其"圆顶形"系列的裙边提高到离地16～17英寸时，一场舆论的骚动又占据了几乎所有报纸的头条。对此，法国《巴黎观察》驻伦敦记者曾有过一段戏剧性的描述："……伦敦八百万居民进入梦乡，万籁俱寂，在弗利特大街上一家权威报纸的办公室里，夜间新闻编辑们睡意朦胧。这时，一位新闻邮差跳下摩托，冲进《每日邮报》这座现代化大楼，将电稿交给值班总编。总编刚一读完目录，便高举手中纸片大叫'放头版！'。这条来自巴黎的新闻是：迪奥在今天的冬装系列中，裙子的下摆不再低于膝盖线。弗利特大街的编辑立即抓起电话，接通巴黎，要求提供更详细的内容，字数不限。翌日清晨，英国公民都读到了这条特大新闻。这是1953年7月27日。"

1955年，迪奥发表的"A形线"造型收小了肩的幅度，放宽裙子的下摆，形成与埃菲尔铁塔相似的轮廓。这种从细腰宽臀到松腰的几何形造型，形成了迪奥时装的又一次飞跃，被《时尚》誉为"巴黎最孚众望的线条"、"自毕达哥拉斯以来最美的三角形"。同年秋天，他反其道而行之，发表了"Y形线"。1957年，迪奥在其设计室成立10周年之际，完成了他的最后两个系列"自由形"和"纺锤形"。此时，迪奥公司已经发展成一个庞大的时尚王国，除了时装之外，他还开发了香水、围巾、长袜、领带、皮包、鞋子以及化妆品等产品。

创造了"花冠造型"的迪奥，自己却是一个肥胖、寡言和行动迟缓的人，天生的羞怯和忧郁使他习惯于交叉双手或下意识地摸着脑袋，那样子完全不像个时装设计师，说他是个乡村牧师或

↑现在位于巴黎 Montaigne 大街 30 号的 Dior 专卖店。有钱和有时间的话可以去逛逛，这里是一个时尚帝国，出来的时候你的钱会变成时尚和品位。

许更像一些。这个喜欢美食和考古书籍的时装设计师始终无法适应媒体的喧嚣，为了躲避记者的追逐有时甚至会在浴室里呆上几个小时。

　　天生的内向和忧郁以及背负众望所产生的巨大压力，使迪奥始终处于极度的紧张之中。他夜以继日地工作，设计稿甚至出现在桌布上、饭店账单上、床罩上或是浴盆里。1957年10月，迪奥因为健康不佳而到意大利的矿泉城蒙特卡尼去修养，于一个阴郁的夜晚躺下之后就再也没起来。幸运的是在此之前他已选中了年轻的伊夫·圣·洛朗作为他的后继者。伊夫·圣·洛朗不负众望，走马上任后再次将迪奥王国送上时装界的又一高峰。

5 泳装在比基尼爆炸

爆炸意味着破坏，意味一种由内而外的解体与释放，它可以发生在物质方面比如原子弹爆炸，也可以发生在精神方面比如三点式泳衣所引起的舆论爆炸。前者指的是一种量变的状态，后者则是质变的结果——由于衣服被"炸"得几乎片瓦不留，所以最终导致了人们对泳装的彻底革命。

之所以将炸弹和泳装放到同一张桌面上来谈，是因为它们都与一个叫做比基尼的小岛搭上了边。比基尼是南太平洋上的一个珊瑚岛，自1945年美国人在那里实验了原子弹之后，便成为爆炸的代名词。1946年，另一颗原子弹在时装界爆炸，这就是由法国机械工程师路易·瑞德（Louis Reard）设计的分离式泳装，这种泳装由上下两个部分组成，上装比一般的胸罩要小，下装则是一条勉强遮体的三角裤。瑞德认为这款泳装一定会像原子弹那样引起轰动，所以就起了个名字叫"比基尼"。几乎与此同时，另一个叫杰克·海姆（Jacques Heim）的设计师也推出了类似的泳装，不过他的名字更直接，就叫"原子"。

两个男人不约而同地想到了爆炸，足见这种分离式泳衣在当时的处境。比基尼一经亮相便引起了全社会的震动与恐慌。要知道，在此之前的泳装尽管上下之间也出现了一定程度的"分离"，但那最多也只能让人看到几英寸的身体。

而更早的泳衣是有幸穿上比基尼的人所无法设想的。有资料记载，直到20世纪初，女式的泳衣依然拖着笨重的裙裾，有的裙摆边长甚至达到8英尺8英寸，下水后湿重接近30磅。一位游泳教练在试穿了这样的泳衣之后惊讶地写到："我在穿上了这种游泳衣以后，才意识到几尺多余的布在水下能引起的危险。这种游泳衣非常宽大，四面八方都好像有东西在牵着我。穿着这种游泳衣游一百码会使我像穿着平时的游泳衣游一英里那么累。有了这样的经历以后，使我感到奇怪的不

↓20世纪30年代很多弹性面料的面世，使身体的曲线更好地展现出来，弹性面料不仅穿着舒适，而且可以起到修饰体型的作用，为泳装的胸杯立体造型创造了条件。同时，这也大大推广了日光浴的流行，露背开始成为时尚。

↑20世纪20年代的背心连短裤式泳衣。体育运动逐渐成为人们生活中的重要组成部分，促进了运动服装的发展。

↑娜塔丽·伍德是上个世纪五六十年代的好莱坞"玉女派"掌门人，她接受的泳装仍然偏于保守。当时只有"艳星"才穿比基尼。

再是为什么没有几个妇女游泳能游得好，而是她们竟然能够游泳。"

如此这般的情形一直持续到1912年，直到一位叫范妮·杜拉克的女子穿了一件半长腿的无袖连体泳衣游出现在奥运会的游泳池里。毫无疑问，这种无所牵挂的泳衣使她游在了所有人的前面。游泳逐渐成为女人们喜爱的运动，而不仅仅是在沙滩上装装样子。

1920年，一种有袖子和护腿的连体游泳衣终于被时装评论家所接受，但政府的立法机构仍然通过法律严格地禁止了这种"放荡"的服装，并规定女人在海滩上的穿戴必须覆盖从颈部到膝盖的部位，不仅如此，他们还要穿上丝袜和鞋子，甚至里面还要穿上紧身胸衣。在这样的情形之下，一些真正想游泳的女人便不得不冒着被起诉的危险，直接穿着内衣下水。以下的这段法庭记录便是因一位穿内衣下水的妇女而起的，这样的对白在今天看来颇具喜剧色彩：

法官：你曾在公众场合没有穿衣服。

被告：大人，我当时穿着内衣在海里游泳。

法官：这正是问题所在，太太。你对此有何解释？

被告：大人，那天天气很热，而沿岸的海水看上去很凉快，令人很想游泳。

法官：你当时头脑很清楚吗？你对自己的行为有清楚的认识吗？

被告：是的，大人。我对此有清醒而愉快的认识。

法官：这张照片说明你没穿衣服。想一想吧，太太。如果其他妇女以你为榜样，那么她们还有什么大胆的事做不出来呢？

被告：是这样的，大人。

1930年代日光浴的流行，促使泳装发生了革命性的变化，背带替代了袖子，裤腿变得越来越短，领口也越来越低，弹性纤维、醋酸纤维和人造纤维等新面料的发明，为制造合身的泳装提供了新的可能。

泳衣的革命到了比基尼时代应该算是彻底完成了，我们无法想像再进一步会是什么样子。比基尼引起的骚动是可以想见的，它不仅遭到保守国家的抵制，甚至好莱坞也不敢接受这么大胆的暴露。1952年，当澳大利亚设计师保拉·斯塔福德试图将比基尼引入黄金海岸时，立刻遭到警察的袭击，当时的报纸记载了这一事件：

↑比基尼成为女演们展示身材的绝佳工具。

（比基尼）引起了轩然大波。海滩巡查约翰·莫法特立即就抓了一个穿着保拉设计的短泳衣的模特。"太短了！"他一边声嘶力竭地叫着，一边押送着这个模特离开海滩。保拉并没有被吓倒。她让另外5个姑娘穿上比基尼泳装，通知了当地报纸并邀请了市长、一位牧师和警察局长。什么事也没出，但她却取得了惊人的宣传效果。

保拉的胜利也就是比基尼的胜利。比基尼迅速成为刚出道的女演员们展示身材的绝佳工具，玛丽莲·梦露、丽塔·海华斯、戴安娜·多斯、杰恩·曼斯菲尔德等，都曾穿着这种小布片在镜头前欢快地扭动过。这其中，最著名的比基尼女郎应该是瑞士女演员乌苏拉·安德斯，1963年，这位初涉影坛的女演员在与辛·康纳利合作的詹姆斯·邦德系列电影《铁金刚勇破神秘岛》中浮出水面，她穿着当时最棒的白色比基尼，腰上围了一圈子弹带，还挂了把手枪，大面积的裸露加上野性的装扮令人过目难忘。比基尼终于成为时尚杂志夏季销量的重要保证并流行至今。

第五章
Chapter five
颠覆，以自由的名义

1 玛丽·奎恩特的"迷你"风暴

对于那些向往新事物的年轻人而言，能与玛丽·奎恩特生活在同一个时代是件幸运的事，否则很有可能一辈子也体会不到穿迷你裙的快乐。正如 A. 布莱克和 M. 加兰德教授在他们的《时装历史》一书中所说："伴随着玛丽·奎恩特在伦敦英王大道上的'巴萨'百货店开业，时装史上一个始料未及的崭新一页开始了。"

的确，1960年代之前的设计师很少顾及到年轻女子的感受，他们总是将所有的精力都投注在成年女性奢华的礼服、晨衣以及套装上，而青少年的服装几乎无人过问。在这样的情形下，玛丽·奎恩特的"迷你裙"一经推出即风靡全球，便没什么不可理解的了。

1934年出生于英国威尔士的玛丽·奎恩特是一个教师的女儿，16岁就读于伦敦金饰学院绘画系，毕业以后在女帽商埃里克

↑20世纪50年代末到几乎整个60年代，是西方社会激情、狂飙和动荡的时期。服装界几乎将整个注意力都让给了年轻人。包括玛丽·奎恩特、皮尔·卡丹、古海热、伊夫·圣·洛朗等等，以及更加年轻的穿衣对象。

↑玛丽·奎恩特参加美术教师甄选失败，决定改行从事服装设计。她对年轻人的个性呼声极其敏感。图为玛丽·奎恩特在绘制手稿。

的工作室里工作。那时她便注意到，年轻的女孩们除了母亲的老式衣服外几乎没有别的东西可穿。所以，当1955年玛丽·奎恩特和丈夫在英王大道上开设了第一家"巴萨"百货店时，他们首先瞄准的，便是青少年的时装市场。

刚开始他们出售其他设计师的服装，但很快发现并不好卖，于是她打算自己动手。这桩生意完全是"现炒现卖"——衣服在晚上做好，第二天把它挂到店里，通常不到下午六点就卖光了。据说那个时期的奎恩特很怕她的顾客，所以总在柜台下面放一瓶苏格兰威士忌，一来为自己壮胆，二来也可以讨好一些好酒的客人，以至于巴萨店有时热闹得像个酒吧。

1959年，英国的画报上刊出了一款超短的裙子，这便是玛丽·奎恩特的"迷你裙"。尽管"迷你裙"在当时并未产生太大影响，但即便是一点微弱的震动，也足以引发服装界的强烈地震了。要知道，1953年迪奥只不过将裙子下摆剪短了几英寸，就引起了舆论界一片哗然！而玛丽·奎恩特如今的口号干脆就是："剪短你的裙子！"

这时的英王大道已变成"垮掉的一代"聚集地，那些身穿奇装异服的少男少女们，他们蓄着长发，穿着紧身裙和黑白丝袜四处招摇，使英王大道成为众人侧目的地方。毫无疑问，他们需要新的形象，新的装束将为他们的自由精神找到更加适合的表达。奎恩特摒弃了传统时装展示会的沙龙氛围，让模特们在爵士乐的强劲节奏中自由地走动。在年轻人的眼里，她的服装几近完美，简单的款式、明快的线条、大量的几何形设计使得迷你裙极具波普意味。在面料的使用上也十分前卫，她甚至尝试用聚氯乙烯制作小雨衣和单件的衣服。

1960年，玛丽·奎恩特来到美国。美国人自由、开放的性格鼓舞了她的设计构想。1962年，她设计的第一个系列刊登在美国的《时尚》杂志上，立即受到了当地青年的欢迎。次年，奎恩特

的"活力集团"公司宣告成立，以"迷你裙"为代表的少女时装
猛烈地冲击着世界时装舞台。这股被史学家称之"伦敦震荡"的
新浪潮，伴随着皮靴、"嬉皮士"长发的流行，给时装界带来全新
的面貌。当然，有一个地方不在其列，那就是远在东方的中国，那
里正在经历一场更加剧烈的震荡——"文化大革命"，将这个国家
的人们划在了世界时装格局之外。

←1964 年，玛丽·奎恩特在美国设
计的简洁的日常便装。那时的裙摆
还停留在膝盖处，两年以后，裙子的
长度被惊人地提高到了大腿上部。
但这并非没有抵抗，据说当时美国
的一些学校有专门的学监拿着尺子，
每天上学的时候在校门口检查那些
时髦而反叛的女学生的裙子是否短
过了限度。

↑小甜甜布兰妮出席 MTV 活动时的着装大出风头，撕破的 T 恤、波普印花网袜，她还穿了裙子，天知道为什么那能称为"裙子"，它实在只不过是一条黑色的布带子。

1960 年代的西方是一个充满了动荡和变革的世界。那时的青年大部分在战后出生，这批被称为"战后的孩子"的青年生长在和平富足的环境里，没有经历过经济萧条，不知道战争是什么滋味。良好的教育使他们善于思考，但现有的一切又使他们惯于消费和享乐。他们藐视一切传统，反抗所有的成规，崇尚自由，强调个性，期待着与众不同，在这样的情况下，新奇的服饰成为他们最直接的代言——从以运动衫、牛津裤为特征的存在主义者，到 50 年代"垮掉的一代"、60年代的"嬉皮士"，无不以异于常人的装束来表示对传统的摒弃。

1965 年，迷你裙和太空时装以更加强劲之势风行天下，奎恩特进一步把裙下摆提高到膝盖以上 4 英寸，这种被誉为"伦敦造型"的小裙子终于成为国际性的流行样板，被青年人狂热追崇。成年女性也以惊羡的目光接受了这一变革。各种款式的迷你装应运而生，新一代的设计师皮尔·卡丹、古海热、圣·洛朗、安伽罗等也都相继推出风格各异的迷你裙系列。甚至英女王伊丽莎白也为此推波助澜，这一年她访问美国，欣然观看了纽约时装机构为她举行的大型迷你裙表演。

这的确是个五花八门的时代，长发不再是女性的专利，工装裤跻入了时装行列，迷你裙大放异彩，年轻人的肉体展露成为性解放运动的突破口，比基尼泳衣、无性别和无上装服装都是这个年代的疯狂产物。即便是最保守的高级时装店也支持不住了！他们不得不

拿起剪刀，悄悄地剪短了裙子的下摆。玛丽·奎恩特乘胜追击，又设计了雨衣、丝袜、内衣、游泳衣、鞋子以及化妆品。到了1970年代，她的产品已涉及室内家具、床上用品、针织服装、领带、文具、眼镜、玩具、帽子等。这位靠小裙子起家的设计师很快成为一个精明的企业家，由一个仅有20台缝纫机的小作坊，发展到年收入1200万美元、拥有百余家时装商店的大企业。这些分布在全美国的时装店专营摩登且价格适中的时装、起皱衬衫、闪光的紧身运动衣等等。

1969年，迷你裙终于在"最后的疯狂"中演变为一种极短的紧身热裤。1971年，"伦敦造型"逐渐式微，裙摆急剧下降，新一

↓到美国之后的玛丽·奎恩特与模特在一起。

轮的时尚又重新开始。

有趣的是，尽管时装界对于谁是"迷你裙"的真正首创者一直争论不休，被称为法国青年象征的古海热也坚持说"我才是发明迷你裙的人"，但人们仍然将"迷你裙之母"的桂冠戴在了玛丽·奎恩特头上。对此，玛丽·奎恩特的回答或许比任何人都聪明："迷你裙在法国是如何的……我不知道，而且这恰不是我个人说了算的。时髦的装束，依我所见，这是不可避免的。迷你裙并不是我或古海热发明的——这是由街上的少女设计的，设计家只是简单地预见到人们所要想的。"

2 旗袍·月份牌·过滤嘴香烟

1960 年代以后出生的中国人对强烈的色彩有一种天生的恐惧，因为这会使它的穿戴者一下就从灰蒙蒙的人群中区分出来，并被视为异端。所以他们喜欢穿灰色、暗蓝色、藏青色以及其他一切能够被吞噬和淹没的颜色。这种色彩恐惧症在"文革"后的中国持续了一段时间，以至于那时的中国人被西方人戏称为"蓝蚂蚁"。

中国人是在"蓝蚂蚁"阶段过去之后，才得知自己曾经获此封号的。为了挽回颓势，他们开始了饥不择食地恶补：迷你裙、喇叭裤、蛤蟆镜、熊猫眼式的化妆、爆炸头……这些在西方国家经历了漫长的服装变革才自然达成的时尚潮流，中国人用了几乎不到 10 年的时间就全部完成了。那是 1980 年代的中晚期，女人们踩着咯咯作响的高跟鞋，男人们提着震天响的录音机奔走在泊来时尚的康庄大道上，他们并没有想到，这时的西方时装设计师已经在打中国旗袍的主意了。

旗袍元素在西方时装中的一再运用，终于在 1997 年修成正

↑1930年代的上海已经十分西化了，这样的礼服裙显然是从西方的时装杂志上克隆下来的。

果，那一年，妮可·基曼穿着 Dior 设计的鹅黄绣花旗袍走上奥斯卡红地毯，一场中装风暴在全球爆发。

对于中国人来说，这无疑是一个讽刺，这就好比原本被自家抛弃的东西，却在别人捡去的时候才看出它的好来。但不管怎么说，旗袍又回来了，并在王家卫执导的电影《花样年华》里找回了昔日的辉煌。在这部影片中，由张曼玉扮演的女主角简直就像个专职模特，不断变换的 26 件旗袍令人眼花缭乱。曼妙的旗袍再配以低回婉转的情调，恰与旧上海月份牌中的情景有着惊人的吻合。

上海的商业月份牌是在 1910 年前后出现的，在 1930 年代前后趋于鼎盛；而起源于满族袍服的旗袍也刚好在此时改良成型。也就是说，商业月份牌发展成熟的阶段，也正是旗袍兴起的时候，所以，作为当时最流行的服装，旗袍得以大量地出现在这些具有广告效应的月份牌里，并被今天的人们所观赏：那些妖冶的女人们，当她们叼着时髦的过滤嘴香烟，穿着各式旗袍向人们推销香烟、肥皂、花露水、婴儿代乳粉以及一切可以推销的东西时，并没有想到半个世纪后她们本身会构成一个时代的标记。

据记载：旗袍源于清代的旗人之袍，是贵族的衣饰；现代意义的旗袍，诞生于 20 世纪初叶，盛行于三四十年代，一度成为中国女性服装的代表。行家把 20 世纪 20 年代看作旗袍流行的起点，30 年代达到顶峰状态，很快从发源地上海风靡至全国各地。作为旗袍的发祥地，上海女人自是最能体会旗袍的精妙。所以，当时的上海女人们常将裁缝带进电影院，让他们学习新片里出现的旗袍新款，以便能够快速准确地炮制出来。

传统旗袍的特点是衣裳连体、随体收腰、下摆开衩、凸显曲线轮廓。有收领、收襟、半袖、短袖、齐肩等多种样式，颜色更是五彩缤纷，面料多以锦缎为主，给人富贵艳丽，柔中含挺的感

↑月份牌表现手法是一种基于西洋擦笔素描加水彩的混合画法，画家在确定人物轮廓后，先以扎住大部分笔毫的毛笔锋蘸些许炭精粉擦出淡淡的体积感，然后罩以透明的水彩色，使之产生丰润明净的肌肤效果与几可乱真的衣饰质感。月份牌的题材以时装、美女为主，基本上没有男士的位置，画面周边通常带有图案式的边框，内印广告文字或香烟、火油、肥皂、蚊香、布料、化妆品、酒、药品甚至肥皂粉等商品的图像。这幅月份牌显然已被人修掉了广告边框，而仅从人物来判断，除了旗袍之外，很难再和什么商品联系上。

→花团锦簇的女人，穿着可笑的小
坎肩。这幅花露水的广告可算是花
哨到了极点。

觉。有人把旗袍比喻成会跳舞的官窑瓷器，无论大家闺秀还是小
家碧玉，只要穿上它，便显出高贵典雅来。

那正是迪奥"新形象"诞生的前夜，西方世界的时装舞台正
遭受战争的打击，限量配给制度令欧洲的女人们不得不缩小她们的
裙裾，简化她们的帽子，取消多余的配饰，时装正在离她们远去。
中国的情况也好不到那里去，战争的阴云同样笼罩在中国的上空，
旷日持久的抗日战争没有给时装的发展留下多少空间。但意味深长
的是，恰恰在这个阶段，中国的旗袍保持了它最完整的面貌。而当
战争的硝烟散尽，西方国家的服装业开始长足进步的时候，旗袍却

在一系列的政治运动中寿终正寝了。

事实上直至1949年初，旗袍还是中国女人们最主要的服装之一。但是，随着人民解放军的进城，人们的审美观忽然变了，那套南征北战的黄色军装成为了最时髦的"时装"。此后的旗袍风尚江河日下，并渐渐被一系列具有革命色彩的服装所取代：最初是那种双排扣的"列宁装"；后来是男式背带工装裤和格子衬衣；再后来是一种叫做"布拉吉"的苏联式连衣裙成为年轻女性的最爱。到了1960年代，由于粮食、棉花大量减产，纺织品必须凭票购买，人们的着装开始以耐磨耐脏为标准，于是灰、黑、蓝，成为了整个中国的流行色。

←这个美女怎么看都有些眼熟，多少有点玛丽莲·梦露的影子。但即便如此，我们还是不能想像梦露穿旗袍的样子，"九弯三翘"？恐怕无论哪一弯哪一翘都会被她弄得超乎想像。

有一个关于旗袍的小故事，说起来颇有意味。

那是"文化大革命"的前夕，国家主席的夫人王光美将随丈夫出国访问。此前，王光美出访的装束基本上都是中式布衣，而1963年的这次，因为是出访非社会主义国家，所谓"艰苦朴素的观念"在那里极有可能遭到"漫不经心、不郑重、不尊重"之类的误解，再加上那些国家一国比一国炎热，所以礼宾司的官员要求王光美穿上旗袍。

王光美或许是最后一个将旗袍穿得轰动的人，于是，这成了1960年代的一个例外。此后，旗袍彻底从中国人的视线中消失，直到西方的时装设计师重新将它"打捞"出来。

但此旗袍已非彼旗袍，经过西方时装设计师的颠覆性改良，旗袍无论在裁剪上还是用料上，都发生了前所未有的变化，用当今的时尚话语来说："N多人对旗袍前仆后继地热爱，全因为旗袍有了新意思。"

这些"新意思"总结起来，无非有以下3点：

1．新在保守。比如说《花样年华》中的张曼玉，尽管旗袍花样层出不穷，但其古典意韵始终不变。

2．新在暴露。那些露肩、露胸、露脐、露腿再露腿的旗袍，被各路明星们热辣亮相。其中，在欧洲最炙手可热的电视节目《赌赌看……?！》中担任主持的珍妮弗堪称翘楚。她在镜头中所穿的旗袍式短裙看上去似乎有点朴素，但紧身的设计突出了极为丰满的线条，故意敞开的领口显得随意而性感，值得注意的是裙叉开得极高，堪比夜总会的咨客小姐，加上是电视访谈节目，坐在矮矮的沙发上，整条腿就几乎毫无遮掩地暴露在镜头前了。

3．新在前卫。外国设计师诠释的旗袍，颠覆是全方面的，从面料到剪裁的新意思让人惊叹：旗袍还可以这样！英国伦敦时装周有上万观众观看了数十位前卫设计师创作的各类秋冬时装。青年设计师特利斯坦·韦伯设计的秋冬时装超前新颖又不失端庄大方，给人带来强烈的视觉震撼。而阿莉西娅·凯斯在出席格莱美前奏派对时，则穿了一件火红的紧身唐装，红色皮衣皮裤配上黑色尖头皮靴，外衣裤绘有五爪金龙，衬底背心则是富贵牡丹，左

↓曾经被尼可·基曼穿上奥斯卡红地毯的著名旗袍，被其设计者约翰·加里亚诺命名为"中国皇后"。

手上还戴了鲜红色的半指皮手套，头上挽了髻却又留了散发披肩，上面插了两支簪，这样已经显得脸庞极大，居然还要描上丹凤眼（蓝色眼影），一张血盆大口，简直是古怪到极。

↑张曼玉在《花样年华》中，将旗袍的韵致和个人魅力均发挥到极致。

上海老裁缝说："女同志穿旗袍，讲究的是九翘三弯。"现代女郎恨不得瘦成难民，还九翘三弯？偏用太平公主的身材穿旗袍，这也算是一个新意思。

3 牛仔传奇

1850年，一个叫列维·斯特劳斯（Levi Strauss）的犹太人在美国旧金山推销服装时灵机一动，将意大利海员的裤子样式与法国棉布合而为一，为那里的淘金工人设计了一种实用耐磨的工

→这显然是一幅香烟的广告，优雅的淑女叼着长长的烟嘴，对男人永远有着极强的杀伤力，所以当时的香烟基本上都是由月份牌美女来推广的。而另一方面，从某种意义上来说，月份牌的绘画者们事实上已经充当起了时装设计师的角色，这件旗袍如果能够加以炮制，应该说是件出色的作品。

↑谁会连一条牛仔裤都没有？我不信。

作裤。1873年，拉托维亚裁缝戴维斯（Jacob Davis）在这种裤子上铆上五个口袋，然后与列维一起注册了专利并投入生产——世界上的第一条牛仔裤就此诞生。

追述牛仔裤的历史我们将发现，即便一条粗糙的裤子也脱不开与法国的干系。有资料表明，牛仔布起源于法国的 Serge de Nimes 面料，即一种由丝和羊毛混纺而成的咔叽布，这种面料在17世纪的法国曾经十分普遍。之所以后来被称为牛仔布，是因为当这种面料首次传到英国时，英国人很难发出 Serge de Nimes 这个音，于是将这个词简称为 denim，也就是牛仔布。

至于"牛仔裤"这个词，如果从词源学的意义上来解释也颇为复杂。有人说可能从"热那亚人的"转化而来，起源于热那亚港口的意大利人所穿的一种裤子；也有人认为它来自19世纪美国的工作裤。总之，牛仔裤一直到1873年才找到它的准确定义，自从斯特劳斯注册了第一条钉口袋的裤子后，牛仔裤就被用来称呼所有斜纹布制作的长裤了。

牛仔裤真正风行天下的历史开始于1950年代的中期，列维公司在它的广告中大肆宣称这种裤子"适合校园"，牛仔裤于是在美国的青年当中流行开了。到了1950年代末，牛仔裤已经成为美国的时代象征，1958年的一张报纸声称："大约百分之九十的美国青年到哪里都穿着牛仔裤——除了在床上，或教堂里。"

牛仔裤与迷你裙的比肩流行造就了一个疯狂的年代，那些热衷于聚会和运动的青年们，他们穿着牛仔裤，听着摇滚乐，沉浸在我行我素的快乐里。而另一方面，暗杀、暴乱、反战游行和黑人运动则成为1960年代美国社会的家常便饭。1963年初冬，肯尼迪在一颗斜射而来的子弹中猝然倒下，鲜血溅红了杰奎琳的时髦套装。随着总统的遇刺身亡，美国在越战的泥潭中越陷越深，反战的呼声则一浪高过一浪，年轻人的不满情绪达到极点，南方的黑人民权运动也进入了白热化的状态。1967年，底特律发生了震

惊世界的黑人暴动，造成69人死亡；1968年黑人运动领袖马丁·
路德·金被种族主义分子刺杀……

1970年代初，除了紧身的牛仔裤之外，服装还有一种反向的
宽松肥大趋势。有人认为这是受了中东富商的影响，那些因石油
而暴富的阿拉伯人，由于他们常常专程到欧洲买衣服，设计师为
了迎合他们的口味，便推出了一些宽松的服装，尤其是裤子的脚
口，通常肥大得像两只口袋。这种裤子后来逐渐演变为大腿部紧
收，膝盖以下放松——这就是后来的喇叭裤。

牛仔裤的盛行终于在1970年代演化为滔天洪水，并以泥沙俱
下之势将许多时装的因素卷入其中，喇叭裤已被视为合乎礼仪的
装束，老牌子的牛仔裤公司则开始将非牛仔布制作的产品划归到
自己的旗下。在美国，拉尔夫·劳伦开始生产"马球
牌"男女系列，而卡尔文·克莱恩也
开始设计男性化的女装产
品，并一跃而为牛仔服
的领袖人物。
至于夏奈尔，
这个以针织
内衣起家的老
牌子也不甘示
弱，很快推出了
牛仔布套装。

到了1980年
代，名牌牛仔裤开
始了一统天下的局
面，一些新的面料
处理如"酸洗"等也
再次刷新了牛仔裤的
表面效果。如今，牛仔
裤这个词可以指称许
多东西，斜纹布、厚毛

←虽然牛仔裤的流行年年在变，但
LEVI最经典的牛仔款式：前门襟有
5颗金属扣的501，一直非常热销。

头斜纹布甚至印花缎，都可以用来制作牛仔裤。

作为时装体系的一个部分，牛仔裤事实上标志了休闲服的发展。各种经过改造的牛仔裤可以适应不同的场合、社会地位和习性。谁也没有想到，出身卑微的牛仔裤竟会和其配套的T恤、便装、球鞋一道，成为20世纪最大的服装产业之一。

T恤起源于人们穿在衬衫里面的白色汗衫，到了20世纪50年代，人们开始将这种汗衫外穿，并命名为T恤。和牛仔裤一样，貌不惊人的棉布T恤取得了惊人的成功，各种具有不同裁剪方式和色彩的T恤衫——有的甚至带有印刷图案和精美的刺绣，成了随处可见而又变化无穷的时装，一种能迅速反映时尚变化的大众服装蔚然成风。

球鞋也从那种专门为跑步者而设计的廉价帆布鞋或皮鞋，发展成为时装的必备品。球鞋的时装化发源于体操及健美运动的流行，这些运动使体育带来的形体美与时装相结合，并促进了高档紧身衣、紧身裤、下体护身和运动鞋的产生。另一种影响来自美国黑人的街头文化和音乐，他们穿着球鞋在街头载歌载舞，无形中宣扬了它实用、舒适的特性。

仅在美国，球鞋产品的成交额每年就高达60亿美元以上，如

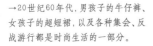

→20世纪60年代，男孩子的牛仔裤、女孩子的超短裙，以及各种集会、反战游行都是时尚生活的一部分。

今的球鞋已远远超越了原来的实用性，形成了一系列的风格和特点。不同颜色、不同款式的球鞋可以用来配不同的衣服，这样做的结果之一，是利波克牌球鞋有80%被人买去做配饰而不是当运动鞋来穿。

其他休闲服也随着牛仔裤的发展而发展起来。休闲服装通过对自身形象的不断改造，完全适应了时装业喜新厌旧的需要，以至于卡尔文·克莱因、凯瑟琳·哈姆内特、诺尔玛·卡迈利和拉尔夫·劳伦等时装设计师，也专门设计起休闲服装来。

休闲服成了20世纪的一桩大生意，应该说，这都是那个"牛仔"的功劳。

↑2003年的复古潮流又指向20世纪60年代的风貌，牛仔和超短裙被合二为一。

4 当摩登遭遇摇滚

摇滚乐究竟产生于何时？是1951年底，歌手约翰尼·雷（Johnnie Ray）在绝望的声调中模仿出黑人舞蹈的嘶喊？还是1954年7月，年轻的埃尔维斯·普莱斯利（亦即日后的猫王）为了给母亲录一首祝福生日的歌，而敲开萨姆·菲利普斯录音室的门？抑或1955年3月，音乐电台播音员艾伦·弗里德（Alan Freed）宣称要替当时流行的舞蹈受洗，教名就叫"摇滚"？这些问题如今已不重要，重要的是它诞生了，并且以压倒一切之势，波及文化、艺术甚至服装领域。

1960年，摇滚乐在英国登陆，并经由约翰·列侬、滚石合唱团等歌手的推波助澜，演变成一场铺天盖地的文化运动。摇滚乐不再只卖唱片，它的附带产品还有迷你裙、发胶、发廊、短靴、皮夹克、摩托车等，整个社会仿佛被注入了时代的兴奋剂，陷入一场空前的动荡。摇滚一族大行其道，他们以皮夹克、紧腿裤、长统靴和英国摩托车为标志，向一切传统的观念宣战。

↑第一代摇滚巨星猫王的大鬓角和闪光油亮的飞机头式发型几乎成了20世纪50年代青年男子的标准相貌。

↑影片《野小子》的剧照，每个人都穿着皮夹克（使用了不对称设计）、翻边的牛仔裤，这是摇滚派的典型打扮，站在他们中间的当然就是代表人物：马龙·白兰度。

然而，并不是每一个人都喜欢这样的反叛，有些人的看法正好相反，他们认为真正的摇滚精神已经衰退，留下的仅仅是一些皮毛。这皮毛包括一些过激的行为，也包括勋章、皮夹克以及笨重的摩托车。于是，摇滚派的对头产生了，那就是从艺术院校、中产阶级之中分化出来的摩登派。他们的分歧首先体现在衣着上：

摇滚派喜欢皮革和链子，而摩登派则喜欢整洁的意大利时装、派克大衣和低座的两轮摩托。半个世纪后的今天，我们无法想像穿衣服也会产生如此激烈的派别之争！1964年，摇滚派和摩登派终于大打出手，在英国的好几处度假胜地制造事端。有趣的是在事后的审判中，这两股势不两立的力量，统统被法官归结为"无足轻重的小暴君"。

摇滚派的偶像人物是马龙·白兰度（Marlon Brando），那个在电影《美国飞车党》中说话慢吞吞的英俊小生，他穿着黑色的皮夹克、裹腿裤，脚蹬长统皮靴，头戴鸭舌帽，漫不经心地斜倚在摩托车上。此番造型一经推出，立刻成为反叛青年的经典形象。他们将摩托车和摇滚乐糅合起来，使摇滚不仅具有声音，还具有了视觉上的冲击力。同时，皮夹克被视为该派的重要标志（皮夹克制造商要笑死了），上面饰满了各种纽扣以及刀或骷髅之类的图案。还有特别尖的尖头皮鞋、翻边的牛仔裤、粗重的金属链子，这些都是摇滚派的基本配置。

↓由维达·沙宣创造的这种一边发梢卷上脸颊的短发是20世纪60年代女性的标准发型。

摩登派当然另有所好。他们喜爱一切新奇的事物，包括爵士乐和其他的欧洲时尚，尤其喜欢意大利服装和Lambretta低座两轮摩托车。无论男女，都追求简洁精致的外表，包括罗马夹克、不褶脚的43厘米裤脚，尖头皮鞋或长统靴，以及挺刮的米色或白色风雨衣。女人更喜欢穿便服短裙，修长的轻便夹克，头发剪成维达·沙宣的经典样式，短短地垂至耳际。这样的装束基本上是以珍·西宝（Jean Seberg）之类的电影明星为范本的。摩登派的穿着一直相对稳定地流行着，甚至到了1980年代，保罗·韦勒（Paul Weller）也仍然是一身素色的装扮。当然，他们也有变化，那就是越来越喜欢鹿皮的鞋子和缝有Who标志的派克大衣了。

完成于1979年的电影《崩裂》，使摇滚派和摩登派一度名声大振。这部描写了两派之争的电影，事实上对他们的分歧与发展起到了推波助澜的作用。一些研究者认为，正是摇滚派毫不妥协的态度，直接导致了朋克族的产生。

5 在破烂里造就嬉皮

在许多人的印象中，"嬉皮"并不是一个好的名词，它不仅代表了一种颓废、堕落的反文化倾向，同时在20世纪60年代的毒品泛滥和性解放运动中，也并没有扮演什么好的角色。

嬉皮究竟是什么？还是让我们从嬉皮出现的那个时代谈起。

"嬉皮"事实上是"垮掉一代"的变体延续。第二次世界大战之后，美国的经济开始复苏，那些未经历过战争的年轻人，几乎是轻而易举地坐收了父辈们辛苦一辈子才实现的"美国梦"：漂亮的住宅、汽车、立体声音响、电视和足够的零花钱。然而，恰恰是物质生活的极大丰富，使他们看清了现实中人情的冷漠、战争的危机、尔虞我诈等种种社会现实。于是，他们从中产阶级或知识分子中分化出来，扯起了仁爱、反暴力、和平主义和利他主义的大旗，并以长发、奇装异服为反叛标志，向代表主流文化的传统势力发起挑战。1960年代的中期，"嬉皮"运动终于在美国旧金山的松树岭地区形成核心，并以不可阻挡之势席卷全球。这种独特的文化现象不仅对包括摇滚乐在内的西方文化产生深远影响，在服饰方面，更是以迷幻剂、土耳其长袍、喇叭裤等因素的奇妙融合，开创了一种新的服装风格。

早期的嬉皮士对反传统的生活方式比对时装要感兴趣得多。他们排斥美国式的消费主义，转而向东方国家寻求理想，常常开着野营车到阿富汗、印度等国家旅行，一路上顺手采摘东方文化中的奇花异果，比如五颜六色的土耳其长袍、阿富汗外套、异域风情的印花图案、彩色的串珠等。这些服饰配上反潮流的装扮如

↑嬉皮文化和摇滚乐总是相伴，在20世纪60年代的音乐会上，通常都是这样的奇装异服：吉普赛衬衫、无性别的背心、破烂的牛仔。

←由4个英国小伙子组成的披头士乐队在20世纪60年代的乐坛上掀起了新的摇滚风暴。1964年，他们同时有5首单曲列居排行榜前5位。他们早期的草菇头、裁剪合体的窄身上衣立刻蔓延开来。

喇叭裤、二手市场掏来的旧军装、花边衬衫、金丝边的眼镜等，便形成了嬉皮士的反叛形象。从这个角度来看，嬉皮主义运动事实上是在一种怀旧的情绪中展开的，并以反文化和反物质主义为指向，试图将服装带回到一个更加自然的状态。

如果说嬉皮风格是在旧货市场诞生的，未免有些夸张，但嬉皮士们对二手市场的偏爱，的确形成了当时服装界的一道景观。每到周末，便有成千上百的年轻人涌向跳蚤市场，他们挤在堆满了旧衣的货架旁挑选出他们喜爱的旧皮毛大衣、纱裙、旧军装、古典式花边衬裙、纯丝的衬衫、天鹅绒短裙或1940年代流行的纯毛大衣。而所有这些，都代表着一个一去不复返的时代，在那个时代里，手工的价值被重视，服装的质地自然而纯粹。嬉皮士们怀念那样的年代，他们希望从批量生产和人工合成面料的泥潭中挣脱出来，重新建立服装的品位与个性。而更多的女人之所以怀念工业革命前的时代，是因为希望能够重新穿上吉普赛式的衣裙和由 Laura Ashley（1925年～1985年）设计的挤奶女工式的服装。

1967年，嬉皮士时装店如雨后春笋迅速在伦敦等地发展起来，最有名的有"我是 Kitchener 老爷的仆从"、"Granny 做一次旅行"等。与此同时，迷幻药开始对嬉皮士的生活产生影响，并渗透到流行音乐之中。当时的著名歌手如吉米·亨得里克斯（Jimi Hendrix），鲍伯·迪伦（Bob Dylan）和贾尼斯·琼普林（Janis Joplin）等，都曾为嬉皮士的生活方式提供过经典样本。他们蓄长发、穿紧身的丝绒长裤或牛仔裤、宽松的印度衫，常常在吸食 LSD 迷幻药后获得腾云驾雾的灵感。这其中尤以 Janis Joplin 为嬉皮主义者的偶像，她不仅歌声充满力度和激情，还酗酒、吸毒、穿无性别的背心和丝绒衣服、梳男性化的中分头发。作为历史上第一个吸食海洛因的少女，Joplin 在 1970 年因吸毒过量而死亡。

在这方面，披头士乐队或许是个例外，相对于更多的嬉皮士而言，他们的服装显得整洁多了。这个从英国利物浦起家的四人合唱组自 1962 年推出第一张单曲《爱我吧》起，便如飓风般横扫了整个西方世界，他们的草菇式发型、裁剪合体的窄上衣和他们的歌声一样，很快成为时尚界的流行风暴。

↓当披头士们换上这身衣服，你知道会发生什么，民俗风貌也是嬉皮士喜爱的打扮之一。他们仁爱、反战、向往自由，同时也酷爱大麻这样的致幻剂。约翰·列农和他的第二任妻子、日本艺术家小野洋子，都是大麻爱好者。

6 安迪·沃霍尔的波普美钞

以玛丽莲·梦露的头像和美钞图案开创了波普之路的安迪·沃霍尔，同样将他的奇思妙想带到了服装领域。作为波普艺术的先驱人物，安迪·沃霍尔用纸、塑胶和人造皮革所做的时装"实验"，给20世纪60年代的时装界带来很大的启发和影响。

波普（POP）艺术从某一方面来说，可以理解为流行文化和大众趣味，它是1950年代一些年轻的英国艺术家试图以大众文化来反对现代主义艺术纯粹性的结果。波普艺术多以社会公众形象为创作主题，如各种商业广告、电视或连环画中的人物等，这其中，沃霍尔以玛丽莲·梦露、美元图案、可口可乐瓶等元素创作的作品，已成为波普艺术的开创性经典，并被无数次地印在T恤衫上。

安迪·沃霍尔1928年出生在匹兹堡一个捷克移民家庭，13岁时父亲便去世了，母亲独自抚养3个孩子。某种缺憾使沃霍尔一生都在重建自己："小报新闻纸的装订，电视的大量视觉废话和明亮但刺眼的色彩，以及二者所引起的过剩及麻醉感，三打猫王总比一个好。"他开始了自己的艺术"实验"，在媒介的不停转换中寻找着创作的可能性：一幅照片可以变成丝网印刷品然后再变成丝质肖像；拍摄一动不动的物体或人，他们似乎是雕塑其实是电影；一段演讲录音可以成为一部小说。

1962年，沃霍尔令人惊异的坎贝尔汤罐（Campell）和布利洛肥皂盒"雕塑"展览刚刚结束，便传来玛丽莲·梦露自杀的消息。在全世界的一片唏嘘之声中，沃霍尔意识到机会来了！在此之前，他一直在尝试一种奇怪的绘画方式，即利用绢印来复制肖像。他已经复制了猫王与伊丽莎白·泰勒等明星，而真正为他带来名声的，却是梦露那张不朽的脸。

一位纽约作家这样评论道："沃霍尔创作的梦露系列绢印肖像画，犹如流水线出产的福特汽车一样，每一辆车都与别的车相同但颜色不同……批量生产和独一无二会有何区别呢？例如电脑，抽象的程序是惟一的但输出的结果，却可以无穷

↓玛丽莲·梦露那张波普的脸终于被安迪·沃霍成功划到个人名下，进而通过各种方式贬卖给普罗大众，这其中也包括了英国的王室。这是他们御用的化妆盒。

↑安迪·沃霍创作的玛丽莲·梦露的印刷头像作品掀起了一股波普艺术的狂潮。这股潮流当时就影响到了时装界，此后又被无数次地翻用。

地复制。也许就是由于这些因素才使保罗·比安奇尼坚持认为，波普艺术代表了美国第一次真正突破欧洲传统，从而推测它是对抽象表现主义不可逆转的反叛……"这段评论终于将安迪·沃霍尔推到了他渴望的明星地位。

历史把安迪·沃霍尔等人制造的运动称作波普美术。今天，Campell汤罐、重复的梦露肖像已经成为上个世纪最经典的记录之一，它与滚石乐队和柏克莱学生运动一样，承载了美国历史上整整一个特殊的年代。而作为一个符号化的人物，安迪·沃霍尔至少局部地颠覆了人类文化在上个世纪60年代的某种价值体系，使我们长期尊重的艺术观念突然变得一钱不值了。

沃霍尔的绘画几乎是千篇一律的。他把那些取自大众传媒的图像，如坎贝尔汤罐、可口可乐瓶子、美元钞票、蒙娜丽莎像以及玛丽莲·梦露头像等，作为基本元素重复排列在画面上，试图完全取消艺术创作中的手工操作因素。他的所有作品都是用丝网印刷技术制作的，不断的重复给画面带来一种特有的呆板效果。对此有人戏谑地评价："麻木重复着的坎贝尔汤罐组成的柱子，就像一个说了一遍又一遍的毫不幽默的笑话。"

而他的确"想成为一台机器"，这是他的名言，也是他的艺术宗旨。对他来说没有"原作"可言，他就是要用无数的复制品来取代原作的地位。实际上，正是安迪·沃霍尔画中特有的那种单调、无聊和重复，准确地击中了当代商业文明中某种冷漠、空虚、疏离的现实。

而对于安迪·沃霍尔来讲，世界不过是个舞台，他在绘画、地下电影、出版甚至时装界来回游荡着，一边作秀，一边吮吸着声名带来的快感。1965年，他建立了著名的Factory公司，当他将厂房刷成和自己头发一样的银色，纽约的时尚先锋们便立刻感到了"魔戒"的召唤。他们穿着奇装异服汇集到他的门下，以艺术的名义引领着纽约的时尚潮流。沃霍尔则用他的波普图案设计出令人眼花缭乱的服装，这些图案中甚至包括了S&H绿邮票。

好莱坞的明星装扮或许最能代表当时的波普时尚：紧身的衣服、轻软的裘皮外套、巨大的耳环、艳俗的浓妆。既然波普与流行文化天生就是一家，那么安迪·沃霍尔的艺术资源就没有理由不拿来共享：豪斯东（Halston）用他丝网印刷的花卉图案设计衣服和围巾；史蒂芬·斯普洛兹（Stephen Sprouse）和安娜·苏（Anna Sui）则在自己的设计中运用了他的隐性印花图案……而范思哲（Versace）干脆让 Naomi Campbell 穿上印着著名的"梦露头像"的连衣裙，大摇大摆地走上时尚的天桥。

沃霍尔有句名言："未来每个人都能当15分钟的名人。"他的这句话不仅在今天的电脑网络里实现了，同样也在大街上有所体现，当你穿着眩目的服装在人堆里走上15分钟，保不准会有人拿着本子追上来问你叫什么——当然，更多的时候是一些商品推销员。

自沃霍尔以来，1960年代的一些同类艺术家开始成为"商业艺术"的先驱。1964年，荷兰艺术家恩格尔创立了"EPO"（恩杰尔生产机构，Engels Products Organization），每年固定举办他的近作展览，如同时装界的季节展。几年后，他推出的系列作品被命名为"色情自杀服饰"（Erotic suicide pieces），这些"服饰"有些是给女士的，有些则适用于男士。1964年，他又创立了 ENIO公司（恩格尔新葬仪机构，Engels New Interment Organization），提倡一种新鲜而愉快的葬仪形式。恩格尔为这两间公司都设计了一系列海报、传单与说明册，推荐他的公司的设备与产品。而另一位艺术家丹尼尔·斯波利（Daniel Spoerri），则于1963年将他在巴黎的J画廊改为餐厅，随后又在杜塞尔多夫（Düsseldorf）开了一间餐厅兼画廊。他在那儿不仅亲自下厨，还应顾客的要求将剩余的食物做成艺术品。

↓1990年范思哲以波普艺术为灵感设计的晚装，由超级名模Lida Evangelista展示。遍体都是玛丽莲·梦露和詹姆斯·迪恩的脸，还使用了繁华的彩色珠绣来烘托波普的艳俗气氛。

↑1966年制造的波普连身裙。

沃霍尔的肖像权也在成为一桩大买卖,他那戴着银色纤维假发、表情木然的脸被印在餐具、床上用品、日历等五花八门的商品上。近年,他的肖像权申请名单里还包括英国航空和梅塞德斯·奔驰公司。在过去的数年间,沃霍尔基金会已经从这方面获利800万美元。

近期在www.artnet.com的一篇文章中,一位专门收藏1960年代波普艺术的旧金山私人收藏家理查德·伯利斯加认为,1998年在索斯比拍卖的《橘色玛丽莲》以1730万美元的价格出售是"90年代最重要的文化事件之一","这是近年来的沃霍尔复兴的跨越性的一步"。1987年逝世的沃霍尔在他死后的15年,终于如愿以偿地成为当代艺术品市场上最热门的商品。

7 高举朋克的大旗

20世纪70年代,与摇滚乐同宿同栖的街头服饰出现了新的变化,嬉皮风格渐渐式微,奉行无政府主义的朋克(Punk)族穿着更加怪诞的衣服出现在伦敦街头,很多卖唱片、服装甚至书籍的人都剪短了头发、扎通耳朵眼儿、穿起黑色紧身裤和马丁博士靴,扮演起令人侧目的朋克战士。

应该说,朋克本身是一种抗拒时髦的结果:他们的音乐粗糙刺耳,服装的面料更是廉价。那些失业者和辍学的学生,他们常常穿着开了线的衣服和抽了丝的袜子,招摇在街头巷口,刺孔戴环对他们来说是极时髦的事,安全别针被用来别在鼻子、耳朵甚至脸颊上。他们的妆容或许是化装史上最恐怖的一种,常常将脸涂得像恐怖电影中的恶魔或原始部落的首领,配上刺猬一样的发型,简直就像从化装舞会或某个邪教仪式上跑出来的。

由嬉皮文化中衍生出来的朋克一族,显然与它的老前辈没有任何共同之处,他们憎恶60年代以来的文化思潮,不再提倡"回归自然"和"爱与和平",在服装上更是走向另一个极端。朋克女

孩开始穿20世纪60年代中期意大利电影中的迷你装、松垮的外
套、塑料耳环、鱼网似的长统丝袜、黑塑料的迷你裙。这其中的
代表性人物当推Jordan，这个目空一切的女孩由于穿着吊带袜和
透明的网状裙子去上学，而被勒令退学。这之后她又常常将脸涂
成绿色到百货公司去上班。这个狂热的朋克女孩可以说是"抗拒
美"的典型例子，或许正是因为如此，那些做腻了"乖乖女"的
女孩们才会将她奉为精神的旗手和楷模。而Jordan也因此而赚足
了钞票。1977年，她在朋克电影《狂欢》中扮演了女主角之后，便
开了家名叫"女人味十足"的公司，出售起自己设计的衣服。

　　关于朋克文化，安吉拉·默克罗比（Angela Mcrobbie）在
《后现代主义与大众文化》一书中有精妙的阐述："朋克首先是一
种文化现象。它的表现方式存在于音乐、艺术设计、图像、时尚

←早期的朋克精心打扮，金属和皮
革饰品或皮衣上的夸张金属装饰是
他们的标志。

和文字各个层次。因此，朋克艺术在艺术和大众媒体领域皆受注目。它的进身之阶正是通过小规模的青年企业、影迷杂志，为新浪潮新闻记者提供了练笔之处，给无名的朋克乐队设计唱片封面，为年轻的艺术设计师提供了一个崭露头角的机会。在时装行业，流行着同样的'自己动手'信条，那么一个显而易见的起步点自然就是当地的跳蚤市场和清仓甩卖了。"毫无疑问，尽管趣味不同，但朋克仍然和嬉皮一样，将二手市场当成了整治行头的装备基地。尤其是那些女孩们，她们常常到那里翻捡廉价的衣服，这包括1960年代的棉布印花上衣、鲍伯·迪伦在他的唱片封面里穿的羊皮夹克等等。

有趣的是，为朋克青年制作衣服的，也通常是一些下中阶级的艺术或时装学校的毕业生。他们之所以拒绝了"英国家庭商店"或"马克与斯宾塞"这样的主流大百货商店，而甘愿为朋克之流效劳，主要是因为他们希望有朝一日能自立门户，做一个相对自由的职业者，比如摆个小摊、申请执照卖旧衣什么的。而这些"摊贩青年"，一旦申请到 EAS 组织的帮助或银行贷款，往往在毕业不到一年的时间里，就能建立自己的商标。

另一方面，作为朋克文化的发祥地，英国的朋克一族显得尤其活跃。每到周

→歌星和乐队仍然是朋克潮流最有力最疯狂的推动者。1972年，拉里·拉·加士皮（Larry Le Gaspi）为初吻乐队设计的服装达到了一种歇斯底里的反叛效果。歌迷也从中得到了无比的刺激。

↓1968年，一代时装巨匠巴伦夏加退出时装界。服装的中性化达到前所未有的高度，裤子已经完全得到了女性的认可。20世纪70年代初，这样的宽口裤盛极一时。

末，他们就聚集在伦敦国王大道上的"煽动"(Seditionaries)时装店里，那里有他们喜欢的服饰，更有他们喜欢的朋克王后——一个叫维维安·韦斯特伍德（Vivinne Westwood）的女人，她不仅为朋克们提供成套的奴役式服装，还负责安排他们的娱乐生活。这个精力过剩的女人，不仅在朋克运动中扮演了极为重要的角色，在20世纪的时尚舞台上也是个呼风唤雨的人物。

当朋克一族开始闯荡天下的时候，渐渐老去的嬉皮士们只好退出历史舞台。那些身穿紧身黑衣、皮裤子、用夸张的金属钉钉满衣服的年轻人终于成为时代的主角。他们将脸抹成病态的面具，无所事事地摇晃在城市的街头。意味深长的是，当朋克们真正地吸收了通俗文化之后，他们抗拒时髦的姿态反而成了自我标榜的牺牲品。1979年，设计师赞德拉·罗兹(Zandra

Rhodes)改良了全部的朋克服装——那种支离破碎的款式、无所不在的别针装饰……朋克族最具冲击力的时代一去不复返了。

8 韦斯特伍德的"性"高潮

假如你在英国的街头看见一个打着领带、穿男式衬衫和西装，下身却光溜溜的女人，不用猜，那一定是维维安·韦斯特伍德。她以一个恒久的姿态斜依在维多利亚·阿尔伯特博物馆的门前，并不年轻的脸得意地上扬着，微微隆起的小腹下，仅仅贴了一片遮羞的叶子——这张摄于1980年代的照片，即便在今天看来也是一个惊世骇俗之举。但韦斯特伍德本人似乎并不这么认为，这与她另一张在屁股上写了"SEX"字样的照片相比，显然不算什么。

↑维维安·韦斯特伍德有无数疯狂的念头，她自己经常做一些观念意义上的事情，比如像这样神气活现地斜倚在维多利亚·阿尔伯特博物馆的门口。那是20世纪80年代的事情。10多年以后，她又会穿着像女王一样的盛装，和全裸的年轻男友在摄影师面前摆动作。

"SEX"是韦斯特伍德和玛尔科姆·麦克拉伦（Malcolm Mclaren）开在伦敦国王大街上的一家服饰店，从这个店铺的数次更名中，我们大致可以看出这对伉俪在1971年之后的那些日子里都干了些什么：1971年叫"摇滚吧"（Let it Rock），1972年叫"日子太快没法活，年纪太轻死不了"，1974年改叫"性感"（SEX），1977年叫"煽动"（Seditionaries），1980年又改成"世界末日"。

这究竟是个怎样的女人？色情狂？虐恋分子？还是异数中的异数？天才中的天才？

不管怎么说，有一点是毫无疑问的，作为朋克运动的领军人物，韦斯特伍德在20世纪70年代的时尚舞台上，扮演了一个极为重要的角色。她与麦克拉伦共同创作的朋克系列服装，不仅给当时的朋克青年以外表上的定义，更将他们的情绪"煽动"到一个难以抑制的高潮。

追根溯源，韦斯特伍德同样是战后青年消费者中的一员，这个1941年出生在北英格兰一个工人家庭的女人，对记忆中的许多

↑居然有人穿着韦斯特伍德的衣服结婚？她就是广告巨子泰格·萨维奇。

←1971年韦斯特伍德的专卖店叫"SEX"，不过第二年她就需要多花一点钱换下这块牌子了，因为她突发奇想把店名改成了"日子太快没法活，年纪太轻死不了"。

事都有着独特的认识。1992年，当年逾50的韦斯特伍德接过"年度时装设计师"大奖时，引用的便是当年猫王常说的一句话："吻我，再吻我。"正是在这目标的驱动下，她的"摇滚吧"才能成为那些摇滚少年的心灵归属，而她的"SEX"店更是在推出了一系列奴役式服装后，将朋克族带向了一个前所未有的"性"高潮——这场发布于1976年的"奴役"服装系列展示会，对70年代末的朋克文化影响至深：那些黑色的皮革，闪烁着非人性光泽的橡胶面料，被韦斯特伍德设计成骇人的受虐或施虐狂样式，并用别针、皮带、拉链、金属链等装饰起来。她宣称，要通过这场发布会来研

↑1989年秋冬季的发布会上，韦斯特伍德用彩格礼服把萨拉·斯托克布莱芝打扮成一个魔方娃娃。萨拉恐怕是目前为止活跃在T台的（韦斯特伍德专用的）最老的模特。

究性虐待的用具。

研究很快就有了结果。韦斯特伍德认为："这些服饰从表面上看会受限制，但当你穿上它时，会感到是自由的。"这论调与维多利亚时代的紧身胸衣爱好者简直如出一辙。

对色情的崇尚使这个女人的服装总是充满了天马行空的想像和暴风骤雨般的力量。1979年，她做出了大量的拆边T恤，并将下臀部分设计成开放的状态，这种撕开的、随时可能滑落的色情姿态让她十分地迷恋。"1983~1984发布会"中的"女巫"系列，便是这一姿态的延伸和推进——它赋予服装一种无意识的运动感觉，那些被裁成矩形或三角形的面料经过怪异的排列——如短上衣上提，而袖子则飘然而落——呈现出"身体部位不同，运动方式也不同"的独特感觉。此外，韦斯特伍德的色情表达还包括恋物癖式的高跟鞋、暴露的内衣、生殖器的外衣装饰，以及同性恋主题。

20世纪的最后10年，韦斯特伍德对于青年文化的影响渐渐减弱。在伦敦，青年人的穿着已不再表达任何意义。然而，总有一些社交新手需要一件撑架式紧身胸衣去参加某个乡村聚会，或某个雅皮士需要一件质感光滑的针织衫去赴上司的晚宴，而那些年轻的富翁有时也希望打扮得像个古代贵族……在这样的时候，一件韦斯特伍德的套装便成了王牌名片。而韦斯特伍德的魅力也正在于，她的衣服总让人觉得既刺激又安全。

第六章
Chapter six
服装的权利

1 赔本赚吆喝的高级时装

　　如果你认为狠狠心花掉一个月工资买来的衣服就是高级时装，那只能说明你根本不知道什么叫高级时装——当然，如果你的月薪至少在 1 万美元以上可当别论。通常的情况下，除了钱多得没处花的阿拉伯王妃或一些大牌明星外，大概很少有人愿意花相当于一套别墅的价钱去买一套晚礼服。所以，那些制作高级时装的设计师们，他们从没指望过靠出售这些中看不中穿的衣服来发财。

　　作为赔本赚吆喝的领头产品，高级时装的利润很少在直接的销售中产生，设计师们之所以不惜血本地将这些衣服推上天桥，除了希望能从 T 台的旁观席上蹦出几个慷慨解囊的富婆之外，更大的期待是时装发布所引发的眼球效应——那些身价亿万的淑女名媛，她们花上数万英镑买下的礼服或许只在私人聚会里穿上一次，但只要这条消息出现在时装杂志或当天的花边新闻

↑我们只知道塞西尔·比顿在1953年拍下这张图片，但不知道是谁设计了这套衣服。当时肯定有很多人千方百计打听过。

121

↑现在，有聪明的摄影师专门把相机镜头对准这个方向。有人说："坐在时装表演前排的人，可能比时装更有趣。"

→如果你跟踪一下秀之后的定单，就不难理解 Gucci 2002 年秋冬发布会上为什么要用昂贵的皮草做地毯了。与取得的声效和效益相比，Tom Ford 知道非常值得。

里，所产生的品牌效应便会带来巨大的经济回报。

当然，被认为是时装界顶峰的高级定制时装只可能面向一小部分富有的顾客。据统计，直到 20 世纪中期，巴黎所有时装公司所拥有的顾客加起来尚不足 3000 人，而这部分人中稳定的顾客也只有不到 700 人。在这部分人里，美国人和欧洲人各占了 250 人，海湾国家有 90 人左右，另 50 人来自南美，还有大约 30 人来自远东。也就是说，那些出现在国际时装天桥和杂志封面上的时装，大约有三分之二都被美国人穿走了。这些人中除了我们熟知的影星名流如玛丽莲·梦露、伊丽莎白·泰勒或肯尼迪·杰奎琳等，还包括一些神秘的超级富婆，她们花上几万甚至几十万美元买下一件衣服，为的只是在某个场合蜻蜓点水地走过场。

我们无法想像一件价值连城的时装有时只穿一次就被扔掉了。在科威特有一家专门处理高级时装的干洗店，店的后场堆满了无人认领的礼服，其总价竟高达 40 万美元。这些礼服有的已经在那里存放了四五年，它们被遗弃的原因仅仅是由于它的主人"不再喜欢这个样式"了。

时装的意义在此已变得十分明确，作为身份和财富的象征，它将一小部分人从大众中十分有效地区别出来。关于这一点，McDowell 在他的《20 世纪时尚名录》（Directory of Twentieth Century Fashion）中阐述得十分透彻："服装是一种压迫的工具，一种与穷人为敌的武器。它们被用来告诉人们衣着豪华的人不同于其他人，而且是由于其财富而胜过其他人。这些穿在身上的衣服表现出他们在智力、道德和社会地位方面的优越性。"

而事实上时装的魅力也正在于此，当设计师刻意将一套价值 1.5 万美元的丝绸晚礼服与蓬巴杜夫人联系在一起的时候，他所推销的便不再是一件衣服，而是人们

对18世纪贵族生活的向往。

除了极少数享有特权的人之外，高级时装对所有的人而言都是高不可攀的：谁能穿得起缀有50万颗小珍珠的衣服呢？还有用金刚鹦鹉毛装饰领口的Gaultier服装，或饰有优质威尼斯玻璃环形饰结的Versace上衣？然而，对于那些富有的女人，她们拥有一件Chanel套装或Lacroix裙子，就像她们腰缠万贯的老公拥有一辆法拉利跑车一样，并不是什么稀奇的事。从这个角度看，所谓高级时装，说穿了也就是一些超级富豪们的身份点缀，除了促进货币的流通之外，并无其他意义。

↑夏奈尔高级定制时装发布会的后场。这袭黑色刺绣晚装裙化了整整200小时才完成。

2 蓬巴杜夫人的洛可可趣味

谈到服装的权利，我们不得不回到18世纪的法国宫廷，看一看蓬巴杜夫人是如何穿戴，并以此影响整个欧洲时尚的。

比较翔实的具像资料，是画家布歇在蓬巴杜夫人34岁时为她画的一幅肖像：她穿了一件质地轻薄的裙装，胸部的倒三角形紧身胸衣与以往的平褶样式有明显的不同，呈现出凸凹相间的复杂图案，袖子采用了多层的细碎褶边，低胸的领口上装饰着重叠的蕾丝花边。这是一种典型的洛可可风尚，由于这个漂亮的女人总是穿着这样的衣服出现在凡尔赛宫的庆典仪式或其他的重要场合，她的洛可可趣味在贵族女性的追崇下，很快成为风靡欧洲的流行样板。

蓬巴杜夫人本名珍妮·安东尼特·波颂，自从24岁

↑画家布歇在蓬巴杜夫人34岁时为她画的肖像。

时成为法国国王路易十五的情妇后，便担当起艺术女神的角色，成为洛可可艺术的积极倡导者。在她的庇护下，画家瓦托、布歇和弗拉戈纳尔创作出大量代表洛可可艺术最高成就的传世之作。

不仅如此，他们的创作还涉及了室内装饰、家具、陶瓷器皿、金银首饰、壁纸、壁毯甚至拖鞋。洛可可风尚经过蓬巴杜夫人的肆意挥洒，终于在整个欧洲的天空弥漫开来。

苛刻的艺术词典中，洛可可风格被认为是矫饰、奢侈和浮华的代表，在现代时装中，其繁复华美的特征常被用来形容华贵的晚装或婚礼服。作为这一风格的代表人物，蓬巴杜夫人不仅将她的个人趣味投射在艺术、建筑、园林、礼仪公关等领域，其服饰风格更是贵族妇女争相仿效的对象，以至于许多东西直接以她的名字命名，比如蓬巴杜发型、蓬巴杜印花平纹绸等。

那是一个肉体享乐的时代，女人们将身体的每一个部位都设计成可供观赏的美妙元素：大量的蕾丝花边，大量的薄纱装饰，低胸的领口，夸张的头饰，挑逗的黑痣……洛可可趣味在这里也可以引申为优雅的色情艺术。除了蓬巴杜夫人以外，路易十五的另一个情人杜巴莉夫人以及玛丽·安托瓦奈特等宫廷命妇，都是当时欧洲的时髦偶像，她们的审美趣味在皇权的映照下，显得格外地高贵和咄咄逼人。

服装的特权上溯到路易十四时代能找到更加典型的例子，这个奢侈的皇帝不仅自己沉迷于豪华的服装、装饰、宫殿、家具和酒筵中，还为周围的贵族们树立了高不可攀的榜样。有资料记载，那些贵族一旦进入宫廷社会就"不得不倾家荡产来维持自己现存的地位"。路易十四通过对贵族们虚荣心的利用，轻而易举地控制了他们的财产，并将他们收归在宫廷的小圈子里随意驱使。

这样的现象即便在今天也不鲜见，我们可以想见一些美女名媛如何在雪片般的账单里苦苦地支撑着,她们忍气吞声地周旋在男人和金钱之间,为的只是在某个灯火辉煌的夜晚穿一身名牌亮相。为了维护体面的形象,女人们付出的的确太多了。据说蓬巴杜夫人死后还债台高筑,200万法郎的巨债追随着她的幽魂至今未能勾销。

3 辛普森,在时尚里彰显皇权

　　1946年,一名窃贼潜入位于伯克郡的埃德纳姆住宅,盗走了当时旅居在那里的一位夫人的首饰,这些首饰包括钻石、蓝宝石、翡翠以及一些贵重金属,其总价值相当于现在的1300万英镑(折合人民币约1亿7000多万)。这或许是迄今为止世界上最大的一起珠宝失窃案。更富戏剧性的是,这些财宝的主人并非别人,而是一向被英国皇室视为仇敌和败家黑洞的沃利斯·辛普森(Wallis Simpson)。

　　辛普森在认识英国王储爱德华之前,只不过是个离过两次婚的漂亮女人,尽管她的品位不俗、衣着入时,但作为一个普通的美国人,其影响力充其量也只能诱惑一下身边的男子。然而,自从认识了爱德华之后就不同了,她的一举一动一颦一笑都能形成巨大的冲击波,通过报纸的头条辐射大众。为了和这个充满诱惑的女人在一起,刚刚即位的爱德华八世不得不于1936年的12月在退位书上签字,次年即以温莎公爵的封号与辛普森在法国结婚。而辛普森——温莎公爵夫人,则在成功地夺走了英国的国王之后,又将皇权的旗帜插遍了时尚界的各个山头:她所收集的珠宝囊括了Cartier、Van Cleef & Arpel在内的所有顶级品牌,从火烈鸟到巨大的猫型胸针应有尽有。在服装方面也独领风骚,对斯基亚帕雷里龙虾裙的赏识,使那个其貌不扬的“女裁缝”一夜之间红遍欧洲。除此之外,迪奥、夏奈尔、纪梵希(GIVENCHY)等

↑沃利斯·辛普森和穿黑色礼服上衣和条纹便西裤的温莎公爵。这个为了女人而放弃江山的男人,据说并没有因此地笑傲江湖,第二次世界大战之后有证据表明,他试图通过德国人的势力重新夺回当年被迫交出的皇权。

↑温莎公爵夫妇。

也都是她的追随者，时刻等待着她的赞美和垂顾。1972年，温莎公爵去世后，辛普森第一个打电话通知的人就是纪梵希，因为她要为自己定制一套丧葬礼服。对于这位超级客户的星夜告急，纪梵希当然义不容辞，只用了一个晚上便完成了一袭黑色双襟扎皮腰带的漂亮丧服。

辛普森夫人究竟拥有多少华衣锦服、贵重珠宝恐怕连她自己也说不清。1946年，当这对传奇夫妇首次回到英国访问时，尽管他们打算低调行事，但从法国运来的行李依然动用了3辆军用卡车，这其中便包括了那只失窃的珠宝盒。

埃德纳姆住宅原本是达德利伯爵夫妇的居所，为了迎接温莎公爵夫妇的到来他们让出自己的房子，自己则暂居到克拉里奇斯饭店。这对殷勤的夫妇应该后悔自己的行为，因为如果辛普森的箱子被放进饭店而不是某个僻静的处所，盗窃事件也许就不会发生了。女仆琼·马丁把上了锁的箱子放到温莎公爵夫人的卧室时也并没有考虑到失窃的问题，而当她再次回来的时候发现箱子已经被人撬开，里面的珠宝不翼而飞。珠宝盒于次日的上午在附近的高尔夫球场被发现，其中的一些首饰洒落在地，在这些显然是被当作鸡肋丢弃的珠宝中，竟然包括了一条价值5000英镑的珍珠项链——那是温莎公爵的祖母留下来的。

尽管如此，1986年辛普森去世后，索斯比拍卖行在日内瓦为她举行的一场首饰拍卖，仍然是20世纪引人注目的焦点。另一场更加著名的拍卖也与辛普森有关，那是1998年在曼哈顿举行的温莎拍卖，也是索斯比在美国最大的一场拍卖，温莎公爵夫妇的财产占据了索斯比曼哈顿中心的两个楼层。在这场拍卖中，几乎所有的物品都拍出了天价——一个小小的蛋糕盒竟然被一对夫妇以2.99万美元买走！"它是如此的如梦如幻"，获得它的人在接受采访时说，"我们认为这块蛋糕是'永远不会被享用的蛋糕'。也许匣子里什么也没有，谁能知道呢？我们不会去解开缎带，让它始终保持那神秘的气息。"确切地说那应该是皇权的气息。第二天，这块价值2.99万美元的蛋糕便上了所有报纸的头条，早间电视的简明新闻也做了报道。有人甚至考虑将这段新闻写进剧本：一个男人在索斯比买了一块结婚蛋糕，搁在冰箱里，妻子深夜回到家中，饥肠辘辘地打开冰箱……

作为英国最富有的男人，温莎公爵的着装趣味在这场拍卖中也有所展露。这样说不仅仅是因为他与夏奈尔之间有一层说不清的关系，还因为他曾经写过一本关于服饰的书，叫《家庭相册》，书中收录了他一生中穿过的每一件衣服和来由："直到父亲去世，他几乎没有一件衣服对我有用。不仅因为它们式样过时，也因为不合身。不过，我拿了一件他通常打猎过后喝茶时穿的罗思塞苏格兰格子呢绒猎骑装。我把它改了，把纽扣换成拉链……我父亲的格子呢服，开始影响时尚……我们的一位客人向他从事男士时装贸易的朋友提及了这一事实，后者立即将此新闻电传至美国。短短几个月之内，格子呢成为风靡一时的男子服装面料，从宴会服到装饰带，到游泳裤和沙滩裤，都采用了格子呢。"这段文字的效果之一是他的一条裤子被人以7000美元领走。

在温莎公爵的一生中，因他的倡导而风行一时的服饰有：斜纹软呢服，格子呢，与之相配的鞋，鸭舌帽（它曾经出现在夏奈尔的头上），肥大的灯笼裤，威尔士王子方格，还有一种独特的领结——他在自己所有的领结里都塞进了特殊的填塞料。他的夹克衫是在伦敦定制的，但裤子他还是认为美国人做得好，所以不论哪次定制服装，总有一半的布料是要被送往纽约的，于是他的裤子被辛普森嘲笑为"飘洋过海的裤子"。

这真是天生的一对。他们的皇权既然不能在政治中彰显，那么用在时尚方面也算是没有白费了。富于戏剧性的是，这对夫妇死后，他们在巴黎郊外的一所小型宫殿连同室内的物品一起，被埃及富豪老法耶德买下。他本来是打算送给儿子小法耶德和他的女友——原英国的戴安娜王妃的，没想到这对苦命鸳鸯很快也魂归西天。

4 杰奎琳的夏奈尔血衣

1963年11月22日，美国第一夫人杰奎琳·肯尼迪追随着丈夫的身影，步下"空军一号"专机。那天，她穿着粉红色的CHANEL套裙，戴着同色的帽子，深紫色的翻领衬着化妆得当的面容，显得心情格外地好。那是一个非同寻常的日子，一场巨大的阴谋正在进展之中，而肯尼迪总统仍然毫无防范地坐进了他的敞篷车。数小时后，一枚子弹从街道的上方斜射而来，肯尼迪甚至没来得及哼一声就在杰奎琳身旁猝然倒下，殷红的鲜血从他的头部喷涌而出，杰奎琳本能地爬向车尾，但鲜血仍然溅满了她质地精良的套裙……

这一悲剧性的时刻使夏奈尔的时装也成为定格，我们无法想像如果狙击手的枪法不是那么准，如果那颗子弹稍微偏一点……不管怎么说杰奎琳总算活下来了，并且继续以她的金钱和魅力，影响着CHANEL、GIVENCHY等一代大师的进账和设计走向。

作为美国历史上最富盛名的第一夫人，杰奎琳的着装品位一直为普罗大众津津乐道，这个美丽且有极高鉴赏力的女人，也十分清楚她的装扮可以完美一个国家的形象。而事实上在成为第一夫人之前，她在时装上就已经有着惊人的投入，据说仅1960年，她的置装费就达到了3万美元。1960年的3万美元是什么概念？大约相当于3～4套中产阶级的乡村别墅吧。

自从1961年肯尼迪当上美国总统之后——这与他的太太穿着名牌时装为他摇旗呐喊不无关系，杰奎琳鉴于第一夫人的身份再也不能随便穿美国以外的衣服了。这让她多少有些遗憾，以至于忍不住对朋友说："如果总统访问法国，我就去找纪梵希帮我设计衣服。"肯尼迪果然很快出访法国，杰奎琳终于在参观凡尔赛宫的时候，穿上了她心仪已久的GIVENCHY晚装。那是一条象牙色的绣花长裙，线条简洁而优雅，恰到好处地衬托出第一夫人的高贵与美丽。这套外交史上著名的晚装一经亮相，立刻倾倒了大西洋两岸的无数人民。以至于肯尼迪在凡尔赛宫国宴的致辞里，把自己介绍为"我是陪同第一夫人的那个人。"

服装的力量让肯尼迪获益非浅，所以当他进行一些国事交往的时候，很乐意顺便卖弄一下这方面的知识。1961 年的 5 月，摩纳哥国王携王妃格蕾丝前来访问，格蕾丝一身绿色的套裙引起了这位美男总统的注意，"您今天穿的是 GIVENCHY 吗？"肯尼迪问。格蕾丝大吃一惊："总统先生……您怎么知道这是 GIVENCHY 的出品？"肯尼迪的回答十分美妙："现在我的服装知识已经很丰富，因为时装比政治更重要。传媒对我的演说，还不如对第一夫人的衣着打扮重视呢。"这倒是真的，传媒对细枝末节一向盯得很紧，包括这位总统与玛丽莲·梦露的暧昧关系。

然而关于服装，我们后来知道总统先生其实耍了个小花腔。至于他怎么会说中格蕾丝所穿的牌子,总统的秘书是这样解释的："那只是他的幸运。他对高级定制时装的惟一认识，就是抱怨价钱太昂贵。"这位秘书只说对了一半，他并没有解释出肯尼迪为什么一下便说出了 GIVENCHY，而不是其他的什么牌子。这还用说吗？杰奎琳太爱 GIVENCHY 了，当一个女人整天在丈夫面前唠叨一件衣服并执意让他付钱的时候,试问这个男人还能记得什么呢？

肯尼迪在时尚方面的另一段佳话，是有一次向 TIFFANY 定制特别的日历匾额，那是他准备送给白宫幕僚们的礼物。当他坚持将匾额的材料定为一种叫 Lucite 的金属时，遭到了 TIFFANY 总裁的坚决抵制，因为他认为用纯银更好。肯尼迪的审美趣味遭到了无情的怀疑。无奈之下，他只好将这些东西交到另一个地方制作。然而样品出来后，还是证明他错了，

于是这位总统大度地回头，重新购买 TIFFANY 的纯银版本。

相形之下，肯尼迪夫人就有品位多了，她不仅是 TIFFANY 最为尊敬的座上客，也是世界所有顶尖时尚杂志争相报道的对象。她的每一件衣服、每一款首饰，几乎都能成为时尚媒体向大众解读的时尚范本。1967 年 5 月，亦即肯尼迪遇刺 4 年后，这位下嫁给世界船王的前总统夫人笑吟吟地出现在美国版的《时尚》杂志上，穿着一套黑丝绒的礼服，戴着 TIFFANY 著名的珍珠耳环。她快乐吗？谁知道呢，有人说她的再嫁是被一只看不见的政治黑手操纵的，肯尼迪的被刺是她永远做不完的噩梦。然而这又怎样呢？她仍然戴着 TIFFANY 的首饰，穿定制的高级时装，对于名流时尚的追随者而言，这就足够了。

值得一提的是，1996 年 4 月，索斯比对杰奎琳的 5900 多件遗物进行拍卖，其中一串价值 100 美元的假珍珠项链竟然拍到 21.15 万美元。这场拍卖的结果之一，是类似的仿真项链在商店和电视购物频道上直线飚升，从原来的几百美元涨到最后的 9 万多美元。

←穿粉红色夏奈尔套装的杰奎琳·肯尼迪，在肯尼迪遇刺当天，步下总统专机空军一号。

↑今天人们将那些戴大太阳眼镜的女人，叫 Jackie O。

→遇刺前，杰奎琳与肯尼迪在总统的敞蓬座驾上。

5 格蕾丝·凯利的时尚政治

　　1956年的春天，以《乡下姑娘》一片摘取奥斯卡桂冠的女演员格蕾丝·凯利（Grace Kelly）身穿由98码薄纱、25码丝绸、300码花边制成的长裙，披着成千上万颗鱼卵形珍珠串成的面纱，走向摩纳哥王子雷尼尔三世，在全世界的注视下，完成了由"灰姑娘"到王妃的最后一跃。

　　格蕾丝·凯利的故事一直是好莱坞和时尚界津津乐道的话题，它证明了美貌与高级时装合谋后的巨大魅力与价值。在许多文章的开篇，人们喜欢这样说："摩纳哥原来只是世界地图上的一个小点，知道这个面积只有1.5平方公里，人口只有三四万人的小公国的人并不多，但自从好莱坞大明星格蕾丝·凯利跟雷尼尔亲王结婚而成为摩纳哥王妃之后，这个在法国东南方的地中海小国，总算在赌城蒙特卡洛之外有了另一个可以向世人夸耀的地方。"言下之意并非摩纳哥成全了格蕾丝，而是格蕾丝成全了这个原本名不见经传的小王国。

↑好莱坞时期的格蕾丝·凯利。

　　如果我们知道格蕾丝的父亲为了这门亲事曾向摩纳哥"缴纳"百万美元的陪嫁，就应该相信这的确不是一个灰姑娘变公主的故事。格蕾丝·凯利出生于美国费城的一个富商之家，父亲曾获奥运划船金牌，母亲是宾州大学的体育教练，叔叔乔治·凯利则是著名的剧作家，曾以《里格夫人》一剧获得普利策奖。受叔叔的影响，格蕾丝13岁那就开始登台表演，高中毕业后，即到纽约报考著名的美国影艺学校。1951年，格蕾丝在她的第一部电影《十四小时》里演出一个小角色，获得大导演佛烈辛尼的赏识，指名邀请她担任《正午》（High noon，1952）的女主角。自此以后，格蕾丝可谓星途坦荡，在与米高梅制片厂签下了7年的合约之后，又被大导演希区柯克看中，接连主演了他的3部作品：《电话情杀案》(Dial M for Murder, 1953)、《后窗》(Rear Window, 1954)以及《捉贼记》（To Catch a Thief, 1955）。

　　希区柯克曾在法国新浪潮导演楚浮访问他时，对格蕾丝做过如下评论："性感应该是不公开的。一个英国女子，看似女教师，会和你一起上出租车，但她可能会突然拉你的裤子……在《捉贼记》的开始，我故意拍格蕾丝·凯利的侧面，冷若冰霜、古典、美丽但拒人千里。但后来当男主角加利·格兰特陪她走向饭店的房门时，她突然主动地献上一吻。"这位会"主动献吻"的冷艳女星，在因拍摄《捉贼记》而参观摩纳哥皇宫时，遇见了王子雷尼尔三世……

在所有平民与贵族的不平等联姻中，或许只有格蕾丝是个例外。这位以美貌和富有著称的奥斯卡影后在嫁入摩纳哥后，使这个弹丸之国一夜间成为各路明星的会聚地，尤其是每年3月份举行的玫瑰舞会，更是欧洲名流争相出席的社交沙龙。应该说，格蕾丝与雷尼尔的婚姻是一次时尚和政治的成功对接，他们从中各得其所，并没有谁欠着谁。

54岁即死于车祸的摩纳哥王后给银幕内外带来一片唏嘘之声。人们无法忘记在电影《后窗》和《上流社会》里，她身着天鹅绒礼服和缎带披肩的迷人倩影。这位冷艳女星同时还是第一个露出腰胯骨的人。她的几乎从不离手的白丝手套，以及以她的名字命名的凯利（Hermes Kelly）包，都曾经是那个时代的经典标志并影响至今。1961年，她戴着白色的帽子和手套，穿着绿色的纪梵希套裙重返美国，其优雅迷人的风范令阅尽美色的肯尼迪也不禁暗暗叫绝，一番顾左右而言他的时装对话，顿时招来时尚界又一轮的"格蕾丝风潮"。2000年，歌星麦当娜戴着格蕾丝曾戴过的卡地亚钻石头冠结婚，令格蕾丝的魅力再次还魂——媒体对头冠的兴趣令人尴尬地超过了麦当娜本人。

作为希区柯克最喜爱的女演员，格蕾丝一直到死也没有从这位悬念大师的故事中走出来。1982年9月13日，格蕾丝带着二女儿驾车经过一个U形急转弯时，翻进了路旁的深沟里。关于这一事件，长期以来流传着种种猜测。有人认为是她让二女儿违章开车，才导致这场灾难的——这使得二公主斯蒂芬妮长期以来生活在巨大的压力下；另一种更加可怕的说法，则完全是希区柯克式的故事框架：

资料显示，格蕾丝·凯利在被迫息影后，很长一段时间陷入了极度的空虚和痛苦之中。1982
年，绝望中的格蕾丝加入了一个
叫太阳圣殿教的组织，并缴纳了
2000万瑞士法郎的会费。此后这
个邪教组织不断向她索取现金。
当格蕾丝终于醒悟过来，责令他
们还回骗取的钱财，并威胁说，如
果他们不把钱还给她，就向外界
披露他们的行径时，灾难降临了。
1982年9月13日，格蕾丝驾驶越
野汽车，带着二公主斯蒂芬妮兜
风，汽车经过一个U形急转弯时，
突然跌进了路旁的深沟。凑巧的
是，这深沟地带正是太阳圣殿教
在法国的地盘。事发后，法国警察
接到警告，威胁他们不要介入此
事。于是，法国警方未经任何调
查，就在几分钟后将此车转移到
了摩纳哥境内。更为奇怪的是，格
蕾丝被送入摩纳哥一家医院后，
医生竟未对她采取任何抢救措施，
反而在拖延了几个小时后，才把
她送入另一家医院。8个小时后，
医生通知国王说，王妃已无救了。

→奥斯卡史上最华贵的礼服是格蕾丝·凯丽创
下的。1955年她凭借一部《乡下姑娘》登上影
后宝座，这件由设计师伊迪丝·海德量身打造
的衣服，据说仅衣料就花去了4000美元，因
为那种罕见的冰蓝色是靠手工一根根染成的。
与之相配的手袋，则缀满了从肯尼亚海岸
40000多颗母珠中精选出来的珍珠。

6 戴安娜，为英国时装还魂

20世纪最大的一场婚礼为英国时装的复苏带来曙光——戴安娜王妃，当这个高个子美女穿着戴维和伊丽莎白·艾玛努埃尔设计的婚纱礼服在查尔斯王子身边走马上任时，英国的时装设计师们感到，他们的机会来了。

作为王室女性的完美典范，戴安娜的每一次亮相都能构成时尚界的盛大事件，她的衣着、首饰、言谈、举止……无一不是人们津津乐道的话题。《人物》杂志曾经采访过一家世界顶级广告公司，问他们如果以广告运作的方式为英国重树一个戴妃式的正面形象，代价是多少，答案是5亿美元。

英国人民如此喜爱戴妃并不是没有道理的，她为英国的经济增长做出的贡献有目共睹。据《金钱史记》一书统计，戴安娜为英国带来的旅游价值估计达1000万美元，而作为具有魔鬼身材的王室美女，其只手将日益衰退的英国服装工业点化为千百万英镑的出口大国更是不在话下。

1980年代，由于世界经济的繁荣、美元的坚挺，加上一批因石油贸易而迅速发家的阿拉伯新贵，以及那些到处赶场，出席各种盛大宴会、庆典或慈善集会的贵妇名媛们的推波助澜，量身定做的高级时装又风行起来。在英国，撒切尔夫人的成功竞选也给伦敦的高级时装店带来新希望，他们指望着首相的性别转换能多少振兴一下传统中的淑女形象，从而为日益衰落的英国时装找回昔日的荣耀。然而他们的这一希望很快就破灭了，这位号称铁娘子的女首相显然无意在时尚界耗费精力，她的野心是以一身细条纹套装的中性形象征服世界政坛。

幸运的是他们等来了戴安娜王妃，这个以美貌和爱心著称的女人一经亮相，立刻为高级时装内外双修的穿着真义做出了完美的诠释。当她穿着加斯帕·康兰、拉法特·奥兹别克（Rifat Ozbek）、阿瑙斯卡·汉姆贝尔（Anouska Hempel）、阿拉贝拉·坡连（Arabella Pollen）、布鲁斯·奥尔德菲尔德（Bruce

Oldfield)、阿曼达·沃克利（Amanda Wakely）的时装，出现在记者们疯狂追逐的闪光灯下、艾滋病患者的病榻前、为贫困者募捐的集会中……还有谁会怀疑英国时装的魅力呢？

戴安娜成为继辛普森之后的又一位王室领潮人物，并为温莎家族赢得更为辉煌的时尚王牌。1984年，James写了一本叫做《威尔士王妃时装手册》的书，讲的就是戴安娜如何穿着打扮，并树立起卓尔不群的形象的。作为一本实用手册，此书不仅在修饰、健康和化妆方面教导读者如何向戴妃学习，而且还为普通读者示范了改造戴妃服装的方法——尽管这些服装在日常生活中并不适用。这些被改造的服装包括外衣、冬季便装（休闲和运动套装）、日常服装（裙子和上衣）、节日服装、套服、"经典"女装、晚礼服、结婚礼服和孕妇服。每一种款式经过模仿改造后，都可以将普通女性的戴妃情结满足一下——换句话说，她们终于可以穿和戴妃相似的衣服了。

身高1.80米的戴安娜，其35－28－35（英寸）的三围被认为是魔鬼身材的标准样板，同样具有这种身材的还有好莱坞性感明星黛咪·摩尔和超级名模辛迪·克劳馥。如何将这种体形的定制时装"穿"到一般人身上？这确实是个令人头痛的问题。James自有他的办法，他将一般有"缺陷"的体形归纳为以下四种：沙漏型、梨型、短腰型和头重脚轻型。然后对症下药：沙漏型——"舞会长礼服和传统的晚礼服非常适合于这种体形。注意突出你的腰围，再加上一个有灵活性的领口，这样就能显示你的全部优点。宽腰带是一种理想的附加物，你甚至可以将它打成一个结来强调你的女性特点"，但千万不能穿直线条的束腰服装，那将使你"看上去像一袋中间束紧的土豆"；梨型——应避免过分突出腰部的服装，因为这会"使人注意到你的缺陷"，正确的方法是，用能够掩饰臀部的裙子（或裤子）来突出上身。"对于臀部很大的人来说，紧身的服装无论如何都不会好看，但过分宽大的衣服只会使你看上去又大又邋遢。解决这个问题的最好办法是用鲜明的上装配柔和的裙子，这样你的体形从整体上看来就会瘦一些"；短腰型——应当将人们的注意力从腰部引开，例如穿长外衣、管型外衣或将

↑离婚后的戴安娜终于心安理得地穿上了英国之外的设计师的时装，这款范思哲的晚礼服因为戴妃的演绎而十分出名。

戴安娜的王妃时期,在阅兵式上。粉红色的夏奈尔套装和肯尼迪遇刺时杰奎琳的所穿几乎如出一辙。

腰围下降；头重脚轻型——应穿颜色朴素、非对称性的披肩上装和外衣，"侧翼纽扣适合于体形粗大的妇女，因为这种纽扣将人们的目光从上身中部移开"。

这套"体形矫正"法其实并不新鲜，但用以应对戴安娜的时装便显得权威极了。就这样，在大众的皇权膜拜和媒体的推波助澜下，戴妃的魅力直接转化为生产力，带动起英国服装业的发展。

然而好景不长。1996年8月，随着白金汉宫对王储查尔斯与储妃戴安娜的离婚宣告，人们沮丧地发现又一个爱情神话破灭了。而事实上这段姻缘的恶果早在他们结婚之初便已种下，在近日披露的一段长达7小时的秘密录音里，人们首次从戴妃口中知道，就在她准备做新娘的前一天，查尔斯还与一个叫卡米拉的女人躺在同一张床上。无限风光的背后，是一个人关起门来的寂寞和伤心，还有被皇室排挤与监视的无尽烦恼。戴安娜长期生活在无人知晓的痛苦中，有一段时间甚至因此而患上了严重的暴食症。

1994年6月，查尔斯终于在电视中向公众坦白了与卡米拉的关系，同时异常坚决地告诉他的臣民们，卡米拉是他的"生命之源"，"并将继续是长年好友"。丑闻接踵而至，同年的10月，一个叫詹姆斯·希维特的男人以《恋爱中的储妃》一书，出卖了他与戴安娜长达5年的恋情。1995年11月，戴安娜接受英国广播公司时事节目《广角镜》的访问，道出十几年王室婚姻的恩恩怨怨，承认曾患易饥症，有过自杀的念头，并与希维特通奸等。这对王储夫妇的婚姻终于走到了尽头。

戴安娜解脱了吗？人们不得而知，但却从她的服饰变化中，接收到了重获新生的信号，这一点从她对服装品牌的易弦更张中就能看出来——她开始穿范思哲（Versace）时装，大量的范思哲时装：从出席帕瓦罗蒂音乐会时穿的白色鸡尾酒短裙，到芝加哥慈善晚会上的紫色心形领长裙，一系列轻松活泼、优雅飘逸的范思哲时装为戴安娜塑造出大异于前的形象。

她的发型也开始变了。美国杂志《上流社会》1997年7月号的封面上，刊登了戴安娜离婚后的新造型，她穿着一款淡绿与金线交织滚边的单肩晚装长裙——范思哲的又一精心之作，梳着轻

↑戴安娜穿着简洁的鸡尾酒裙出席帕瓦罗蒂演唱会。

松时髦的直发，斜倚在白色的靠枕上。那不再是一个王妃的形象，而是一个渴望自由和青春的淑女形象。英国人终于在偶像迷失的伤心沮丧之后，重新找回了他们的女神：无论她是王妃，还仅仅拥有这个头衔的单身女人，他们都一如既往地拥戴她，相信这朵1米80的"英伦玫瑰"能够担负起全球人民的审美理想。

1997年8月，巴黎隧道的一起交通事故终结了戴安娜的生命，和她一起丧生的还有埃及富豪老法耶德的儿子多迪·法耶德。

然而人们并不想就此罢休。关于戴安娜死因的种种猜测犹如驱之不去的阴云，多年来一直萦绕在温莎家族的上空。近日终于曝出戴安娜死前10个月写给管家保罗·巴罗尔的一封信，信中十分明确地说："查尔斯正在计划一起针对我所乘坐汽车的事故，刹车失灵，头部受伤，我生命中的这一阶段是最危险的一个阶段。"这段出自巴罗尔回忆录的文字被英国《每日镜报》连载时，"查尔斯"被换成了"有一个人"。

然而，调查的结果对戴安娜已不再重要了——她死了，死在最灿烂的时候。也许热爱她的人们应该感到幸运，因为他们的戴妃再也不会老了。1997年11月，美国版的《时尚芭莎》封面上，戴安娜以一身范思哲晚装再次出现，背景是一片空白，映衬着这个女人悲剧的一生。时装在这时忽然显现出它最深情的一面，那些钉绣在蓝色缎面上的水晶颗粒，金属的钉扣，简洁的款式显出惊人的华美。还有哀伤，无尽的哀伤通过戴安娜蓝色的眼眸漫溢在蓝色的晚装上。

←仍然是范思哲的时装，但却带上了摇滚的意味，金属的顶珠和蓝色水晶石又显得十分华丽。这样的形象在她的王妃时期是不可能出现的。

↓虽然他们和戴妃的着装趣味完全不同，但并不妨碍这些朋克们捧着鲜花去悼念他们心中的偶像。

第七章

Chapter seven . . . .

配件，必不可少

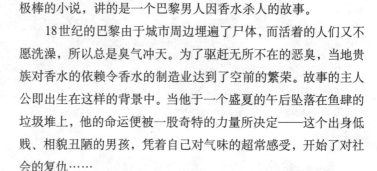

1 香水，看不见的衣服

　　关于香水，我想先谈一部小说，名字就叫《香水》。这是一部极棒的小说，讲的是一个巴黎男人因香水杀人的故事。

　　18世纪的巴黎由于城市周边埋遍了尸体，而活着的人们又不愿洗澡，所以总是臭气冲天。为了驱赶无所不在的恶臭，当地贵族对香水的依赖令香水的制造业达到了空前的繁荣。故事的主人公即出生在这样的背景中。当他于一个盛夏的午后坠落在鱼肆的垃圾堆上，他的命运便被一股奇特的力量所决定——这个出身低贱、相貌丑陋的男孩，凭着自己对气味的超常感受，开始了对社会的复仇……

　　小说充满奇特的想像，香水的气味在这里成为可以分层搁放的记忆，漂浮在空中的有形的虚线……我还清楚地记得其中的几个细节：为了萃取世界上最迷人的芳香，那个魔鬼般的男人用鼻子一路追踪着巴黎最美的姑娘，并在她父亲把守严密的楼上将其窒息。乘着余热未散，他用羊皮、蜡、酒精以及一系列自创的用具，将尸体层层包裹起来，吸尽了所有的体味——留下的尸体苍

↑甘蓝（GUERLAIN）是法国高级香水中惟一不在百货商店里销售的品牌，作为香水中的贵族，它只设专卖店，并且它的许多品种已不再生产。这款1912年推出的"蓝色时光"，体现了它的调制者雅克·甘蓝对夜晚的依恋。

白、无味，令警察百思不得其解。用这种方法萃取的香味能够让所有的人在迷幻中丧失理智。在一个节日的小镇上，他将一小滴香水洒在自己身上，然后从街头一晃而过，令所有的人都以为看见了一个貌若天仙的美少年而兴奋不已，迷人的香味令他们情欲勃发，他们疯狂地涌向街头相互拥抱、扭绞，直至脱光衣服度过一个令他们终身蒙羞的夜晚。

故事的结局奇异而令人震惊。这个厌倦了一切的男人最终将所有的香水洒满全身，出现在郊外的篝火前。一群正在享乐的男女们只看了他一眼便疯狂了，他们哭着、喊着，向着这个无与伦比的白马王子爬去，下跪，亲吻着他的靴子仍感到无法表达喷薄而出的崇敬与爱。最后他们一拥而上，在极度的兴奋之中撕分了他的肢体，幸福而满足地吞吃了他。

之所以列举这部小说，是因为我觉得它以奇妙的方式，说出了香水的奇妙特质。

正如小说所描述的那样，好的香水令人销魂，所以玛丽莲·梦露对媒体说："睡觉的时候，我只穿夏奈尔5号。"她知道此话一出不仅夏奈尔要欠她一笔，自己的性感指数也将在大众的心目中成倍翻升。有趣的是，如此美妙的香水的确是在臭的前提下发展而来的，在这一点上小说的作者并没有杜撰。那时的法国人认为洗澡是一件危险的事，就像过去的中国人认为拍照会摄走人的灵魂一样。

对于一个习惯香水的人而言，不抹香水简直就像裸体一样，它与迷人的时装一道，形成女人们无法破解的心理魔障。

现代高级香水的第一次高潮，出现于第一次世界大战之后。那是一个"疯狂的年代"，人们刚从维多利亚时代的禁锢中解放出来，对香水的渴望刚好吻合了当时的自由风尚。另一方面，由于战争使女人的数量比男人多出了近200万，致使原本趋于含蓄甜美的香水，开始变得大胆和热烈起来。这个时期出现的著名香水，除了"夏奈尔5号"外，还有甘蓝（Guerlain）化妆品公司推出的首款东方香型香水，保罗·波烈的"中国夜"（Nuit de Chine）、"阿波罗花束"（Bouquet d'Apollon）、"阿拉丁"（Aladin），兰

↑颠倒众生的夏奈尔5号，能让人联想到一系列不平常的人和事。事实上，它的外观设计远比现在品种繁多的香水简朴，但正是这样，突出了它的经典性。

寇的"琶音"（Arpège）、"我之过"（Mon Pèchè）、华斯的"晚间"（Dans la nuit）、"没有告别"（Sans adieu），以及让·帕图的"快乐"等，后者据说是世界上最昂贵的香水———瓶"快乐"牌香水相当于2500朵茉莉花。而这其中最成功的，当属夏奈尔5号。

夏奈尔不喜欢大多数香水带有的那种花香，她尝试用其他香料来生产香水。她的目标是生产出一种令人难以名状，同时又无法抗拒的香水。结果她发明了掺有茉莉、玫瑰、蝴蝶花、琥珀和广霍香香味的"夏奈尔5号"。这款含有80种原料的香水，闻上去有一种花园的味道。

"夏奈尔5号"成功的另一个秘诀，是它放弃了过去香水一贯奇特的包装，而选择了最简洁的形式。那种透明的立方体容器，直接将人们的注意力吸引到里面的金黄色液体上，进而在欲望和嗅觉之间产生联想。

20世纪50年代前后，是香水的第二次高潮。这期间，由于法属印度、东印度群岛以及其他香料供应国在战争的影响下中断了生产，使得一些商人不得不自制香料。于是，战争一结束，香水业就开始蓬勃地发展起来。

法国香水业的第三次高潮，出现在20世纪60～70年代，由于当时的青年充满反叛情绪，所以一向温和的香水也追求起前卫的风格来，各种象征年轻、奇特、幻觉及性感的香水开始流行，这一点从当时香水的名称上就能看出来，如"鸦片"（Opium）、"禁忌"、"毒药"、"着迷"、"夜奔"等，这其中以伊夫·圣·洛朗的"鸦片"最具代表性，其浓郁诱人的东方香型，几乎和它的名字一样惊世骇俗。

卡尔文·克莱因的着迷牌香水是20世纪80年代争议最大的香水。由于这款香水的名称事实上反映了设计师本人和顾客之间的关系，因而引起了评论家的反感与不安。不仅如此，卡尔文·克莱因还故意为它做了具有色情意味的广告。这一做法无疑保证了产品的销量，所以该产品此后的广告一直沿用了这一形象，其中的一幅广告是一对裸体男女面对面地荡在秋千上，晃动着的身体

←D&G于2000年前后推出的香水系列，打出了全裸的"真性"王牌，并由此道出香水的真义：香水如同时装，穿着者总是希望通过它来强化性的吸引力，并由此催生欲望。

↓让·帕图 (Patou) 的"快乐"香水。这款号称世界上最昂贵的香水，其一瓶液体相当于2500朵法国茉莉，它的主要成分是保加利亚玫瑰。

↑兰寇著名的琶音 (Arpège)。瓶体造型沉稳而华丽，夜明珠般的色泽具有浓烈的东方意蕴。"琶音"的名字来源于音乐中的音调，是兰寇为庆祝女儿的30岁生日而设计的。

↓GUCCI也不甘示弱，在这则印刷广告中，将香水解释成催情剂似乎并不为过。

←亚历山大·麦克奎因 (Alexander McQueen) 的出手总是有些不凡，这是他2003年推出的Kingdom Parfum系列，其水滴状的心型造型中，流动的血红液体令人震撼。

←伊夫·圣·洛朗的"鸦片" (Opium)。

↓优雅的KENZO，妖艳而柔弱的罂粟花是其经典的标志。

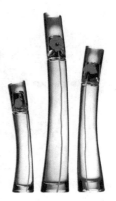

↑ GIVENCHY于1996年推出的这款"金色风华"系列香水，首先在瓶体上就抢足了风头，优雅的女人体造型、华丽的头冠、散发着树枝和金银花香的金色液体，每一个要素都击中了女人的心。

自腰部以下粘在一起，形成了一种快乐的Y型。

男女共用香水是1990年代的香水概念，这种香水是为每一个"自己"设计的，如"像男孩一样"（Comme des garcons）的无性别淡香水、"巴构·拉芭"（Paco Rabanne）中性香水、"布加里"（Bulgari）的绿茶香水等。

香水如同时装，穿着者总是希望通过它来强化性的吸引力，并由此催生欲望。此外，香水还向人们兜售梦想和希望，并由此获得丰厚的利润。据统计，1990年代的香水业在国际范围内创下的利润，每年高达300亿美元。

2 魔鬼的标记与天使的脸

在古希腊神话中，当天使阿撒泻勒将美容技巧传授给世间的妇女之后，这位同时也是撒旦的叛逆天使，事实上已经在女人们化过妆的面孔上，打上了魔鬼的印记。

一张漂亮的脸，究竟是天使还是魔鬼？这其中的界限往往只有一线之隔。在这一点上，阿撒泻勒的神话的确道出了美容的某种真相：当女人们往脸上涂抹着脂粉的时候，她们心底里翻腾着怎样的欲望，只有她们自己知道。自从古埃及人将锑元素用作眼线墨，并发明了乳香油膏抹在身上以防汗臭以来，美容的历史经历了数千年的演变，从最初的白粉敷面，到专业美容院的诞生，女人的面孔可谓千变万化，才形成了今天的标准。

有记载表明，历史上的第一家美容院是于1895年在法国成立的，不过另一种看法认为美容的风气是由美国传入的：那时的一些女演员或女实业家看到女人们对美容的要求如此迫切，于是就带头开办了美容院。一时间名门淑女蜂拥而来，或寻求"天使的面孔"，或希望得到"一张荡妇的脸"。

↑ 18世纪欧洲贵妇使用的粉盒，现藏于赛福尔陶瓷博物馆。

最早的美容院配备了一大堆名字吓人的美容器材："压碎机"、"磨擦机"、"神奇吸盘组"、"压缩机"、"平整器"、"减肥器"、"压平器"，以及可消除"蛤蟆"（腹部赘肉）、使膝盖内弯、颈部除皱、健胸、消除腹部皱纹、缩小乳房的器材等。这些和今天的美容院比起来几乎不相上下的美容项目，在当时并没有多少临床验证，再加上当时

的风尚并不提倡女人过分化妆，所以一出笼就遭到了人们尤其是舆论界的猛烈抨击。首先是医学界开始发难，1929 年，法兰西院士博尔达斯（Bordas）博士以权威口吻发表文章，指出女性的肉体受到了"压、揉、拧、搅"等种种折磨，而化妆品的滥用更是一件极其可怕的事，比如将一种鱼鳞制成的乳液抹在脸上，简直就像在脸上涂"釉"。

然而，当女人们准备为美去献身的时候，试问谁能阻挡？美容业终于摆脱了以往的单调和死板，轰轰烈烈地发展起来了。不仅如此，她们还抛弃了过去从不离手的阳伞、手套和帽子，走到了阳光之下。当然，1925 年前后日光浴之所以大行其道，并不仅仅是因为女人爱上了古铜色肌肤，还因为她们外出度假有了充分的理由。

19 世纪末以来，使用香粉令皮肤不致油亮是一个重要的美容方法，但那时的香粉千篇一律，并没有太多变化。到了 20 世纪初，香粉的颜色开始逐渐向肤色靠近，并有了不同色质的区分。与此同时，无声的黑白电影助长了在白面孔上

↑现代出土的古罗马人的化妆盒，看上去非常简单，除了铜镜、骨簪和似乎是装香料和脂粉的小瓶子之外，没有更多的东西。那时的罗马贵妇，每天起床后的主要工作是用一种刮毛的工具对全身进行清洗、刮擦和揉搓，除去包括手臂、腋下、大腿、上唇、鼻孔等部位在内的所有毛发，用磨碎的角质物磨亮，脸上的小痘子或肉疣则以假痣遮盖，然后抹上白的铅粉和锑或蕃红花的眼影。

↓古代高卢人的化妆用具。从这些器皿里的遗留物上看，古代高卢女人喜用白垩溶解物加上醋酸将脸抹得雪白，再用炭黑画眉毛和眼线。

涂黑眼圈的风尚，口红也开始流行起来。化妆品变得多样化，在当时女人们的化妆箱里，我们不仅可以找到腮红粉和口红，还可以找到眼影以及当时非常著名的希媚乐（Rimmel）睫毛膏。

人们开始注重妆面与服装的配合，口红和指甲油也尽量保证颜色一致。1930年代的女人流行平胸、淡妆，但到了1935年，在女运动员的带领下，女人们流行起淡金色的卷发、性感的厚嘴唇，修整过的眉毛画成或粗或细的弓形。时装模特开始在《美丽佳人》、《玛丽·法兰斯》、《她》等时尚杂志中大放异彩，她们花枝招展地频频亮相，向女性读者推销有关化妆及运动的秘诀。马克斯·法克特于1938年发明了水溶性化妆品，使得化妆品和彩妆广泛被人接受，并借助电影明星和模特的面孔率先打入大众市场。

化妆品工业随后有了惊人的进展：鲁宾斯坦于1941年推出629种化妆品，而在1940年至1946年间，尽管受到战争的影响，美国的化妆品销售量仍然增长了65%，成为1940年代以来西方世界为数不多的发展型工业之一。

女人们得以将她们的面孔保持在一种游戏状态：上街一般不化妆，或化很淡的妆；上班时郑重地化妆；出席鸡尾酒会等社交活动抹上明亮的金色和赭石色；晚宴则打扮得像个女神或夜总会

←有人认为如今的美女大约有一半以上是人造的，这包括用手术刀"削"出来的整容美女，以及化妆后的假面美女。这样的说法并非危言耸听，假如有朝一日人类决定废除彩妆，这个世界上的美女将所剩无几——当然，改变一下现有的审美标准还是有希望的，比如以皮肤粗糙、嘴唇苍白、面色灰暗、眼睛无神等为美。毫无疑问，如今的彩妆都是冲着这些问题来的，其名目之纷杂、种类之繁多、价格之昂贵，令人无所适从且不堪其累。

←化妆是一门专门的技术，没有一定的素描功底是很难画好的，这就像在立体的雕塑上涂颜料，或是在一块平面的画布上弄出立体感来，并不是随便什么人都能掌握的。所以，让每个女人自己解决这个问题事实上是一件很残酷的事情，以至于很多天资愚钝或缺乏经验的女人常常将一张好好的脸弄得惨不忍睹。当然，真正的化妆高手还需要具备更多的才能，比如对色彩的敏感、造型能力，以及对时装的激情和文化修养等。这是一款简单的化妆，视觉的重点在眼影上，而那上面的蓝色可以在服装里找到最恰当的对应，另外，淡金色的眉毛与头发的颜色也有着微妙的层次感。这也是20世纪末本世纪初最流行的化妆方法：清新透明中，强调出局部的明艳。

女郎。此外，战后的化妆品开始向少女普及和倾斜，并重新设定女性特征和化妆技术。

　　化妆品厂商不得不对市场的变化做出反应，1952年，瑞夫隆公司以"火与冰"为主题，进行了一场著名的推销活动，该活动不仅为女人们单调绝望的生活鸣不平，宣称"每一个妇女都由火与冰组成"，还借机向她们推销了一系列"火红"的口红和指甲油。这次促销活动被认为综合了"庄重、品位和魅力"等特点，成为化妆品销售史上最有效的宣传范例之一。从那时起，化妆品即被

↑一个女人可能没有眼影、腮红、眉笔、睫毛油，但决不可能没有口红。作为"可见度"最高的化妆品，口红能够出现在办公室、餐馆、洗手间、公交巴士、出租车、大街上以及其他任何地方，能够像西部牛仔拔枪一样被女人们随时掏出来进行涂抹，而不必担心遭人耻笑。

解释成一种身体技术，这种技术能够表现自我、性征、社会地位等，并通过强调个性而将这些技巧与当代女性的理想结合起来。

化妆品的广告也随之发生了本质的变化，一方面用明显带有性意味的形象来促进销售，另一方面以迎合通俗文化来达到向大众普及的目的。于是，1960年代的化妆品及其使用方式发生了戏剧性的变化，以往所追求的优雅与端庄被视为落伍，取而代之的，是充满反叛和朝气的新形象。这其中，时装设计师玛丽·奎恩特堪称代表。由于不满化妆品的保守现状，这个以超短裙独领风骚于潮头浪尖的女人成立了自己的化妆品生产线。她认为现有的化妆品不仅不适合她的时装，而且价格昂贵——毫无疑问，那些穿超短裙的女孩是买不起供成年女性享用的高档化妆品的。奎恩特的产品果然价格公道，不仅如此，她的化妆品通常是在她的服装店里卖的，这样一来，奎恩特的化妆品与服装一道，同时为当时的青年女性构建了新的形象。

长期以来，化妆品的促销在很大程度上依赖于产品在使用过程中的视觉效果。95%的女性使用可见度最高的口红，相形之下，使用指甲油和睫毛膏的人就要少得多，大约只占三分之一还不到。但随着化妆技术的变化，人们对这方面的关心正在减退，而将注视的

↓这是一则关于美容精华液的广告，画面动用了珍珠这个最具普遍性的意象来比喻白皙的肌肤，优美的人物造型和几近自然的面部化妆使人相信，只要用了这个产品马上就可以返老还童容颜焕发。1980年代前后，随着人们护肤意识的加强，大量的养颜产品开始出现。

→发型师与化妆师的合谋之作，当然，还少不了高级时装：请注意衣领纹路与发丝之间的走向关系。而那看似没有的化妆，用的其实都是夏奈尔的昂贵产品。与喜欢假痣和大白脸的古代女人相反，这种"看不出来的化妆"是现代人追求的最高境界。

↓眼镜有时也是化妆的道具。

焦点集中到皮肤保养的问题上。20世纪80年代，彩妆销售有所下降，护肤品的需求开始增加。在这样的前提下，护肤品被解释成化妆的前奏，进而形成洁肤、润肤和调节肤色的三大常规功能和步骤。

而另一方面，彩妆的颜色和化学成分的多样性也在增加，这使得女人们有可能将面孔涂抹得犹如拼图一般。到了20世纪末，女人们的护肤意识更明确了，用于养颜的新产品层出不穷，各种胶囊、片剂被用来发挥由内向外的美容作用。女人们开始追求妆面的透明化，从由海洋或植物中提取精华的革命性发现，到禁止摄取动物身上的矿物质，美容产品开始向"酵素"索取"看不出来的化妆"。

3 小心，你的手包

一个疲于追赶公共汽车的女人，是无法享受一只好的手包所带来的乐趣的，这样说倒不是因为她们买不起好的包，而是这样的包通常不是用来装月票，或对付那些专门在人多的地方下黑手的小偷的。

好的手包更多的时候是一种奢侈品，它的出现有时仅仅是为了配合某件衣服、某个场合、某种心情，比如私人聚会、重要的公务洽谈、盛大的晚会，以及在街上闲逛等等，而不是为了装婴儿用的奶嘴、工作用的手套，或者真空包装的熟食。所以，一只好的手包应该具备良好的展示空间以便随时被人观看，至于挤公车，还是选一只结实耐用且不大显眼的包比较好。

"手包"这个词是从19世纪中期开始出现的，通常是指有金属框架或木框架的真皮包。之所以叫"手包"，是为了有别于其他类型的旅行包，有的中文杂志也借用日语词汇，写成"手袋"，读来多少有点撒娇的意思。

20世纪初的手包被拿在手里或挂在腰带上。许多手包非常小，几乎连手指都放不进去，没人知道应该用它来干什么。多数手包都用各式丝带、鲜花、花边和流苏装饰起来，并用一条细绳缠在手套的腕部或手指上。这样的情景我们在许多反映西方早期贵族生活的电影中都能看到，那些上流社会的女人们一天要换好几套衣服，随着旅行、会客、晚会等不同场合的变换，她们携带的手包也总是不同。但不管如何变化，有一点却是始终不变的，那就是这些包基本上都没有什么实用性，因为她们出门的时候需要携带的东西实在太少：由于她们从不乘坐公共交通工具，而是租用汽车或马车，所以不必带很多钱；回到家中，大门都是由仆人打开，所以不必携带钥匙；更重要的是，由于当时的化妆仅限于脂粉，所以不需要带很多化妆品。

很多旧式手包以及19世纪早期的钱包至今仍可见到，它们有的是在家里制作的，有的由专门的工匠完成。在这些藏品中，那

↓18世纪初期流行的珠绣抽带晚礼包，内衬黑色的真丝塔夫绸，包口镶有银色刺绣缎带，包底的流苏缀在一个大玻璃球上。这样的包内容量极小，最多只能装一只笔、一张细长的请柬、香水瓶以及少量的硬币，但对于一个赶去幽会情人或是奔向某个舞会的贵妇而言，带上这些东西已经足够了。

↑20世纪初的一种赛璐珞晚礼包，被挂在手指上参加舞会，可装唇膏和脂粉。蓝色的包身上嵌有莱茵水晶石，绳带和流苏都是丝质的。

↑这样的包很适合生活混乱的人使用，所有的东西都放在设定的位置，就不会在该掏钢笔的时候错拿口红了。还有些更重要的东西，弄混了是会很尴尬的。

↑ Tom Fored 为 YVES SAINT LAURENT 设计的花冠状皮包，可以看作是对古典风格的致敬。

种用长链吊在脖子上的钱包如今已经十分罕见，它们通常用贝壳、象牙、玳瑁做成，内衬真丝衬里，主要的用途是盛放金属的钱币。

手包制造商很快就把注意力转移到皮革的生产上。一开始，他们采用摩洛哥皮、小牛皮、海豹皮以及其他各种染过色的皮子来制作手包。后来，由于染色技术和压纹技术的进步，又开始用人造革来仿制较为高级的皮革。这些人造皮革用于环状手包的设计，包括当时十分流行的"大街式"和"林阴大道式"的平顶手包，看起来很时髦。处于安全的考虑，包盖一般采用双层设计，包口用金属扣锁住，包的边角全部用镀金的金属饰件保护。还有一根短提带连在包的顶部或后面，可以提在手中，也可以夹在腋下，这就是现代意义上的、平整的、信封一样的手包。

第一次世界大战之后，欧洲的传统着装方式遭到了挑战，有些女人甚至穿上了合体的职业套装。与此同时，化妆品和美容业也开始发展起来，这些都对手包的设计产生了影响。手包内部的分隔越来越多，那种用黑色方纹绸制成、白色方纹绸衬底的，装有镀金指甲钳盒的化妆箱流行起来，还有一些用黑色和白色棱纹真丝绸制成，用来盛放铅笔、指甲锉以及吊钩纽扣的小盒子。

到20世纪20年代，手包已成为女人的必需，尤其是有闲阶层，她们的花样越来越多：上街用的是饰有玳瑁壳的羚羊皮包；购物用的是形似鱼雷的海豹皮包；晚间聚会用的是带有黑线和银线织物袋的手包；舞会时则是中国丝绸制成的精致小包。

此外，由于化妆品的大量出现，一种专门的化妆箱也应运而生，你甚至可以看到这样的情景：当女人们身着无袖、袒背的晚礼服出现在舞会上，她们的肩头总少不了一只质地坚硬的化妆箱。这种化妆箱大多在法国生产，用赛璐珞或假象牙之类的塑料制成，并衬有新的人造丝织物。1921年，用赛璐珞嵌以玻璃饰品制作的唇膏形收口网包流行一时。这种手包一般用丝绳做背带，并饰有大量的流苏，用以盛放胭脂、化妆粉和唇膏等。

1925年，伦敦卡蒂尔公司生产的一种旅行化妆盒，简直可以当化妆台用：盒盖的一部分可以形成铰链式折板，折板上装有一面大镜子，盒内的两个侧面有小隔袋，用来盛放粉刷、指甲锉、粉盒、香水瓶等。尽管此时夏奈尔设计的针织衫和驾驶服都有口袋，但这个时期的紧身式服装意味着大的手包对人们来说仍然十分重要。那种传统的框架式手包依旧随处可见，但是经过近十年的发展，它的外形逐渐演变成袋式，包底变成圆的，织物或皮革面料经过皱褶处理后，附着在大的曲线框架上。

流行于 20 世纪 30 年代前后的扁平小包，至今仍然受到女人们的喜爱。那是真正的手包，因为它们不是被拿在手里，就是被夹在腋下，却从不背在肩上。尽管这些精致的织物小手包渐渐被大手包所取代，但它们仍然不具备肩包的功能。

由珠宝组成字母标志的手包在这一时期成为时尚。1935 年，法国设计师马德琳·维奥妮设计的一款带有金色细链提手的黑色羚羊皮手包，就采用了这种方法，以人造宝石或白铁矿石制成的扣形物饰，使这款包备受女人的推崇。在纽约的第五大街上，著名的迈茜百货商店曾经是阔女人的购物天堂，那里一层阳台的货架上摆满了各式各样的手包，其中便包括了维奥妮的这款手包。这些手包十分漂亮，但价格也很惊人，即便是许多的有钱人，也是将其当做一种投资来购买的。

第二次世界大战的爆发再次改变了手包的形态，由于用来生产框架和搭扣所必需的金属材料极度短缺，所以市面上的手包异常昂贵。皮革也很紧俏，尽管爬行类动物的皮革间或出现，但原有的存货早已告罄。手包上的镜子更是违禁用品，因为玻璃已经成为战时军需用品被严格控制起来。于是，手包的制作又回到了原始的状态，家庭的制作变得十分普遍。一时间，如何制作织物手包或束带式手包成为时尚杂志的热门话题。

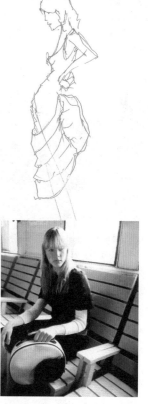

这时的手包一般比较宽大、平整，包上有结实的提手和方形护角。大包之所以成为 1940 年代的时尚，是因为它给人以自给自足的感觉。不仅如此，此时大部分的手包上出现了短短的单根或双根提手，这意味着肩包开始流行起来。这种肩包最初是女兵们的基本装束，但很快就在街头流行起来。在物资匮乏的年代，对色彩的运用成为改变平庸的最好手段。一只亮绿色短提手的鳄鱼皮大手包、一顶带红流苏的绿色帽子，或者一顶红色帽子和红色

↑对于提着这样的手包、穿着这样的衣服、长着这样的脸蛋的小姐，毫无疑问，全体乘客都应该让座。

↑BOTTEGA VENETA 2000年出品的超大肩包时髦而实用，里面足以装进A4型的复印纸、公文夹、下班后要换的晚装、化妆包、手纸以及所有的零碎小东西。对于时髦的写字楼小姐，确实是个不错的选择。

无带手包，都能使一身普通的衣服化平常为神奇。

　　战争的结束使迪奥的"新形象"脱颖而出，一度消失的高跟皮凉鞋也重现江湖，并且被故意设计成不堪磨损的样式。作为对战前生活的怀念，小手包再次流行起来。装饰性小手包仍然是夜用手包的主要款式，白天用手包则普遍采用古典结构样式，体积也忽然变大，出现了许多大批量生产的实用款型。

当时光推进到1960年代，手包也随着社会的动荡开始发生变化，尤其是玛丽·奎恩特的迷你裙，使得很多古典手包显得过时起来。在这样的情况下，一些时装设计师开始自己设计手包，比如玛丽·奎恩特设计的第一款手包，是用黑白相间的聚氯乙烯材料制作的，配以大圆点图案或她著名的雏菊花纹，以拉链替代锁扣，提带细长或干脆采用链带，完全改变了以往的手包观念。

手包出现了很大的改观，以至于当时一些有生气的、充满活力的手包都是用合成材料制成的，例如发亮的塑料、防水的PVC布、乙烯基材料、有机玻璃（做把手）、塑料和金属链、印有花纹的纸张以及各种合成纤维织物。不久，一种纤小简洁的挎包问世，它的背带是一根长长的链子，年轻人喜欢挎着它晃里晃荡地招摇过市，令路人侧目相看。

更多的年轻人涌向印度次大陆，从那里带回东方文化和充满异域风情的服饰，手包也不例外，各种刺绣、编织的肩包随处可见。与此同时，乡村风格的小帆布袋、钓鱼包和缀有黄铜饰品的肩包，也大量地出现在都市青年的肩上。

到了1975年前后，大的软皮肩包也加入了流行的行列，并很快取代了曾经风靡一时的毛皮手包、微型肩包、小背囊和军用包，成为20世纪70年代最时髦的款式。此时，裙子的长度开始发生变化，从超短、超长到中长，不同长度的衣服经常搭配在一起，各种穿法中，超短的裤子配上一件超长的大衣曾显得十分摩登，这样的造型经常被配以形状敦实的挎包或大而方的肩包。

↑如今，一个女人同时拥有几个手包，已成为一件平常的事，它的出现有时仅仅是为了配合某件衣服、某个场合、某种心情，比如私人聚会、重要的公务洽谈、盛大的晚会以及在街上闲逛等等。

↑ ETRO 的手包广告可谓大费周章，
为了突出一只小小的皮包不惜将男
人变成古里古怪的小丑，在背景里
做着闷骚的动作。

到了 1980 年代，黑色手包和公文包的流行，预示着一个高速运转时代的到来。如今，拥有"一个好包"已不再被视为奢侈或当作投资，一个女人同时拥有几个手包，已成为一件平常的事，所以，当我们说"小心，你的手包"，指的已不仅仅是防盗之类上不了台面的小事，而是，什么样的衣服配什么样的包，你弄明白了吗？

4 就要以"帽"取人

相对于西方，帽子的风尚在中国要弱很多，大约只有历史上的皇后、贵妃、诰命夫人等上层妇女才有戴帽子的机会，而那也只是权利和荣誉的表证，并非日常的穿戴，所谓的"凤冠霞帔"，一般只在一些重大的仪式上才用得着，比如为某男封官加爵时，其夫人也被一并表彰等。唐代诗人白居易曾在诗里写道："虹裳帔步摇冠。"其中的"摇冠"就是我们现在所称的帽子，由于上面缀满了珠宝玉石，走起来珠光闪烁，便产生了一种颤抖摇曳的姿态。在京剧艺术中，帽子还是一种脸谱化的标志，它在参与人物心理描绘时有着自己的形象语言——文官头带方型帽翅的乌纱帽，而丑角头带圆形的乌纱帽，从帽子上可以直接看出人物的性格与社会地位。

这种戏剧化的角色分界，在西方则是直接体现在现实生活中，作为不可或缺的日常服饰。帽子曾经是身份和权力的象征，甚至到了20世纪初，人们仍然可以从一顶帽子上判断一个女人是良家

←法国画家雷诺阿作于1881年的油画《船上的午餐》（局部），画中的女人显然有些平民化，戴着不算十分累赘的帽子，上面缀了大朵鲜花。

↓同样是雷诺阿的绘画，这幅作于1892年的作品中，贵族打扮的女人所戴的帽子则十分夸张，上面堆满了鲜花和其他看不清是什么的东西。

妇女还是青楼娼妓,是大家闺秀还是小家碧玉。所以,夏奈尔说,"帽子是人类文明的标志"——之所以得出这样的结论,一方面是因为在她那个时代,一个女人如果胆敢不戴帽子出门,就等于向路人宣布"我是下贱女人";而另一方面的原因众所周知,夏奈尔本人就是靠做帽子起家的,出于对帽子的敬意,她甚至认为"赤身裸体的模特戴上宽边帽子,便与现代文明划上了等号。"

18世纪中叶,矫情的巴黎贵妇们喜欢将各种鲜花、水果以及做成标本的珍禽顶在头上,那时的帽子简直就是一个什么都可以装的篮子。在那个时代,头发被认为是个人的隐秘,必须用帽子遮起来。即使在家里,也要挽起端庄的发髻,而不能披散下来——这样的发型既然被认为与裸体无异,头发便只能在卧室里与睡衣相慰了。与隐蔽的长发相对应的,是无限夸张的帽子,以及在帽子上张牙舞爪的羽毛。作为当时最时髦的装饰,女人们对羽毛的喜爱几乎到了疯狂的地步——这些美丽的、关键是能够自然裸露的"毛发",它们之所以被人疯狂的"嫁接",很难说究竟是出于羡慕,还是出于嫉妒。但不管答案如何,其结果都是一样,那就是一些鸟类因此几近灭绝!以至于在美国,一些人成立了专门的协会,以阻止更多

↓这款 2003 年出品的帽子显然是钟形帽的变体。

的鸟儿被杀。

第一次世界大战改变了一切。女人们不得不从事体力劳动，这意味着她们的衣着和发式都必须尽量地实用和便捷。到20世纪20年代，出现了三种新的女式发型，一种是传统的齐耳短发，一种是多层次紧贴头皮的板式短发，还有一种是很短而且很男性化的发式。在这种情况下，一向离心离德的制帽商和发型设计师之间开始了心照不宣的合作。"制帽商"一词在英语里的字面意思是"米兰人"，这是因为他们做帽子的主要原材料都来自意大利的米兰。在那时，一位女士与制帽商的关系常常是很固定的，就像今天的一些女人和发型师的关系一样。

1925年，钟形帽开始盛行，这种帽檐挡住一只眼睛的设计是由卡罗琳·勒布发明的，如果哪个女人舍不得剪掉自己的长发，钟形女帽可以把她的头发变成一个时尚的短发式。此后，无边帽、贝雷帽随着战后服饰的男性化改观而大肆流行了一番。到了20世纪30年代，帽子又与超现实主义纠缠到一起，头巾式女帽、三角帽、Coupde-Vent 帽，甚至鞋子反扣在头顶的夸张设计，都成为当时的流行款式。由于女性化风格的重新回归，女装款式变长，线条更加柔和流畅，突出了胸、腰和臀部，帽子开始变小，不再压低到耳朵，而是很优雅地歪向一边。头发露出来了！女人们为新的美发技术而欢呼雀跃，科技的进步使波浪式卷发风行一时。

由于战争的原因，第二次世界大战期间，越来越多的女性不戴帽子走出家门。战争造成了物资的极度匮乏，肥皂很难买到，洗发液更是无从谈起，再加上没钱经常去做头发，女人们的发型成了大问题。在样的情况下，头巾被证明是理想的头饰之一，通过选用自己喜爱的颜色和别出心裁的打结方法，同样可以美化自己，需要时还可以用它遮掩头发的凌乱。当然，如果你决心要一顶帽子，也可以用纸来做，在那样的时刻是没人笑话你的。总之，为了找到合适的帽子替代品，人们动用了所有能动用的东西，有人甚至使用了渔网！

↑20世纪初期工人们戴的鸭舌帽，
如今的女孩照样戴出时髦感来。

159

↑←头巾被证明是理想的头饰之一，尤其是当它有珠宝和高级时装相配的时候，当然，如果有男人簇拥着就更好了。

战争结束后，制帽商终于迎来了他们的黄金时代！迪奥"新形象"的推出，不仅在服装的用料上满足了人们重归奢华的心理，铺张的大摆裙上一顶灯罩式宽帽，也成为那个年代经典和品位的象征。"新形象"的出现使宽檐软边帽和平顶硬帽再度流行，制帽的材料也丰富起来，出现了人造纤维、塔夫绸、法兰绒以及艳丽的羽毛。

在理发店里，时尚顺滑的波浪式发型不再需要电烫，只需把头发用卷筒卷好，喷上化学药水就可以焕然一新。此后的帽子也越来越自由，完全适应人们的穿着来设计。女人的头发也越来越长，自然的直发开始占上风。到了20世纪50年代末，发胶出现了，它使女人的发型出现了各种奇妙的变化。从此人们注意的焦点不再是帽子，而是转移到了头发上。

发型师终于向制帽商宣战，并且大获全胜。一些前卫的设计师用各种惊世骇俗的设计装饰头发，但就是不使用帽子，帽子逐渐隐退终至不见踪影。

帽子的困境一直持续到杰奎琳·肯尼迪出现才有所缓解，当这位美国历史上最具魅力的第一夫人戴着无边平顶小筒形帽出现在公众场合时，女人认识到，是到了给帽子更新换代的时候了。无檐帽成为20世纪50～60年代的时尚宠儿。此后，带面纱和织物衬里的帽子在英国王太后和戴安娜王妃的引领下，风行了一阵子。

那个时候的中国人也戴帽子——当然，除了右派的"帽子"以外，其他的帽子是相当匮乏的，所以常发生谁家的"小二"被人抢了帽子，谁家的"小三"因此挨了打之类的事情。那是举世闻名的"文革"时期，所以即便一顶帽子也必然与革命气节有染：冬季是羊毛绒的军帽，无论天气多冷、耳朵是否冻烂，毛绒绒的帽耳朵永远是翻在上面的——这样才显得英气，显得"一不怕苦，二不怕死"；夏天是和国防绿棉布军裤搭配的确良军帽，为了追求"帽型儿"，人们会很认真地在帽子里面撑上报纸或硬纸板。这样的风尚一直持续到右派的"帽子"摘除之前，也就是1970年代后期。到了 1980 年代，随着西方文化的涌入，中国人忽然发现帽子还有许多别的戴法，于是一窝蜂地爱上了宽边的草帽，以及装饰在上面的大蝴蝶结。

随着生活节奏的加快和日常着装越来越趋向于舒适和简洁，繁复的帽子日渐消失了，那种装饰性极强的帽子即便在它的诞生地，也只是在特殊场合才配戴。然而随着电影《四个婚礼和一个葬礼》的热映，以及斯蒂芬·琼斯（Stephen Jones）和菲力浦·崔希（Philip Treacy）等女帽设计大师的出现，一度隐退的帽子又重新被拉回时尚舞台。

一部帽子的发展史可谓源远流长，其变化可谓千奇百怪。近年出现的帽子与以往又有不同：黑色带圆环戒指的帽子，显示出前卫的摇滚风格；白色带黑色斑点的帽子，则明显有点像美国牛仔的STYLE；蓝色米字格的式样给人绝对的青春气息；而带金属贴片的帽子尤为突出的是嬉皮士的感觉，也是跳舞时的最好选择；手工编制的帽子与民族图案是春天的时髦；仿皮毛的帽子则告诉人们，你是一个绿色环保人。

↑ 运动帽也可以弄得很妖娆。

5 准备上路

鞋子为我们带来什么？在荷兰，一个人如果被雷电击中，他的亲人就必须尽快地将他所有的鞋子都埋起来，这样便可以阻止超自然力量的蔓延；而古希腊人则宣称治疗胃病的最佳良方，就是吃掉一只旧皮鞋的鞋舌；在马达加斯加，人们相信脚穿猴皮的拖鞋可以治疗各种疾病；意大利的母亲们喜欢在孩子的鞋子上系上红蝴蝶结，用以"转移魔鬼的视线"；在中国，新年穿新鞋则意味着新生活的开始。

在童话中鞋子就更神奇了，它不仅可以像《穿靴子的普斯》那

样，帮助英雄好汉踏平险峻的征程取得财富，还可以像《七里格的长靴》那样，用来哄骗魔鬼、巫婆和江洋大盗；有些鞋子每走一步就有钱币涌出来，而有些鞋子则带领人们走向绝境；《灰姑娘》中的水晶鞋使她找到了自己的白马王子，而《红舞鞋》中的红舞鞋则使它的主人狂舞着奔向死亡。

一双鞋能把我们带向何方？回答是任何地方。

还是让我们回到十万年前，看看人类的第一双鞋子是怎么产生的吧。

那是非洲的南部海岸，离印度洋不远处的克拉西斯河河口，据说那里曾穴居着一群"双倍智人"——在拉丁语里叫homosapienssapiens,他们不仅将一些腌制过的动物皮毛创造性地穿在身上，还将树皮、大片的树叶以及一束束的野草等用藤条或坚韧的长草捆在脚下。在现代人的推测中,这就是最早的"鞋子",虽说很不耐磨，但由于随手可得而显得非常实用和便捷——这一点倒是被文明时代的山野村夫们一再地证实过。

后来，人们又发明了"凉鞋"，一种手工制作的最古老的鞋具。尽管品种单调，但考古学发现,那时的凉鞋还是出现了两种款形:一种是以棕榈、纸莎草或野草编结而成的，以植物纤维做成环子套在脚趾上。这样的鞋从北美到克拉玛斯印第安人，史前期的岩居人那儿随处都可以找到；第二种形式的鞋是从经过处理的皮革上切割下一块，沿着边在上面钻孔，然后穿上一根皮带，皮带可像绳子一样拉紧，固定在脚上。这样的鞋，有一些曾在秘鲁安第斯山脉的一座木乃伊坟墓中被发掘——据估算，这只凉鞋已有几千年的历史。另外一些则被如今的时尚一族穿上街头——不得不承认，时装界的复古风的确"出土"了不少好东西。

同样的凉鞋为什么会出现在相距如此遥远的地方？一些人类学家认为，随着地球气候的变化，大规模迁移的原始人在地球各个角落安家落户，他们从沿途遇到的人那儿照搬了做鞋的方式。在接下来的1500年中，埃及人发展了他们特殊的象形文字，在这些象形文字中，我们终于找到了关于凉鞋的文字记载。那是公元前1334年，9岁的图坦卡蒙当上了埃及国王，有关记载中便出现

一双鞋能把我们带向何方？回答是任何地方，包括白马王子的宫殿和欲望的深渊。

了"凉鞋"的象形字，看上去像一个椭圆加上两条鞋带。图坦卡蒙国王去世后，他的尸体被制成了木乃伊，在随葬物中，就有距今已3000年的精美凉鞋。那些埋葬他的人们似乎相信，这些鞋子会帮助国王继续他来世的旅程。

至于皮靴的产生，我们可以在一幅2700多年前的壁画上看到最早的记录，此画捕捉了萨根王二世麾下的战士们，乘着战车扩充亚述帝国版图的场面。令人注目的是，画面上所有的人都穿着饰有花边的皮靴。几百年后，古希腊斯巴达战士们的鞋更具想像力，那些红得耀眼的皮靴，以及同色的短袖外衣，能够遮掩伤口里流出来的鲜血。这种红皮靴很快在狂热的斯巴达青年中流行开来。

一些历史学家坚信，皮靴的历史要比古希腊和亚述帝国更加久远，他们推测在4500年前，第一双皮靴还是浅帮的鹿皮鞋，人们在穿着时还得另外缠上绑腿来抵御风寒，保护腿脚不被荆棘划破。但慢慢地，绑腿就连在了鹿皮上，变成了我们今天看到的皮靴。这种皮靴在气候恶劣的北亚被大量发现，以至于有人认为，早期皮靴有许多被携带着越过白令海峡，进入阿拉斯加和北美地区，被因纽特人和美国土著部落加以改造。

野兽们始终为人类提供着制靴的灵感。当生活在北极圈以内的因纽特人注意到，北极熊即便在最严寒的气候下也不会冻伤时，他们就开始用巨熊腿皮和熊掌制作皮靴；生活在日本北海道的土著人曾用鹿皮做皮靴；而北美驯鹿和长胡须的海豹的皮革，则成了阿拉斯加近海土著居民制作冬用皮靴的最佳材料；为了制作最好的防水皮靴，萨莫耶德人使用了海豹皮，把带毛的一面翻在外面；俄罗斯东部的勘察达尔人则聪明得近乎幽默，他们用鱼皮做成的皮靴不仅可以御寒，当饥荒来临的时候还可以食用。

对阿拉斯加的爱斯基摩人和西伯利亚极北地区的萨莫耶德部落的人来说，脚如不能保持干燥，将意味着死亡。为此，爱斯基摩人用两层草垫和鸟皮做短裤。萨莫耶德人则用干草把脚包裹起来，接着是一层兔皮，然后是皮靴里子，再衬上更多的草料，最

后才是皮靴的外皮。皮靴的出现促成了短袜的诞生，这种短袜的材料从幼犬皮到草编织物，什么都有。两百年前，英国海盗和早期美国商船上的一些成员喜欢穿顶部很宽的高筒靴。因为有了"高筒"，走私有价值的物品就很方便。"bootlegging"，即"高筒"，后来成了 20 世纪 20 年代美国禁酒时期的一个很流行的词汇，因为当时那些穿高筒靴者常非法制作并销售酒类。

在古希腊，鞋子则象征着奴役和自由之间的区别。有记载表

↑一些历史学家认为，皮靴的历史可以追溯到 4500 前，那时的皮靴还是浅帮的鹿皮鞋，人们在穿着时要另外缠上绑腿来挡风御寒，并保护腿脚不被荆棘划伤。慢慢地，绑腿就连在了鹿皮上，变成了我们今天看到的皮靴。根据这种说法，这款靴统与鞋身分离的皮靴，显然无意中做了某种还原，有趣的是，恰恰是这种回归原始的感觉，使这款皮靴显得十分时尚。

↑对于现代的女性来说，穿不穿靴子是一种态度。

明，那时的奴隶是不许穿鞋子的，由于他们被卖掉时赤脚上总是盖满了白垩或灰泥，所以他们也叫 cretati，即"白垩人"。另一方面，鞋子还象征着财富，被用来确定一个人的社会地位甚至宗教信仰。一个生活在 270 年前的英国女孩，如果她穿了一双牛皮鞋，便意味她和一个穿花边高跟鞋的女孩很不一样——哪怕她穿的皮鞋很精致，也不能掩饰她卑微的身份。

身高仅 5 英尺 3 英寸的法国国王路易十四，尽管他率领军队与欧洲几乎所有的国家打了四场大仗，建造了凡尔赛宫，但还是觉得抬不起头来，因为他无法以一个高大的君王形象让世界瞩目。

为了解决这个问题，他头戴高耸入云的假发，脚登离地五英寸之遥的软木鞋，出现在各种场合。不仅如此，他还在鞋上画满了各种表现法军打胜仗的场面。他将高跟鞋脚踵处的皮革染成了红色，这个色彩后来成为贵族成员的专用标记。公元800年，查理曼大帝接受教皇利奥三世加冕，成为罗马帝国的皇帝，在征服了欧洲大部之后，这位皇帝即穿上了令人难以置信的红皮鞋，上面缀满了黄金和祖母绿。

紫红色也是一种皇家鞋子的颜色，罗马帝国初期，只有皇帝能穿紫红色的皮质凉鞋，上面绣着金线，脚背上有只金色的雄鹰。根据罗马法律，谁要是胆敢穿同样的鞋子，就会遭到流放，失去所有的财产。

至于小个子的拿破仑，则特别欣赏罗马帝国的艺术和服装，尤其喜欢那种靴筒前部高过膝盖的皮靴，尽管这样显得他更矮。有趣的是，1815年当英国的威灵顿公爵在滑铁卢一役中大败拿破仑时，竟对这个皮靴爱好者宣称，之所以能够打败他，是因为自己的士兵们"穿了欧洲最好的鞋"。正所谓"英雄末路"，又偏偏"狭路相逢"——倒霉的拿破仑原来遇到了同道中人！

鞋跟的发明促成了最戏剧性的时装变化。起先，鞋跟也许产生于一种很实际的需要，为的是不让裙边沾湿雨水、泥水和雪水。近东的妇女也许在500年前就已经发明了"chopines"（软木高底鞋）。土耳其的妇女所穿的"乔品"就像袖珍高跷，有八英寸高，木制，里面的衬垫是祖母绿和银丝。一根根皮带像凉鞋鞋带一样从周围把脚缚住。16世纪，意大利威尼斯脚穿"乔品"的妇女如此之多，以至一位游客说，这个国家好像到处都是会走路的"五朔节花柱"。很快这种时髦传到了法国和英国，在那儿，"乔品"高到了18英寸！

可是，踩着高跷走路的日子并不好过，一些贵妇离开了女仆的搀扶简直就无法行动。于是，意大利的一位鞋匠想出了解决的方法：鞋可以高起来，但却不像"乔品"那样笨拙。当凯萨林·德·美第奇从意大利启航，前去法国与奥尔良公爵完婚时，她的行李

↑ MANOLO BLAHNIK 2001年推出的这款缎面长靴极尽奢华，镶满了珠宝的靴统早已背离了穿着的本意，如此的长度没有一双超级长腿是无法尝试的。

中带上了一样特别的东西：那就是法国人即将见到的第一双高跟鞋。

这双鞋子的功能之一，就是凯萨林可以以平等的姿态直视她的男人了，这个男人后来成了亨利二世国王。就这样，高跟鞋疯狂地流行起来并延续至今。

↓和女人化妆一样，男人抽烟有时也是一种生活态度。至于品位，那要看他掏出什么样的打火机来。

6 ZIPPO 代表了什么

ZIPPO代表了什么？假如你乘坐出租汽车，看见司机点烟的时候掏出的是ZIPPO，而不是一次性的塑料打火机，你会对他另眼相看——这个家伙可能很穷，但对于生活的品质，他还是有讲究的。

1932年，美国人乔治·布雷斯代看着朋友费劲地使用一个奥地利产打火机，折腾半天才点着，朋友耸了耸肩对他说："不是吗？它很实用！"后来布雷斯代发明了一个设计简单、且不受气压或低温影响的打火机，将其定名为ZIPPO，意思就是"它管用"。

4年之后，ZIPPO申请专利获准，开始在它原有的结构上重新设计了灵巧的长方形的外壳，盖面与机身间以铰链连接，并克服了技术上的困难，在火芯周围加上了独特的带孔防风墙。20世纪40年代初期，ZIPPO成为美国军队的军需品，并随着第二次世界大战的爆发在美国士兵中风行。那是一个多么需要温暖的岁月，当他们在旷野的大风中打开 ZIPPO，一窜而出的火苗总是令他们倍感欣慰。士兵们用 ZIPPO 来点火取暖，或者用它暖一暖冻僵的双手来书写家信，有人用 ZIPPO 和一只空钢盔做了一顿热饭，还有人因为 ZIPPO 替自己挡住子弹而保全了性命。看来，他们几乎可以用 ZIPPO 来做任何事情！艾森豪威尔对 ZIPPO 也不吝溢美之辞，他说：那是我所用过的惟一在任何时候都能点得着的打火机。

↑一个身穿 Burberry 风衣或是 Armani 休闲服的男人在点烟的时候如果掏不出一只像样的打火机来，简直就是对高级时装的一种嘲讽。

↓1790 年的意大利宫廷女鞋，其尖头的造型很像中国的"三寸金莲"。

不过，相比纽约环保局的亨利·贝斯特讲述的故事，艾森豪威尔的评价显然就不算什么了。那是 1960 年，一位渔夫在奥尼达湖中打到了一条重达 18 磅的大鱼。清理内脏的时候，他发现有个东西在鱼的胃里闪闪发亮，仔细一看，竟是只 ZIPPO 打火机。这支 ZIPPO 不但看上去很新，而且一打即着完好如初！这太像一则广告了，广告词可以这么配：现在你知道，为什么不必把 ZIPPO 小心翼翼地收藏进工具箱，而是可以放在任何你伸手可得的地方啦！

巧妙的防风设计令 ZIPPO 举世闻名，但实际上，ZIPPO 的关键性技术在于它的火焰本身。与其他品牌的打火机迥然不同的是，ZIPPO 并不是燃气型打火机，它的燃料是一种非常稳定的石油提炼物，其燃烧方式就像是一盏油灯，由它燃烧产生的火焰不但安全可靠，而且异常洁净，不会产生任何污染。

ZIPPO 的另一个特点是从不画蛇添足，从不借助任何"太空时代"的聚合材料和高科技的点火系统。它的目标是"简单、坚固、实用"：0.27 英寸厚的镀铬铜制外罩，再加上 0.18 英寸厚的不锈钢内衬构成坚固的外壳；玻璃纤维制成的火芯可以永久地保证燃烧的可靠性；可以使用 73000 次的燧石轮。事实上，至今为止的 65 年中，ZIPPO 的外形几乎没有发生什么变化：长方形的机身，灵巧的铰链机盖，以及简洁的表面装饰，当然，你也可以选择一些美艳的图案，比如女人的裸体什么的。

除了粗俗的金项链、硕大的戒指、无人喝彩的领带夹，以及多少有些遮遮掩掩的衬衫袖扣，男人们用于装饰自己的东西并不

↑ ZIPPO打火机包括了从"花花公子"到"汽车"、"烟酒"、"卡通"、"电影明星"、"歌星"、"手绘图案"、"战争"、"时事"等五花八门的各种系列。

多，而一个身穿Burberry风衣或是Armani休闲服的男人在点烟的时候如果掏不出一只像样的打火机来，简直就是对高级时装的一种嘲讽。好在ZIPPO解决了这个问题，当然，如果你觉得这样还不够有品位，可以选择火柴之类更原始的点烟方法。

7 去蒂梵尼吃早餐

一部服装史也是首饰的发展史，人类自从有了服装的记载以来，贝壳、兽骨、玉石等制作的首饰就一直伴随左右，直至演变成今天的金银珠宝、个性配饰。

在今天的所有首饰制造者中，有一个名字不得不提，那就是查尔斯·刘易斯·蒂梵尼（Charles Lewis Tiffany），这位为后来的奥黛丽·赫本提供了不朽"早餐"的首饰匠，原本只是美国康涅狄格州一位磨坊主的儿子。所谓"英雄不问出处"，自从他于1837年在纽约百老汇开设了一家不起眼的小铺子起，便注定了将成为美国历史上一位不容忽视的人物。他先是经营文具和织品，后转为经营珠宝首饰。数年后，成立了美国首屈一指的高档珠宝商店——蒂梵尼珠宝首饰公司，其实力堪与欧洲的珠宝王朝一争高下，名声超过了巴黎的名牌卡地亚。到19世纪末，蒂梵尼的顾客包括了英国维多利亚女王、意大利国王以及丹麦、比利时、希腊和美国众多名声显赫的百万富翁。查尔斯自己则赢得了"钻石之王"的桂冠。

作为天生的商人，查尔斯的制胜之招往往令人叹为观止。有一年，美国穿越大西洋的电报电缆中有一根因破损需要更换，他得知消息后立刻买下了这根电缆。当人们还在对他的举动大加猜测甚至嘲弄之际，这位磨坊主的儿子已经将电缆截成了每段2英寸长的单件，在他的蒂梵尼商店里卖起了历史纪念品，就这样赚了一大笔钱。还有一次，他买下了欧仁妮皇后珍奇的鲜黄色钻石后并不出手，而是在纽约举办了一个展示会，从蜂拥而来的参观者身上赚进了大量的美钞。

查尔斯·蒂梵尼的儿子叫路易斯·康福特·蒂梵尼（Louis Comfort Tiffany），生于1848年。他不像父亲那样具有商业天才，但却是一名出色的玻璃制品专家，继承父业后创建蒂梵尼工作室，并发明了独一无二的螺旋形纹理和多面形钻石切割工艺，令"蒂梵尼"的钻石闪烁出更加夺目的光彩。此外，他设计的灯饰也十分著名。"蒂梵尼"在他手上成为美国新工艺的杰出代表，其束以白色缎带的蓝色包装盒，成为全球性的著名标志。20世纪初，蒂梵尼品牌首次使用不锈钢首饰盒，强调"银色原则"，而舍弃了有艳俗之嫌的金色。

20世纪50年代，蒂梵尼将巴黎著名珠宝设计师吉恩·施伦伯格请到纽约，为"蒂梵尼"设计高级珠宝饰品。1974年，模特出

↑"钻石之王"查尔斯·刘易斯·蒂梵尼。

↓世界上最大、最完美的黄钻石，又称 Tiffany 钻石。

→毕加索的女儿帕洛玛·毕加索戴
着她自己设计的硕大首饰。

身的艺术家珀雷蒂开始为蒂梵尼设计珠宝，她从骨头、咖啡豆等
天然物品中获得灵感，设计了一种价格不高却精美出众的项链，
并以此向仅为富人设计宝石的陈旧观念挑战。正如珀雷蒂自己所
说：我设计一个造型，一定要找到它的精髓——这正是其作品的
魅力所在。她设计的镂空鸡心形项圈畅销长达20年之久。1981年，
帕洛玛·毕加索成为蒂梵尼的设计师，这位画家的女儿将父亲的
色彩和线条带入首饰的设计之中，并偏向体积硕大、颜色鲜艳的
宝石和半宝石制作，其著名的"x"标记和蒂梵尼的现代经典风格
配合得几近天衣无缝。

　　1961年，在电影《蒂梵尼的早餐》中，奥黛丽·赫本穿着纪
梵希的时装，戴着"蒂梵尼"的首饰，在第五大街蒂梵尼商店里

Tiffany&Co. 的银色品位奠定了它在珠宝
界的至高地位。

↑ CHANEL朴素的四叶幸运草头花，由363颗红宝石、4粒珍珠和62颗白钻镶嵌而成。

一边吃炸面包圈、喝咖啡，一边说："在那儿吃早餐不会不愉快。"这部影片差点让蒂梵尼公司改行——他们在一周内竟然接到了20个预定早餐的电话。

在漫长的岁月里，蒂梵尼这个珠宝世家成为地位与财富的象征，但是路易斯·康福特·蒂梵尼有句话说得好：我们靠艺术赚钱，但艺术价值永存。

第八章
Chapter eight
谁在复制时装

↑给服装加上商标，而不仅仅是把设计师的名字贴在牛仔裤上，这就是品牌。随着20世纪20年代后期成衣业的兴起与发展，设计师的名字往往与他们的产品一道飞向市场，成为大众津津乐道的话题，这就是品牌效应。

1 成衣时代

那些与名流交往，出入各种豪华场所的时装设计师，他们从设计高级女装得到的平均收入经常不到毛利的10%，他们究竟靠什么来维持？

一个简单而肯定的回答：品牌。

给服装加上商标，而不仅仅是把设计师的名字贴在牛仔裤上，这就是品牌。随着20世纪20年代后期成衣业的兴起与发展，设计师的名字往往与他们的产品一道飞向市场，成为大众津津乐道的话题，这就是品牌效应。

品牌说穿了是一种借助产品推销梦想的方式，它使你在虚荣与身份的错觉中，想像着不同于常人的豪华生活：有数不清的名人朋友，开最新款的跑车，与美艳无比的模特共度良宵……

一个品牌能做到即满足公众的要求，又保持品牌本身的特点，同时价格又让人乐于接受，并不是一件容易的事。所以，一流的服装设计师都愿意投入大把的金钱，为自己的品牌做广告。在这一方面，明智地安排产品的曝光机会，是一件很受用的方式，比如美国电视连续剧《豪门恩怨》和《迈阿密的罪恶》中大量使用的 Hugo Boss 时装，即为这家德国公司赚足了钞票。

胆小的人是开创不了一个品牌的。据估计，每20种新品牌中，就有17种夭折并付出高昂的代价。而另一方面具有讽刺意味的是，判断一个品牌是否成功，最有效的方法之一竟是看它被仿制了多少，比如 Chanel、Ralph Lauren、Polo、Armani、Gucci、Calvin Klein、Versace、Hermes、Prada 等，都堪称是被假冒产品中的翘楚。这样的情况到了1980年代的中期已完全失控，有人估计，如今在大街上所见的 LV 袋，有90% 都是仿制品。

另一方面，特许经营为品牌带来无限的商机。如果一个设计师希望他的名字能促销从腰带到太阳镜之类等所有的东西，那么发展众多的特许制造商无疑是最佳途径。一个好的品牌，或一个自爱的设计师，对它的特许经营者将会有许多严密的限制和控制，通过这种监控，设计师一方面获得应得的利益，一方面同样可以维护自己的形象，并保持品牌一贯的品质。毫无疑问，品牌的滥用会导致品牌的贬值，这方面的例子不胜枚举，皮尔·卡丹可算是其中最典型的一例。20世纪80年代，他在全球范围内特许经营的商家达到了800多个，其中竟有一个厂家是生产风马牛不相及的潜水设备的。

品牌是一个无限复制的结果，在服装领域它表现为对高级定制时装的全面颠覆，这样的颠覆一方面满足了普罗大众的穿着愿望，但另一方面它又因对大众口味的妥协，而败坏了时装的形象。但不管怎么说，成衣的出现结束了高级时装一统天下的局面，开创了服装世界的新格局，许多妇女因此而从繁重的针线活中摆脱出来，并穿上了原本对她们来说遥不可及的成衣时装。20世纪的后期，成衣渐渐成为服装业中的主流，以至于人们将这一阶段称为"成衣的时代"。

2 狂爱伊夫·圣·洛朗

从高级时装的量身定制到高级成衣的批量生产，20 世纪后期的"工业复制"为普罗大众实现遥不可及的时装梦想带来可能。1960 年代，成衣时装店纷纷出现，"Ready to Wear"成为时尚新潮流，高级时装独揽天下的局面终于被打破。而横跨这两者之间的代表人物之一，就是被夏奈尔称为天才的伊夫·圣·洛朗（Yves Saint Laurent）。

至今没人将伊夫·圣·洛朗的故事拍成电影真是一种遗憾，

↑ 1969 年，伊夫·圣·洛朗与当时最走红的模特在他的店铺前。

这个表情忧郁身材瘦高的同性恋者不仅阅历丰富、才华横溢，而且和世界上许多顶级富婆与美女，都有着密切的交往。

1936 年出生的伊夫·圣·洛朗生长于阿尔及利亚一个法裔的中产阶级家庭，高中毕业后奔赴巴黎成为迪奥的设计助理，两年后接替猝逝的迪奥成为这个王国的灵魂人物。1958 年，他设计的第一批系列作品"特拉佩兹"（Tarpeze）一经推出，便犹如一枚重磅炸弹在时装界引起轰动。这些时装不仅维护了法国高级时装的基本风格和品质，同时也注入了时代的气息。对巴黎人来说，这

↑1960年，圣·洛朗为Dior设计的这
款鳄鱼皮夹克，因为过于超前而备受
争议，这导致了他Dior时期的结束。

位腼腆的年轻人不仅是一位时装设计师，还是挽时装的狂澜于即
倒之中的乱世救星。

但坏运气也接踵而至。1960年，圣·洛朗推出的"垮掉一代
的形象"（Beat look）惨遭失败，他在一片斥责声中匆匆逃往军
队。这显然是个更坏的选择。服役不到一个月，这个天性脆弱的
家伙便精神失常。军医的电击治疗和大量镇静剂的服用使他的景
况更遭，不仅体重急降到80磅，而且几乎连话也不会说了。

重回时装界是他的惟一出路。1961年，从军队退伍的伊夫·
圣·洛朗起诉迪奥公司对他的不公正解雇，并获胜诉。1962年，
他与Pierre Berge合伙的时装店隆重开业，大量的好奇者和追随
者闻讯而来，拥挤在他的店铺里欢呼和哭泣。而伊夫·圣·洛朗
则哆嗦着躲进衣柜。从那一刻起他知道他完了：这些狂欢的场面，
为成功者准备的喧闹庆典，将成为他脆弱神经所无法承受的噩梦，
而永远无缘消受了。

20世纪60年代是伊夫·圣·洛朗大获全胜的年代，他一方
面继续在每年春秋两季推出高级时装系列，一方面则开始了对迪
奥风格的背叛，将目光投向高级成衣的设计，并在很多地方开设
了自己的成衣店。高负荷的工作使他精疲力竭，但同时也给他带
来巨大的回报。1966年，"Rive Gauche"系列成衣成功面市，"Y"
系列香水又在众多的香水中拔得头筹。随后的10年中他的商业战
果不断扩大，在一片追捧和赞美声中，这个离群索居的天才不得
不同时在兴奋剂和镇静剂之间寻找精神的平衡，甚至开始酗酒和
吸毒。

伊夫·圣·洛朗在60年代设计了一系列新潮的服装，包括著
名的长裤装、具有非洲探险风格的英国式上衣、半透明的套装，以
及以男式无尾晚礼服为原型设计的裤装女式晚礼服——这一男装
女穿的成功改造，令当时的人们大开眼界，一时成为女人趋之若
骛的新宠。

更让人大跌眼镜的是，1971年，伊夫·圣·洛朗在他新推出
的YSL男用香水广告中，竟亲自出马、全裸上阵，这幅全身上下
只"穿"了一副眼镜的黑白照片一经刊出，立刻招来时尚界一片

←伊夫·圣·洛朗最经典的设计——"蒙德理安裙"，动用了荷兰画家皮特·蒙德理安作品《红、黄、兰》中的波普元素。

哗然。有的杂志拒绝刊登，认为这有伤风化，儿童不宜；也有些杂志的看法刚好相反，称这位裸体的男子是一个天使或戴眼镜的耶稣。而对于圣·洛朗而言，这个造型甚至还不够大胆，以他本来的设想，是要将香水放在两腿之间加以突出的，后来被摄影师

1977年，圣·洛朗以中国清代的旗袍马
褂为灵感设计的时装。

理智地制止了。毫无疑问，无论谴责和赞美，这个创意获得了极大的成功，它的大胆、刺激，立刻激起了人们的购买欲，并使他自己成为时髦青年的精神偶像。

关于圣·洛朗的服装，法国著名影星嘉芙莲·丹露有过一段恰如其分的评价："圣·洛朗为过着双重生活的女性设计服装。他设计的女装协助她们进入一个充满了陌生人的世界，使她们行动自如……给予她们自信。而他设计的晚装则使女性散发出妩媚和魅力来。"这或许也可以看做这位女星在穿着方面的自我评价。作为伊夫·圣·洛朗的终身挚友，嘉芙莲·丹露是YSL时装最好的模特，她在其主演的经典影片《红杏出墙》中，为YSL时装做过最佳的诠释。此外，伊夫·圣·洛朗的名媛名单还包括了辛普森、摩纳哥公主卡罗琳、伊丽莎白·泰勒等。

值得一提的是，1983年纽约的大都会艺术博物馆首开记录，伊夫·圣·洛朗作为世界上第一位在世的时装设计师，在那里举行了他的回顾展。1998年，世界杯足球赛将他的时装表演定为闭幕式的内容之一。目前，印有YSL标记的精品店在世界各地已发展到200多家，而那个"戴眼镜的耶稣"，已被公认为世界女装之王。

↑ 20世纪80年代初是高级时装业的一个高潮期，这是1980年伊夫·圣·洛朗的经典设计。

↑ 1960年代，伊夫·圣·洛朗开始了与法国女演员嘉芙莲·丹露（Catherine Deneuve）的终身友谊。在电影《红杏出墙》中，嘉芙莲·丹露穿的就是他为她设计的衣服。

3 安德烈·库雷热的宇宙理想

曾在"谁发明了迷你裙"这个问题上与玛丽·奎恩特大打笔墨官司的安德烈·库雷热（Andre Courreges），毫无疑问是"宇宙时装"（Space age look）的发明者。他的设计准确地迎合了1960年代的文化氛围与审美理想，从而以一系列简洁超前的白色时装，叩开了通往成功的大门。

库雷热和妻子巴利耶（Coqueline Barriere）都曾经是西班牙设计师巴伦夏加的的门徒，在那里他们学到的一个重要环节，

↑安德烈·库雷热和他设计的太空时装。

→1965年，库雷热设计的红色套装，造型简洁，完全突破了以往法国高级时装的一贯风格，十分适合大工业的批量生产。

就是能够将目光从琐碎的装饰细节上移开，从而在整体上把握设计的效果。所以库雷热的作品和夏奈尔有些相似，常从经典男装中借用灵感，线条简洁，款式单纯而抽象。

曾经当过飞行员的库雷热对天空有着明显的向往，1965年推出的"白色梦幻"系列应当看作是这一情结的外化结果。这些采用白色和明快浅色面料设计的服装，具有宇宙航行服的显著特征，帽子、眼镜和手套也都与之相配，给人一种前所未有的神秘感和未来感，成为开创一代简约风尚的超前样板。

他的迷你裙也具有同样的特点，几何形的裁剪加上白色塑胶

← 1969 年冬天，库雷热设计的白色针织套装。这在高级时装史上是一次材料的变革。

　　的靴子，裙子有时还采用了塑料片和金属片做装饰，这样的衣服穿起来虽然有些不自在，但仍然赢得了少女们狂热的追捧。

　　"宇宙时装"为库雷热赢得了巨大的声誉，但同时也带来了无尽的烦恼。由于这些服装既符合市场的需求，又易于模仿，所以他的设计在被抄袭的倒霉时装中，总是位列榜首。这一切让库雷热十分心烦却又无计可施。盛怒之下，他将责任推到媒体身上，指责他们是抄袭风的始作俑者。无所不能的媒体立刻给予回击：他的作品连续两年遭到传媒的全面封杀，人们再也休想从报纸或杂志上"偷看"他的衣服了。

1969年，库雷热推出了自己的第二个系列，主题就叫"未来时装"（Couture Future）。"未来时装"体现了一种轻盈的运动感，以针织面料制成的紧身装包括了弹力紧身裤和紧身连衣裤等，这种十分贴身的装束事实上是他个人爱好的又一次外露，他说他真正想设计的其实是运动装，因为自己就是一个登山爱好者。强烈的个人偏好使他最终认为只有长裤才能让女性得到完全的自由，于是，迷你裙在他那里很快就过时了。

4 人民的皮尔·卡丹

人民的皮尔·卡丹并不是一开始就想着为人民服务的。如今花上几百块钱（人民币）就能买到"皮尔·卡丹"的人再也不会想到，仅仅50年前，这样的一套高级定制时装竟要卖到一二百万法郎。

曾经独领风骚于潮头浪尖的"皮尔·卡丹"，如今在一些专业人士的眼里，颇有一些晚节不保的低劣与泛滥。他的越来越大众化的成衣设计使他的声望江河日下，且再无回头之日。也许真的是大批复制的成衣害了他？但如果我们知道他从那些特许经营者身上赚了多少钱，就不一定会那么想了。还是让我们回顾一下他过去的辉煌吧。

1922年出生于意大利威尼斯的皮尔·卡丹，在他2岁那年随父亲移居法国，23岁投奔到设计师帕奎恩门下。此后他又在斯基亚帕雷里的时装店和迪奥公司打过工，直到1950年买下一家缝纫工厂，才开始自己的独立设计。

1953年，他设计的第一个春季时装系列，以对当时时装霸主迪奥和巴伦夏加设计风格的反判，而赢得世人的注意。1958年，又设计出国际上第一个无性别服装系列（unisex collection），为

↑皮尔·卡丹。

20世纪50年代，皮尔·卡丹设计的名为"巴黎死了吗？"的时装，的确有一种为高级定制时装送葬的味道。1960年代，他以高级成衣的设计为先导，开始了向商业领域的进军。

↑皮尔·卡丹的"宇宙服"，在2003年被Marc Jacaobs挖出来抄了一遍。

那些希望从传统性观念中走出来的年轻人找到新的表达方式。不过这些和他日后的作为比起来，显然并不算什么。

皮尔·卡丹真正的成功是在他和商业联姻之后。1959年，他设计了法国第一个批量生产的成衣时装系列，这些在英语中被称为ready-made的产品，在当时的法语中还没有相应的词。他的这一举动不仅突破了小批量的高级时装市场，使时装观念进入普通人的视野，同时也摧毁了传统时装的运行体系。对此，法国时装辛迪加（Chambre Syndicale）忍无可忍，愤而革除了他的会员资格。但他的成衣观念却在美国市场得到强大的支持，并迅速演变成世界范围内的服饰主流。法国人不得不接受这个事实，并创造出一个新名词"pret-a-porter"，欢迎皮尔·卡丹的回归。时装从此开始了它两条腿走路的历程：或者保持它高不可攀的地位，仅仅为极少数人服务；或者将时装的样板送进机器，以大批量的产出来满足普罗大众的需要。

皮尔·卡丹的名字和他铺天盖地的成衣一道撒向大地，他的产品迅速冲破服装的范畴，扩大到玻璃制品以及包括收音机、咖啡壶、时钟、玩具、地毯、涂料、巧克力甚至卫生纸在内的其他产品，此外他还设计过私人飞机和豪华汽车，香水和化妆品当然更不可能逃过他的视野。

20世纪80年代，皮尔·卡丹已经开始以一个商人的形象游走于世界各地，他的特许经营商家达到了800多个，其中包括一个生产斯库巴潜水设备的厂家。品牌的无节制滥用使他的形象一落千丈，但这并没有影响他的商业步伐。1979年，中国大陆刚刚开放，他即已设计出一系列中国题材的服装，所以1980年以后，他的产品在中国大陆可谓长驱直入，其仍然停留在早期风格的成衣产品，使中国人一度认为法国时装就是那种线条很硬的呢子套装。

尽管皮尔·卡丹的影响已被众多滑稽可笑的特许产品蚕食殆尽，但他为服装发展做出的贡献仍然是不可忽视的，其早期采用雕刻般的方式裁剪和缝制的"宇宙服"、"铸模式线形"等时装，已成为工业革命时代的经典象征。此外，他还发明了一种布面上起绒的面料，叫"卡丁布"，这种即便糅在一起也不会皱的面料曾经得到十分广泛的运用。更重要的是，他给男人设计的尼赫鲁式上装被当时的"披头士"相中后，迅速成为20世纪60年代最为流行的穿着并影响至今，当然，如果再配上高翻领的毛衣和短短的络腮胡子，就更地道了。

5 "最后的灯塔"纪梵希

1952年，当25岁的纪梵希（Hebert de Givenchy）在巴黎创立自己的时装店时，正值迪奥的新形象风靡欧美，而纪梵希和他的精神导师巴伦夏加对时装却另有一番看法。他们认为这是一个新技术突飞猛进的时代，任何事情都有可能发生。女人们对服装的要求也是一样，随着乘飞机出差或旅行的机会的增加，她们的形象将发生重大的变化。

纪梵希首次推出的个人系列是简单的白色棉布衬衫，衣袖上装饰着夸张的荷叶边。此外，他还创造了两件套晚装：无肩带的贴身上衣，配外套和长裤或日间裙，成为端庄舒适的日装；到了晚上，配上华丽高贵的半截长裙，就变成风情万种的晚装。这种线条简洁、制作精良、富有现代感的时装一经亮相，立刻受到美国人的欢迎。这其中便包括了好莱坞的当红影星奥黛丽·赫本，这个因一部《罗马假日》而流芳百世的女人，曾用该片的部分片筹买了一件纪梵希大衣。

纪梵希擅用夸张的色彩，而服装的造型则相当简洁，这从某种意义上回复了高级时装的典雅与高贵，但同时又赋予时装以时代的新意。这或许正是赫本对他情有独钟的原因。1953年，赫本开始主演她的第二部影片《龙凤配》（Sabrina），想请纪梵希为她设计戏服，但当时的纪梵希正处于秋冬季时装展的最后冲刺阶段，根本不可能专门为谁设计衣服。于是赫本想出了一个折中的办法：

↑ 1987年，赫本穿着大红的Givenchy晚装与纪梵希合影。尽管赫本做出一副天真的样子，但我们仍然可以看出，他们都老了。

纪梵希在他的时装和香水里。

从他上一季的设计中挑选。纪梵希欣然同意。

赫本选中的是一套深灰色的羊毛套裙，这是影片中女主角从巴黎学成归来后的第一次亮相，其脱胎换骨的造型不仅让片中的男主角神魂颠倒，也让观众大饱了眼福。赫本挑选的第二件衣服，是一袭白色丝绸上绣黑花的无肩带晚装，当片中的女主角穿着它出现在男主角家盛大豪华的派对上时，其美丽纯洁的气质在这款晚装的衬托下，显得愈发超凡脱俗，令所有在场的女人黯然失色。这款晚装也随之成为好莱坞历史上最重要的戏服之一。

更让亿万女影迷心醉神迷的，是这部电影中的第三件纪梵希出品：一件黑色鸡尾酒裙，肩带上饰有两只小蝴蝶，俏丽而经典。这条裙子随着赫本的身影一经出现，立刻成为女人们的新宠，以至于随后的几十年中不断地被复制和模仿。从顶级名牌到大众品牌，随处可见这一样式的翻版。

赫本与纪梵希在《龙凤配》中的首次合作取得了巨

↑电影《龙凤配》中，赫本穿着这袭白色丝绸上绣着黑花的无肩带晚装，出现在豪华的派对上。这款衣服与赫本一起成为好莱坞史上的经典。

←赫本与纪梵希的小黑裙、蒂梵尼的珠宝，堪称本世纪最经典的梦幻组合。

↓20世纪50年代，纪梵希创造了芭提娜上装。其名称源自设计师最喜爱的一位模特芭提娜·格里斯尼。

↑1957年，纪梵希专门献给赫本的香水，叫"静止"。

大成功，在此后长达数十年的友谊中，这对时装天才和超级明星的梦幻组合，一直是时尚界津津乐道的话题。此外，辛普森、肯尼迪·杰奎琳、格蕾丝·凯利等对纪梵希的偏爱，也使她们自己在某种程度上成为纪梵希时装的义务布道者。

不过，纪梵希并不是那种善于制造新闻的人，不仅如此，他还效仿他的精神偶像巴伦夏加，拒绝记者采访自己的时装发布。这让那些自命无冕之王的家伙十分恼火，因为当他们在8个星期之后看到他的作品时，无论如何也不能在舆论上拿他怎么样了。

其结果可想而知，媒体开始了对他的联手封杀。然而事有凑巧，适逢这年迪奥去世，巴伦夏加成为世界上最为重要的时装大师，对于这样的人物，媒体只好忍气吞声。而纪梵希作为他的挚友与弟子，其作品也得到了捆绑式的报道与评介。

1995年，纪梵希在他的最后一个时装展后宣告退休。对此，伊夫·圣·洛朗在写给他的信里这样说到："我理解你离开时装的决定，但我仍然为你的离开难过不已。因为在这个和我们的生活方式和思维方式相去甚远的、变幻莫测的时代，你是时装的最后一个灯塔。"

纪梵希在那些世界顶级女富豪、社交名媛为他举行的告别宴会上，向媒体透露了自己成功的秘诀："我热爱时装，我喜欢和这些女士们合作，她们都是我的朋友。现在，许多设计师连为顾客量身试衣都省略了。高级定制时装的设计师，是应该到场为顾客量身试衣，并给予顾客建议的。如果你给予顾客你的才华和服务的质量，她们会非常忠实于你的。为什么45年来，我一直拥有Petrie家族、Whitney家族、梅隆家族和Bass家族的女士们作为顾客？因为，当她们来定制衣服的时候，我总是在场。我的精力不在为取悦传媒而制造新闻上。"

6 乔治·阿玛尼的柔软肩膀

作为商业上最成功的意大利品牌，乔治·阿玛尼（Giorgio Armani）的名字自1970年代以来一直与优雅、简洁、含蓄这样的词汇连在一起。他的鹰形商标不仅出现在男女装上，也出现在童装、牛仔装、滑雪服、内衣、太阳镜、珠宝、手表、香水甚至鞋袜上。这位靠"做衣服"起家的亿万富翁，如今在33个国家拥有53家Giorgio Armani店、6个Le Collezioni店、129家Empoeio Armani店、48家A/X Armani Exchange专卖店、4家Armani牛仔专卖店和两家Armani Junior店。毫无疑问，在这样的背景下，他完全有理由花上300万美元在海边建一所"朴素的房间"，每个月在那里小憩几天。

1934年出生于米兰以南56公里处一个中产之家的阿玛尼，成年后的第一个愿望是想当医生。之所以后来干起了风马牛不相及的"裁缝"行当，是因为他大学毕业后服过一段时间的兵役，在战地医院工作的经历使他明白，真正的医学和他想像中的是两回事。而做衣服，那就要简单多了，并且富于美感。

1954年，他在拉·瑞那桑德（La Rinascente）百货商店找到工作，干点为橱窗设计师打下手或采购之类的活计。后来有机会进入著名的塞路蒂（Nino Cerutti）男装公司，做起了设计师。对于阿玛尼后来的发展而言，这份工作的真正意义在于，它帮助阿玛尼完成了对定制服装生产工序的了解，并体会到面料在时装中的巨大价值。

↓工作中的乔治·阿玛尼，这个优雅的男人对面料有一种天赋的敏感。

↑简易, 无领, A字型外套, 面料是驼色羊毛织物, 圆润舒展的肩部设计, 都带有阿玛尼时装的优雅、舒适、流动的特点。

↑阿玛尼的女装克制而性感, 阴柔但有力度, 从无过度的暴露与张扬。

从1954年到1974年, 那个叫阿玛尼的男人都干了些什么? 恐怕谁也说不清。不管怎么说, 用20年的时间来准备一场个人发布会似乎太长了一点。好在这次在米兰举行的表演很成功, 据意大利著名时尚评论员安娜·平姬 (Anna Piaggi) 的估计, 阿玛尼的第一个设计系列便创造了大约60000英镑的利润。于是, Giorgio Armani 公司在第二年宣告成立。

阿玛尼早期最重要的革新, 是对传统箱形男上衣的重构, 他去掉衬里, 移动了纽扣的位置, 改变了袖笼的曲线, 使用更加轻柔的面料以及全新的悬垂手法加以制作, 使之穿起来更加的舒适、随意和性感。

在时装界, 阿玛尼的勤勉以及清教徒般的生活方式与他的设计一样著名。这个完美主义的身体力行者, 总是以看似休闲实则一丝不乱的形象出现在各种场合: 海军蓝的开司米开衫配简单的T恤和卡其布裤子, 灰色的头发梳得十分整洁。他既不吸烟也不喝酒, 据说连用餐的刀叉都是层层包裹好的。对手下的工作人员也十分地严苛: 不许涂指甲油, 绝对不能穿高跟鞋。即便模特也必须以"阿玛尼的方式"走台步——不许快步、滑步, 也不能以手撑臀惺惺作态。

对阿玛尼来说, "时装表演是一件极其严肃的事情"。他坚持让模特在表演前穿白色的大衣, 并亲自为她们上妆, 他经常告诫她们的话是: "记住自己是女人, 不是逛街的孩子……要非常优雅, 非常简单, 非常自然。"这些"非常优雅的女人"在台上是不能鼓掌和弄出动静来的, 以至于他在米兰举行表演的剧场被戏称为"阿玛尼的教堂"。不仅如此, 他还拒绝采用名模, 认为那样会震住他的顾客, 这对服装展示本身显然没什么好处。而对他这一行为的另一种解释则是, 他担心他的清规戒律将在名模那里失效。

20世纪80年代, 阿玛尼的名字在英国成为考究和休闲的代名词, 他缓和了男装的保守与刻板, 同时又加固了女装的结构, 使男装和女装在裁剪工艺上达到某种共通, 并顺利过渡到20世纪末的女装男性化、男装女性化的风格。他的女装克制而性感, 阴柔但有力度，从无过度的暴露与张扬。这一时期推出的软垫肩上衣，使他获得了"软肩之王"的美誉。1992 年 3 月的英国版《时尚》(Vogue)杂志曾将他与范斯哲进行过如下比较："范斯哲的设计理念是关于性与摇滚的，十分粗俗与淫秽，阿玛尼的理念则是和谐的理念，是一种风格、色彩与面料的平衡，一种氛围上的和谐。"

尽管阿玛尼对那些"通过低层次性幻想"来博得彩头的设计师十分不屑，但他仍在1994 年的一次访谈里对自己产生了怀疑："我是否应该沿着自己的路走下去，抑或我应该另寻最新的潮流革新之路？难道我也要为女人穿上热裤和暴露的裙子？"

显然，时尚原则就是不能和时尚作对。2000 年春夏时装发布会上，阿玛尼终于让他的模特穿上了镶亮片的热裤。然而，这并不是惟一的自我背叛。声称绝不像范斯哲那样采用麦当娜之类的娱乐明星为自己造势的阿玛尼，最终和娱乐界结下的交情并不比他的老对手浅。其实，早在1980 年阿玛尼就与娱乐界结缘，《美国舞男》中的理查·基尔穿的米色套装，就是阿玛尼的经典出品。此外肖恩·康纳利、凯文·科斯特纳和罗伯特·德·尼罗在1987 年的《不可触及》中，也穿着 Armani 在镜头前晃过。这位号称第一个雇佣全职代理游说明星在公开场合穿自己品牌的设计师，似乎并不介意言行之间的小小矛盾。好处是显而易见的，当辛迪·克劳馥和理查·基尔穿着他的情侣套装出现在结婚的礼堂上，法依弗、朱迪·福斯特、安奈特·贝宁等明星大腕穿着他的黑色裤装或镶珠礼服参加奥斯卡颁奖典礼时，反应在另一方面的，当然是销售指标的直线上升。

↓1980 年的电影《美国舞男》中，理查·基尔自始至终、从里到外都穿着阿玛尼设计的服装。该片名噪一时，阿玛尼时装也随之征服了美国市场。

↑1993年，阿玛尼的代表性男装，宽松无衬里的三件套。

1996年，阿玛尼曾在美国杂志《纽约客》上宣称"时尚已经死了"。对这个结论他做了如下解释："我是说时尚的清规戒律已经死了，我意指女人们已经学会按照自己的意愿打扮自己，她们不会再受某一位设计师的支配。"

7 爱死范思哲

↓1993年，范思哲请来巨星阵容为他拍摄时装画册。掌镜的是著名摄影师Richard Avedon，英国最著名的歌星Elton John身穿祖母绿塑料材质服装，为他留下这张服装史上极为经典的照片。他左边模特身上的那件衣服，曾在麦当娜演唱会上出现过。

在媒体的笔下，乔万尼·范思哲（Gianni Versace）的形象基本上来自两个向度的描述："供应新鲜垃圾的最高权威"、"矫饰的王子"、"一个具有天赋却粗俗的暴发户"、"被财富之神点拨的人"、"一个把女人变成荡妇，把男人变成色鬼的人"；与这些刻薄之词相对应的，是同样过头的赞美："一个胸襟博大而富有魅力的人"、"一个安静的灰头发的绅士"、"非常害羞，非常优雅"、"他不但能记住记者的名字，而且从来也不忘记问候一下他们的孩子或猫……"

应该说，范思哲的形象与声名正是在这些同时袭来的谩骂与恭维中丰满与树立起来的，并且，随着一次又一次的商业成功而日臻清晰。作为世界上最著名的时装设计师，范思哲从不讳言自己对金钱的热爱，1992年，他即在W杂志上宣称过"我爱金钱"。这种并无不妥的个人爱好反映在他的时装里，自然就形成了那种奢华得多少有些粗俗的特点。至于对性的彰显，就要追述到他的童年时代了。

对于童年的记忆，范思哲与夏奈尔颇有相似之处。这个1946年出生的意大利人，喜欢将自己贫寒的家境虚构成田园诗般的中产阶级生活。不过，不管他怎么吹嘘，对母亲的爱却是真实的——那是一个勤劳的女人，以自己的裁缝技艺为当地的中产阶级翻版法国进口的服装。"这件事使我的生活变得非同寻常"。范思哲在

乔万尼·范思哲在他豪华的家中，身边都是他搜集来的珍宝。

↑1993年，范思哲的迈阿密系列，这件衣服只使用了两条丝巾，并且没有动用一下剪刀。

→1992年，范思哲的"时髦妓院"系列，他甚至没有在模特的上半身使用一寸布料，就这样让她走上了T台。

1997年6月版的《纽约客》中说道："那就是生长在意大利南部，并且有如此好品格的母亲和诗人一般的父亲的陪伴。"但在其同乡的回忆中，他的父亲却是一个"冷酷"的人。

还是回到性的问题上来。1991年～1992年，范思哲推出的"时髦妓院"系列，可以看做对他童年记忆的一次敬礼：那时他与母亲散步常常要经过一家妓院，尽管每当此时母亲总是把他的眼睛蒙起来，但他还是有办法看清了妓女们的样子，那种俗气的、性感的、富于异国情调的装束令他始终难忘。于是，他的"时髦妓院"里充满了淫荡的花边内衣、娃娃式皱丝超短裙，以及路易十四时期的高跟鞋，奢华艳俗的设计营造出一幅人间极乐的幻象。

20世纪80年代，范思哲的第一条金属网眼服面世，媒体的评价是："它就像滴落的水银，随着女人优美的曲线流向全身。"这样的赞美几乎和范思哲的时装一样，带有一种近乎无耻的兴奋。但却是那样的美妙，简直妙不可言！

这就是范思哲。他从不避重就轻，从不拐弯抹角，他对服装的理解很明确，那就是性与金钱的叠加，再加上一点时尚的调料。一件时装，你还能指望它表达什么呢？

1992年3月，范思哲在他的秋冬时装发布会上，起用了大批具有施虐倾向的"下流社会模特"。他让她们穿上紧身铠甲、用铁钉装饰的皮裙、角斗士的草鞋……只要看一眼T台旁那群阔佬们一阵红一阵白的脸，就知道他再一次的成功了。

至于范思哲是如何"将女人变成荡妇"的，发型师耐克·克拉克（Nicky Clarke）的妻子莱斯丽·克拉克（Lesley Clarke）在 The lndependent 杂志上，有过一段精彩的描述："几分钟后，我的牛仔裤和T恤被迅速脱下，穿上了15cm高的金色蛇皮纹的'女奴'凉鞋，一群穿着精致制服的女裁缝忽然会聚于我的周围，开始用别针别来别去，打出各式各样的褶，就像在我周围狂欢……我被引领着，她们在我周围窃窃私语，做了头发，化完妆。一个小时之后，胆小的英格兰小女孩竟然变成了范思哲笔下的'女妖'"。

↓范思哲"安全别针"系列中的一款。

说到别针，不得不提1994年伊丽莎白·赫丽出席《四个婚礼和一个葬礼》首影式的情形——当这个乳房高耸的女人挽着休·格兰特的胳膊，穿着范思哲用安全别针连缀的礼服出现时，立刻引来了娱乐界内外的一片哗然。新闻媒体称这件衣服是对时装界的漂亮一击，伊丽莎白·赫丽也随之人气直升，一夜之间成为引人注目的明星，并因此而签下了巨额的广告合同。

毫无疑问，很少有谁的设计能像范思哲那样，与好莱坞的艳俗风格沆瀣一气。然而令人惊异的是，他的客人名单里竟也包括了戴安娜这样以高贵和仁慈而著称的女人。1997年6月，离婚后的戴安娜穿着他设计的紫色单肩长裙出现在 Vanity Fair 封面上，无疑是对其低俗形象的一次正名。

与名流结交并向她们提供服装，给范思哲带来巨大的回报。但仅仅这样还不够，他还要花上大把的钞票投

入到广告之中，他曾经在Vogue（《时尚》）杂志上做过20页的广告——如果你知道其他的设计师再有钱也只不过做四五页，就知道他的手笔有多大了。此外，他的时装发布会也几乎无人能及，仅模特一项的费用就令人咋舌：有一次他同时雇佣了15个超级模特，每个模特一次出场费就是1000法郎。

在这样的情况下，人们很容易忽略他在设计中所显示的高超技艺。而事实上他像许多同时代的意大利设计师一样，十分精通服装的裁剪：这儿有一点填充、那儿有一个省、变细的腰、加长的腿、隆起的胸部……他的衣服总是十分合身，并能塑造出更加理想的体态。这使得他的追随者越来越多，而且主要是那些成熟的、不再处于豆蔻年华的女性。

范思哲的事业如日中天，1996年，他的企业创下了总营业额

→ 1994年，伊丽莎白·赫丽和她的男友休·格兰特出席《四个婚礼和一个葬礼》首映式，这袭范思哲"安全别针"晚装使她一夜之间成名。

华丽的金色图案上衣，是典型的巴洛克风格。从1994年起，范思哲就在疯狂地使用它，包括在他的家居用品和丝巾。

5.69亿法郎的业绩，其中纯利润约为2500万法郎。

1997年，他的一个商店迁址，一下就耗费了1100万法郎。The Guardian报道了该店重新开张时的全过程：当范思哲在如云的明星中走向镀金大门时，人们簇拥在警察的身后，高喊着"乔万尼，乔万尼"。

同年的6月15日，迈阿密郊外的一声枪响结束了时装界的一个神话：范思哲在自己的家门前被一颗子弹击中。据说他当时几乎什么也没穿。

↑瓦伦蒂诺的黑白调晚装，强烈的色彩对比，带有古罗马的风韵。

8 瓦伦蒂诺·加拉瓦尼

瓦伦蒂诺·加拉瓦尼（Valention Garavani），1932年出生于意大利佛杰拉城，17岁移居巴黎，就读于巴黎美术学校及巴黎时装联合会设计学院，主修服装设计，毕业后开始了在巴黎时装界从师学艺、披荆斩棘的奋斗历程，曾做过法国著名服装设计师盖·拉罗修（Guy Larache）的助手和主要协作者，羽毛渐丰后在意大利和罗马分别开设了两个时装店。那是1957年，高级定制时装仍是时装业的主流，瓦伦蒂诺以为世界各地的名流富豪设计时装而立足。

1968年，他举行了著名的"无色彩"个人时装发布会，以极具时代感的"白色"系列震动时尚界，并于同年获得时装界的奥斯卡奖——耐曼·马克思奖。这次时装发布成为他设计生涯的转折点，其简单而不失华丽的风格在他后来的作品中得到了一再的展现和延伸。杰奎琳·肯尼迪再嫁希腊船王的时候，穿的就是他以这一风格特制的婚纱。

20世纪70年代，他倡导的"穿衣新法"开创了一代新风尚，如紧身开衫配印花的褶裙，或套装衣裤外加长大衣等。在这些设计中，外套和大衣均占有重要地位，并以精湛的手工技巧将法国刺绣和意大利面料糅合在一起。1975年，VALENTION公司开始在巴黎推出自己的成衣，其中的奥利佛系列 (Oliver) 是他主要的成衣系列。这一阶段，黑色成为他的主调，白色则和灰配在一起作为装点和修饰。他所喜欢的草香奶油色也得到了大量的运用，用以衬托出被阳光晒黑的小麦色肌肤；而代表吉祥的红色，则在低调的奢华中制造出出人意料的效果。

瓦伦蒂诺近年的设计，以大量刺绣、流苏以及小鸟色、鲑鱼色、橄榄色、芥末色等辛辣香料色素带来浓郁的异国情调，同时以披肩流苏或网眼布的阴影制造出神秘性感的效果。在这些设计中不难发现，蕾丝和丝绸始终是他的最爱。1994年～1995年推出的灰色系列中，合体的裁剪加上柔软的丝绸与蕾丝，可谓是对女性之美的尽情颂扬。而中国盘扣的大量出现，则导致了中国风在国际时尚舞台的盛行。

↑ 蕾丝和丝绸始终是瓦伦蒂诺的最爱。

1996年～1997年的春夏是一个充满了朝气的季节，瓦伦蒂诺的粉色系列亮丽登场：合体的短衣配以罩着蕾丝或镶着精美荷叶边的A型裙，柔和的色彩加上特殊的针织面料，令人眼花缭乱。1997年的设计则重回优雅：合体的裁剪、方中带圆的肩部、超短或超长的裙子、粗细适中的皮带、细细的高跟鞋，使人们再次体味到女性的阴柔之美。

在此以后，我们看到 VALENTION 一向钟爱的蕾丝变得硬了起来，装饰感极强的彩色长羽毛领、羽毛腰带甚至完全用鸟羽毛做成的上衣，出现在他最新的展示中。1998年，他开始和纪梵希一样走起西部女郎的路线，只不过他的"女郎"更性感和浪漫：典雅的钉珠女装、皮裙、流苏、缀以刺绣的裤子、透花皮裙等，皆充满女性的诱惑。

9 "马球手"拉尔夫·劳伦

被美国人视为时装牛仔的拉尔夫·劳伦 (Ralph Lauren) 特别喜欢西部传说中的英雄好汉，包括他们的皮靴、牛仔裤以及缀着流苏的小山羊皮外套。这些都无一例外地转化在他的时装之中，成为美国面貌的一部分。

1939年出生于纽约的拉尔夫·劳伦最早以推销领带为生，1967年推出以马球"POLO"命名的丝质领带，以其宽大的造型和鲜艳的色彩一炮走红。在这之后他又为男人们设计了一系列与领带配套的马球牌产品，并开始涉足时装设计领域。

当这个靠领带起家的设计师在好莱坞贝弗利山开起首家POLO专卖店的时候，他知道机会来了。他不仅向人们出售男装、领带以及女装，同时还开始向人们出售一整套的生活方式。经历过拉尔夫·劳伦鼎盛期的人们应该还记得那个著名的广告：一个家族的几代成员簇拥在豪华的庄园里，他们安乐、富足、谈笑风生，更重要的是——使用着马球牌产品。如此美妙祥和的画面，谁能不为之动心呢？从一件舒适的斜纹软呢上衣，到温馨华贵的家庭生活，拉尔夫·劳伦的服装所涵盖的并不仅仅是一个人的身体，它还代表了一种被美国上层阶级津津乐道的生活方式。

大笔的广告投入带来大笔的利润，拉尔夫·劳伦的商业头脑

一向为美国人所敬重。他的品牌不仅包括了领带、男装和女装，还开始向香水、童装、箱包、眼镜、室内装潢、女性饰品等领域进军，并很快跻身同行富豪榜的前列。

拉尔夫·劳伦的产品可以看作是幻想与现实的一种技术结合，他的设计从日常服装到晚礼服，从运动装到浴巾、台布以及其他的日用品，都保持着美国东部生活的显著特点，其设计灵感追根溯源可以看出主要来自英美上流社会、西部传奇、旧电影、20世纪30年代的棒球运动员以及当时的贵族阶层。其作品用料上乘，款式大方，穿着舒适，以纯棉织物和粗纺毛呢居多，这种含而不

←被美国人视为时装牛仔的拉尔夫·劳伦特别喜欢西部传说中的英雄好汉，包括他们的皮靴、牛仔裤以及缀着流苏的小山羊皮外套。这些都无一例外地转化在他的时装之中，成为美国面貌的一部分。

↑1990年，拉尔夫·劳伦将领带等一系列男装元素运用到女装设计中，这种美国式的质朴清风，在1980年代的女强人风潮之后，受到意料中的欢迎。

→ 2002 年，拉尔夫·劳伦设
计的晚装运用了珠饰、装饰
性纹样等，在现代的简洁之
中，融入新艺术运动时期的
繁复与奢华。

露的着装风格，教会了许多暴发的美国人如何将新衣穿得像旧衣一样。他的马球手标志也随之变成一个特别容易辨认的身份标志。

当拉尔夫·劳伦用他所倾销的生活方式将人们弄得不知所措的时候，他自己却一身轻松地说："你们想我会怎样？我只想做我喜欢做的事。我压根儿不喜欢时髦的衣服，我只喜欢那些看上去永远也不过时的衣服。"

10 嘿，Burberry，我风雨兼程的老伙计

提起风雨衣，我们会想到不列颠的山村、Barbour短外套、粗花呢猎装、威灵顿长统靴，以及长着一副罗圈腿的村野老夫，他们穿着这样的奇妙组合沿着乡村小路缓缓走来，身后跟着一路撒欢的金毛猎犬。

老牌的Burberry风雨衣自1870年被它的创始人Thomas Burberry发明以来，至今已经历了一百多年的风雨而不衰。这种风雨衣以经典的格子图案、独特的布料功能和大方优雅的剪裁，为英国赢得了不朽的声望，成为第一次世界大战时英军的征衣和英国皇室的御用品牌，以至于在字典里以Burberry来指代风雨衣。

但最初的风雨衣面料毕竟是用煤焦油与橡胶混合制成的，不仅质地僵硬，而且气味十分难闻。这种状况在福尔摩斯的敞蓬马车时代之后，得到了极大的改观，它不仅成为衣架上抵御狂风暴雨的必需装备，而且由于其越来越多的品种与式样，而成为年轻人比帅扮酷的道具和时尚。从 Burberry、Aquascutum

↑好莱坞经典影片《北非谍影》中，男主角的风衣和他一起被载入电影史。

↑Burberry风衣和标志性的格子配饰，在芭比娃娃身上有着完美的展示。

→Louis Vuitton的这款棉质束腰风衣，有一种豪华的运动感。

→20世纪的长风衣指的是英国大兵在战壕里穿的"战袍"，在词典里曾经以Burberry来指代。而到了20世纪末，风衣则成为女性卖俏的行头，有的女人甚至只在里面穿了件睡袍就上街了。而在电影《诱惑》中，著名影星罗伯特·比诺什扮演的女主角为了与男主角偷情，冲上大街时风衣里竟然什么也没穿！

的经典样式，到 Louis Vuitton 的豪华新款，风雨衣不但适合公园里喂鸽子的老太太，也适合跑得飞快的裸体狂、自命不凡的影星名流、喜欢穿深色西服的商人，以及总是一身名牌休闲装的上流社会女子。

但到了20世纪五六十年代，由于法国和意大利高级时装品牌急起直追，迫使Burberry退缩于成熟男性风雨衣市场，成为"只有老男人才穿的老掉牙的品牌"。1980年代，日本人开始狂热追捧Burberry，致使该公司管理层把品牌的特许生产权交给了日本三井贸易集团。到了1990年代，日本的销量占到了总销售额的75%左右，这使得Burberry几乎变成了一个亚洲品牌。亚洲金融危机给了Burberry致命的一击，1996到1997年前后，业界盛传LVMH、Gucci和Prada集团都想低价收购它。

好在Burberry公司及时起用了前Montana和Jil Sander的

设计师罗伯托·麦尼切迪 (Roberto Menichetti)，重新调整过时的乡村款形，为都市青年提供新的形象。麦尼切迪不负众望，成功地赋予了Burberry经典格纹以全新面貌，他先后设计出了米色、海蓝色、黑色或灰黑色的格子，比传统的苏格兰格子更有现代感，又不失怀旧的风格。

1999年，Burberry请来了英国最著名的模特凯特·莫斯(Kate Moss)，让她身着格子婚纱为Burberry拍摄了一组广告宣传片和海报。在一幅直到今天仍然被奉为经典的海报上，凯特·莫斯身着格子婚纱，与身穿格子燕尾服的新郎举行了一场"英伦格子婚礼"，婚礼上的所有嘉宾都穿着带有Burberry格子的服饰，所有的用具也都用Burberry格子作为装饰。这一系列的海报在各地好

↓在著名的"英伦格子婚礼"中，名模特凯特·莫斯穿着格子礼服为Burberry拍下了这组广告宣传片和海报。

↓贝蕾帽配大翻领的风衣、高跟鞋、金色的卷发俏丽地翻腾在耳边，再加上皮质的行李箱，这便是第二次世界大战时期的典型装束。

评如潮，它不但使Burberry再度成为最抢手的热门时尚品牌，而且迅速地受到了各个年龄段消费者的青睐。莎朗·斯通、麦当娜、辣妹维多利亚等时尚名流也开始热衷Burberry。

随后，凯特·莫斯又身着"格子比基尼"等服饰为Burberry拍摄了一系列广告，引发了世界各地年轻少女对Burberry的追捧。亚洲畅销片《我的野蛮女友》中，女主角全智贤在几个重要片断中穿着的都是Burberry服饰。

一度过时的风雨衣又回来了！Burberry不仅面貌一新，而且面料也格外丰富多彩：防水布、羊毛、罗登缩绒厚呢……带着世纪末的些许感伤，风雨衣却反而拥有了其他时装所没有的开阔视野：印度与冰岛的主题、时髦的波希米亚、浪漫主义以及魔幻摇滚的特征。

嘿！Burberry，我风雨兼程的老朋友，让我们登上不列颠的长统靴，继续上路吧！

11 卡尔文·克莱恩的性感内裤

↑性感的卡尔文·克莱恩。

时尚的讽刺意味有时在于，一些人买不起卡尔文·克莱恩（Calvin Klelin）时装，就千方百计地将标有CK字样的内裤露出来，表示自己也穿上名牌了。

和拉尔夫·劳伦一样，克莱恩也是以激动人心的广告大战赢得国际声誉的。这样说或许有些不公平，因为不管怎么说，他毕竟也设计出了许多令人难忘的作品。但不可否认的是，如果没有20世纪70年代的那则著名广告，我们今天很可能就不知道卡尔文·克莱恩是谁。

那实在是太经典了，以至于MBA的市场学课程里都不得不提上一笔：当身材妖冶、面孔清纯的波姬小丝穿着全世界第一条名牌牛仔裤出现在镜头前，并娇滴滴地问"猜猜在我和我的卡尔文·克莱恩之间有什么"时，有些人紧张得汗都要出来了，而接下来的一句还要精彩："什么也没有。"人们疯狂了，带着一颗发热的脑袋一窝蜂地冲向Calvin Klelin的牛仔专柜。就这样，他的牛仔裤以每周40万条的速度，直攀销售的惊人高峰。

看惯了花团锦簇、神秘妖冶的法国时装，有人或许会认为克莱恩的衣服太简单了：怎么？一件毫无花饰的直筒紧身长裙也能算时装？然而，当以一部《欲望城市》而出名的Parker穿着这件无肩带的晚装出现在奥斯卡颁奖台上时，人们的看法一下就变了：原来简单也能如此性感！

如同纪梵希拥有奥黛丽·赫本、伊夫·圣·洛朗拥有嘉芙莲·丹露、范思哲拥有相对逊色得多的麦当娜一样，卡尔文·克莱恩也拥有他的CK女郎，这就是凭借一部《恋爱中的莎士比亚》而急速走红的好莱坞女星格温妮丝·帕特洛（Gwyneth Paltrow）。从奥斯卡的颁奖典礼，到平常的休闲场合，帕特洛的每一次亮相都为克莱恩赚足了回头率。1997年，美国VH1音乐电视台时装奖的颁奖典礼上，帕特洛穿着一件无袖的弹力紧身黑色长裙出场，其低调简约的姿态一举夺得年度最佳衣着品位女性奖。

↑性感的说唱歌手 Marky Mark 与他的
CK 内裤密不可分。

简约主义之所以能在20世纪后期成为时尚的主流，是与这一时期盛行的健美健身运动互为因果的：女人们再也不需要用隆胸、束腹等一系列手段来折磨自己了；相反，她们希望以简洁的衣服来衬托自己的娇好的身段和结实的肌肉。卡尔文·克莱恩设计的一系列具有运动感的时装，恰到好处地顺应了这股潮流。不仅如此，他的长裤女套装、T恤式的连衣裙以及紧身的牛仔裤等，都体现出一种基本的美国风貌：既前卫摩登，又大方别致。对于忙碌的美国人而言，购买这样的服装不失为一个既得体又实惠的选择。1990年代中期，他推出的时装融日本前卫时装与美国传统运动服的风格于一体，体现出一种极具现代性的性感。

卡尔文·克莱恩的产品涉及了诸多领域，香水、手表、眼镜、化妆品、鞋靴、手袋以及家居用品等，都是他试图占领的阵地。当然，还有内衣。

12 摇扇子的卡尔·拉格菲尔

提起法国的"柯芳耶（Chloe）"、"夏奈尔（Chanel）"或意大利的"芬迪（Fendi）"，就不得不提起它们的首席设计师卡尔·拉格菲尔（Karl Lagerfeld）。这位德国设计师之所以备受关注，不仅仅因为他出众的才华，还因为他有一双摄人的眼睛，和一条与众不同的小辫子。

据说，有一次拉格菲尔到一个18世纪风格的城市观光，穿着一身织锦缎的僧袍式大衣，扎一条马尾辫，手摇一把折扇，活脱脱一个东方纨绔子弟的样子，引起了很多人的注意。这身打扮令他十分得意，以至于后来再也不肯解开那条辫子，无论到哪里都要拿着那把标志性的折扇。

很少时装设计师有他那么富裕的家境。1939年出生于德国汉

↑由于在夏奈尔、芬迪等品牌之间游刃有余，拉格菲尔被称为时装变色龙。他的父亲曾在在中国的上海生活过十多年，他说："中国之于我，是不愿掀去面纱的神秘国度。"

堡的拉格菲尔，父亲是一个实业家，在汉堡拥有一个庞大的乳制
品帝国，母亲则是一个有着时装怪癖的女人，常常带着幼年的拉
格菲尔专程去巴黎逛时装店，以至于这个男孩的最早记忆就是
"叫男仆烫一烫我的衬衫领子。"

↓拉格菲尔为自己的品牌设计的鳄
鱼皮时装。

　　拉格菲尔之所以从小就喜欢巴黎，并不是因
为那里有世界上最漂亮的女人，而是因为那里有
世界上最漂亮的时装。他5岁就开始学法语，14
岁搬到巴黎。两年后即1954年，他的时装设计
在国际羊毛局举办的设计竞赛中入选，获得外
衣部第一名。1955年成为皮尔·巴尔曼的
助手，3年之后，又受聘担任让·帕杜公
司的艺术指导。

　　卡尔·拉格菲尔真正迈入时装界的时
候刚刚二十出头，他并没有追随当时
风行伦敦的青年女装运动，也无意
以标新立异来获取声名，而是选择
了为法国名牌"克劳耶"和意大利
的皮草世家"芬迪"担任设计师。
1965年，拉格菲尔以其特有的勤
勉和睿智，赢得"芬迪"女主人
卡拉·芬迪的信任，担任其首席
设计师。他为芬迪设计的经典时
装令人至今难忘，在被那个称
为"皮草盛典"的系列展示中，
他将各种毛皮分割成条状再
加以混合处理，创造出令人
刺激的效果。米兰设计师
不像巴黎设计师那样追求
新奇，所以拉格菲尔为
"芬迪"所作的设计，始
终把握在一种极其旖

旎的女性化形象之中，矜持而不严肃，活泼而不轻佻。

更能代表拉格菲尔设计风格的，是他为"克劳耶"设计的女装。"克劳耶"之所以被舆论界公认为格调高雅、活泼、实用，主要是由于拉格菲尔比其他设计师更能体现巴黎时装的精神本质。早在20世纪60年代初，拉格菲尔就开始和"克劳耶"合作，经过20多年的努力，拉格菲尔的风格早已与"克劳耶"风格打成一片。与伊夫·圣·洛朗相比，他的"克劳耶"更加轻松和自由，并富有幽默感。他设计的夹克或大衣，腰线很低，裙子修长且有力度，晚礼服则常以丝绸、刺绣、珠片和钻石制成，被誉为"宛如溪流中迸出的水花"。1972年春的"克劳耶"系列中，拉格菲尔开始了成衣时装与高级时装的融合。那是一组"夏奈尔"式的翻领套装，黑白印花和出色的斜裁显示了他高超的技艺。

20世纪70年代后，拉格菲尔开始使用化纤面料设计服装，并善于使用无缝或假叠层的方法设计现代"克劳耶"。这种便装化的时装受到热烈的欢迎，使拉格菲尔成为20世纪70年代举足轻重的设计大师，和高田贤三并称为"巴黎双K"。

20世纪80年代，"克劳耶"开始了新的变化，外衣肩部宽大，并突出腰身弧线。1982年的秋冬系列颇有未来味道，深袖笼，还有被他叫做"榔头"式的袖子。另一组他称之为"席勒"的女上衣，宽而低的领子，腰部线条生硬，具有浪漫诗人的风度。1984年的样式则有稍宽而削肩的打褶上衣、印花丝裙，下摆自然松散开来，腰际再加一截短罩裙，并饰以缝纫工具造型的装饰。

别出心裁的装饰是拉格菲尔的另一特点。有一次，他以乐器为主题，用琴键、班卓琴或圆号的形象制成饰针；在另一系列中，他又把各种五金水暖工具模型制成项链、帽饰等，装饰在他设计文雅的时装里。

1983年，拉格菲尔受聘于夏奈尔公司，并在后来的努力中，被认为是继夏奈尔本人以来最成功的"夏奈尔"设计师。在他之前的"夏奈尔"设计师们，一味遵循"小夏奈尔套装"的定型模式，生产出来的服装既无新意，也无法还原其原有的魅力。而拉格菲尔的"夏奈尔"则完全不同。在夏奈尔逝世12周年纪念展示

→拉格菲尔于2003年春夏设计的夏奈尔时装，既符合了当年的粉色潮流，又非常地"夏奈尔"。他的成功秘诀在于：深知变的是服装，不变的是品牌精神。

会上，"夏奈尔"富有的追随者们应邀来到她装饰着21级镜面楼梯的著名沙龙，其中包括了帕洛马·毕加索、法兰西总统蓬皮杜的夫人、明星多明格·珊丹和伊沙贝尔·阿让等，她们对拉格菲尔创造的"新夏奈尔"惊讶不已，赞不绝口。在这组系列里，他将"夏奈尔"的经典黑色变成艳丽的色彩，并辅以精巧的绣花，使"夏奈尔"焕然一新的同时，又注入了新鲜的华丽血液。20世纪90年代之后，几乎所有的人都感到，"夏奈尔"开始越来越年轻了。

正如他自己所说的，作为一架高速运转的"时装机器"，拉格菲尔的天才表现在他能同时为几种不同的品牌设计出不同的产品。除了"夏奈尔"、"克劳耶"、"芬迪"之外，他还为查尔斯·若丹设计手套和鞋子，为巴朗多设计针织衫，为瓦伦蒂诺设计鞋子，为罗曼设计男装。此外，他还为"克劳耶"设计香水，为剧院和电影设计戏装。

13 汤姆·福特的古琪新语

在提及大名鼎鼎的美男设计师 Tom Ford（汤姆·福特）之前，不得不提 Gucci（古琪）家族，没有这个几近覆灭的老牌子垫底，Tom Ford 再有能耐，恐怕也难以像今天这样大红大紫。当然，如果他去好莱坞当了明星，又是另一回事。

让我们将时光回溯到1906年，这天，一个名叫 Guccio Gucci 的意大利小伙子从佛罗伦萨来到伦敦，他在豪华的 RITZ 饭店找了份工作——不管你信与不信，大名鼎鼎的 Gucci 就是这样开头的——他放下简单的行李，在厨房干起了杂工。这可真是卑微又劳累的工作，但 Gucci 干得不错，很快，这个对豪华场面极为留心的小伙子被提升到餐厅当了服务生。

1922年，Gucci 带着在豪华饭店得到的见识回到家乡，和他

同时回去的还有一个能干的女裁缝——他的妻子，他们夫唱妇随，在佛罗伦萨开了第一家箱包皮具店，店名就叫GUCCI。

很快，印有双G标志的的皮具在RITZ饭店的豪华参照下，成为优质和身份的象征，经营的范围也由佛罗伦萨扩大到罗马、米兰等地。1953年，Guccio Gucci去世，接管公司的3个儿子决定将分店开到美国。此后，GUCCI分店又分别扩展到英国和法国。

GUCCI成了新贵和明星们的身份标志。20世纪50年代，好莱坞的一线明星们如奥黛丽·赫本、格蕾斯·凯利、索菲亚·罗兰等，都曾是GUCCI的拥趸。1956年，格蕾斯·凯利与摩纳哥国王结婚，婚礼上向每个客人馈赠的礼物，就是GUCCI的手套和围巾。1970年代，GUCCI的家族经营达到了历史上的巅峰，《纽约时报》将这一时期称之为"GUCCI mania"（GUCCI疯狂），并这样描述GUCCI狂们："脸上戴GUCCI太阳镜，脖子上系GUCCI围巾，肩上背一个GUCCI挂包，手腕上戴GUCCI手表，身穿GUCCI皮衣裤，脚上当然是一双GUCCI皮鞋。"

GUCCI产品的迅速扩张使这个经典的老牌子成为盗版市场的大肥肉，一时间黑市上充斥着廉价的GUCCI产品，GUCCI的身价也随之一落千丈。

面对这种不利的局面，GUCCI家族的内部开始出现分歧，最终由三兄弟中的Aldo担当该集团的CEO，决策GUCCI的发展方向。但Aldo显然不能服众，不仅如此，家族成员对他的质疑越来越深，Aldo自己的儿子Palo甚至要脱离家族另起炉灶。为此，GUCCI的董事会由激烈的争辩演变为大打出手，Aldo也表示出对儿子的强烈不满。愤怒之下，Palo揭发出父亲私藏公款的事，致使Aldo以逃税罪被判入狱一年。

出狱后的Aldo发现GUCCI家族已分崩离析，并迅速滑向破产的边缘。1985年，美国公司INVEST CORP.买下Aldo持有的50%GUCCI股份，8年之后，又以1亿5000万美元买下了在Aldo兄弟的儿子Maurizio手上的另一半股份。至此，GUCCI完成了它作为家族企业的全部历程，但事情还没有完。

↑套裙式的橙色镶蓝条长袖衫和短裙，经典的珍珠项链和手链，所有的夏奈尔元素几乎一样都不缺，但已演变成完全现代的运动版。

1981 年的 Tom Ford，太像明星了！这真是好莱坞的损失。

↑麦当娜穿着Ford的代表作登上领奖台。

1995年，即在卖掉股份的两年以后，Maurizio Gucci在自己的办公大楼前被人枪杀。两年之后警方查出了真凶，原来是他的前妻花钱杀了他。GUCCI进入了其历史上最黑暗的时期，几乎没人相信这个已经成为"咸鱼"的品牌会有翻身的一天。

现在，该谈谈Tom Ford了。这个漂亮的小伙子1986年毕业于纽约的PARSONS设计学院。当他发现建筑设计要和很多公文和法律条例打交道时，便转向时装界求发展。1990年，他离开纽约来到欧洲，说服了GUCCI当时的创意总监Dawn Mello，成为她的一名助手。那正是GUCCI最混乱的时期，INVESTCORP. 于1993年买下GUCCI的全部股份后，派了原GUCCI美国分公司的总裁Domenico De Sole到意大利总部任COO。不知为什么，De Sole到任后接到来自Maurizio的第一个指令，就是开除Tom Ford。

所幸的是De Sole没有那么做，尽管他对Ford同样并无好感，但以GUCCI当时的状况，他想不出Ford走了，还有谁能更好地接替他。

1994年接任GUCCI创意总监的Tom Ford可谓临危授命，更糟的是他在1995年推出的第一个设计系列就惨遭失败。一番闭门思过后他得出结论：作为创意总监，他再也不必顾虑别人的想法了，他要为所欲为。

1995年3月，正在进行中的米兰秋冬时装展上爆出冷门：Tom Ford设计的一款深蓝色天鹅绒紧身直筒裤配果绿色绸缎衬衣、外加苹果绿mohair短大衣的套装，令所有人目瞪口呆。很快，麦当娜打来订购电话，指明了要同一个版本的深蓝色丝绸衬衫，并穿着它登上MTV音乐大奖的领奖台。从此，这位天后级人物做定了GUCCI的拥趸，在她的带领下，GUCCI的时装发布会上总是坐满了欧美的明星名流。Tom Ford趁热打铁，耗资2800万美元的摄影广告以强大的攻势投向市场，使重生的GUCCI在世界范围大放异彩，他本人也如明星般一夜窜红。

1998年，Helen Hunt穿着GUCCI的天蓝色露背晚装登上

Tom Ford的身边总是云集着国际舞台
上的名流大腕。

1995年春夏GUCCI发布会上的作品，被
人称为"咸鱼翻身"的经典版本。

奥斯卡领奖台，领取最佳女主角奖；1999年，
当她作为颁奖人出现在奥斯卡的红地毯上时，
穿的还是GUCCI的时装——那是一款经典的
水晶镶边银色晚装，高雅而富有朝气。
GUCCI俨然成为青春的代言。

1999年秋冬，Tom Ford的设计再次令
人大开眼界。那些精美的皮衣皮裤，将当代
"波希米亚"人改装成流浪的贵族。其中一款
黑色高领皮衣，将全身包裹得密不透风，却通
过精妙的剪裁，表达出摄人的性感。这一年，
GUCCI收购了时装界的大哥大伊夫·圣·洛
朗，38岁的Ford再次临危受命，出任其创意
总监。

Ford到底有多红？除了在洛杉矶、伦
敦、巴黎和德州老家的豪宅外，据说几年下来
他的身家累计已过亿万。

第九章
Chapter nine
媒体的脸偷偷在改变

1 薇兰德的时尚理想

　　1940年代的时尚舞台上，活跃着一个并不漂亮的女人——戴安娜·薇兰德（Diana Vreeland）。那时她在《哈泼芭莎》（Harper's Bazaar）杂志中主持一个叫《你为什么不……》的栏目，在这个栏目中，经常会出现诸如"你为什么不戴着紫红色的天鹅绒露指长手套处理一切事情呢"之类的句子。这是一个引人注目的女人，鸟喙般的鼻子，总是涂着深红色的唇膏，在美国的上流时装界扮演着重要角色，多年来赢得了无数的荣誉和奖励。

　　自从1939年被《哈泼芭莎》聘为时装编辑以来，薇兰德在这个行业里一干就是23年。所以，当她于1963年当上美国版《时尚》的主编时，便意味着这个杂志将以一个女人的意志为中心，实现极富个性色彩的时尚理想，无论你是想要"蓝色单根马鬃的野生牡马"，还是想要"粉红色的海蓝"，薇兰德的杂志都能给予满足。这就是一本好杂志的高妙之处：做得过头，将显得矫揉造作；做得不够，又会有低劣粗糙之嫌。而薇兰德总是能在这两

↑在《哈泼芭莎》上盛装亮相的薇兰德。

↑1951年的《哈泼芭莎》。离1963年薇兰德跳槽到《时尚》杂志当主编还有10多个年头，作为《哈泼芭莎》的一个小编辑，此时的薇兰德想必还在她主持的栏目里，苦苦琢磨"你为什么不……"之类的可笑名言。

者之间找到微妙的平衡。她密切注视着年轻摄影师的动向，一旦有人才华初露便必定会被发掘出来。此外，那些优秀的时装设计师和模特们也逃不过她猎鹰一样的眼睛。她还发明了"美丽人群"这样的概念，创造出"粉红是印度人的海蓝色"之类的时尚名言。

薇兰德的脾气和她的长相一样古怪，她曾经解雇了一位助理，理由仅仅是因为人家穿了一双咯咯作响的皮鞋。可以这么说，她在《时尚》中赢得的尊重，和她的坏脾气引起的怨恨基本上可以等量齐观。令人遗憾的是，这一切到了1971年便结束了，由于出版商Conde Nast认为，新一代职业女性需要的是少一点抱负，多一点现实的时装观念，于是他们对薇兰德说："你为什么不……？"就这样，薇兰德被不光彩地解了职。

不管怎么说，一个在《时尚》做过主编的女人是不愁出路的，同年，薇兰德即在纽约大都会艺术博物馆服装中心谋得特别顾问的职位。她将一系列服装展搬进博物馆，这其中，尤以1979年俄罗斯芭蕾舞团的服装展最为引人注目。

无论在哪里，薇兰德始终是一个雄心勃勃的女人，小说家卡波特（Truman Capote）曾经把她描绘成"那种很少有人能够认识到的天才，除非你自己首先是个天才，不然就会以为她只是个愚蠢的女人"。这样的评价显然基于这样一个前提，即薇兰德有时看上去的确像个蠢女人，浅薄和智慧常常同时并现。还是让我们回顾一下她的经典名言吧：

"你为什么不在香烟上印上个人徽章，像著名的爆破手在他的训练机上刻下自己的标记一样？"

"你为什么不在育儿室四壁绘一幅世界地图，免得你的孩子长大后只有地域观念？"

"你为什么不像法兰西人那样用走气的香槟酒漂洗你儿子的金发，让它始终保持金色？"

"你为什么不戴着樱桃红棉丝绒的宫廷弄臣风帽踏雪寻梅呢？"

1980年，薇兰德出版了一本有关时装的书《诱惑》（Allure）。1984年又出版了一本叫《DV》的自传，尽管这本书被人批评为一堆谎言，嘲笑她搬出大把的名人抬高自己的身价，但有一点是毫无疑问的，这个在美国高级时尚圈里折腾了几十年的女人，一定会说出些让人惊讶不已的圈内秘密来。

2 用杂志推销梦想

女性杂志有着很长的历史，较早的时尚杂志当推1867年出版的《哈泼芭莎》，作为20世纪最有影响力的时尚杂志之一，它独霸天下的局面直到1982美国版的《时尚》创刊才结束。此后英国版、法文版、奥地利版、西班牙版、德文版的《时尚》相继出笼，成为继《哈泼芭莎》之后影响力最大的服装权威杂志。这个时候，其他种类的女性杂志也在急速增长。据统计，从1879年到1900年，仅英国就出现了不下50种女性杂志，女人们简直是在以"一个世纪以前无法想像的胃口消费杂志"。

这一时期的女性杂志，除了时装方面的内容外，另一个主要特征就是具有礼仪手册的指导功能，它教导女人们如何遵守社交规则、着装品位以及社会等级制度等。这一状况在20世纪之后得到改变，由于女人们开始工作和走向社会，她们忽然发现，当你想在某一领域获得成功时，身体的修饰有时比道德的修饰来得更加重要。

女性杂志作为产业的价值直到第二次世界大战之后才被充分意识到，一些广告商首先嗅到了金钱的气味，他们预感到作为一个特殊的群体，女人们身上所隐含的消费潜能将是无法估量的。于是，女性杂志在1960年代发生了两

↓1950年代至1990年代的《哈泼芭莎》封面上，出现过各个时期的女性偶像，作为20世纪最有影响的女性杂志，其独霸天下的局面直到1982美国版的《时尚》创刊才结束。

长期以来，女性杂志对女性的生活产
生着全方位的影响，从着装品位到生
活方式，女性杂志一方面充当着美学
导师的角色，一方面从广告商那里拿
回大把的钞票。

←这是自1950年代到1980年代《哈泼芭莎》各个时期的内页图片，从中我们可以清晰地看到时装的演变痕迹。

↓1969年的《哈泼芭莎》封面及内页，反映了当时青年人对东方文化的崇拜。1960年代的中后期，嬉皮们常常开着野营车到阿富汗、印度等国家旅行，一路上顺手采摘东方文化的奇花异果，比如五颜六色的土尔其长袍、阿富汗外套、异域风情的印花图案、彩色的串珠等，开创了一种新的服装风格。从这个角度看来，时尚杂志既是时尚的推动者，也是时尚的记录者。

个变化，一个是广告商开始以大的资金投入影响杂志的形式、内容，甚至决定其生死存亡。另一方面，为了顺应市场和读者的需要，杂志的编辑们开始放下教条的架子，与读者展开对话，比如鼓励读者投稿、开设读者来信栏目等等。

随着对市场和读者了解的加深，各类杂志的定位开始明确起来，它们将读者划分为家庭主妇、年轻的已婚妇女、少女、时装业内人士、"随大流派"等，对市场进行新一轮瓜分。此外，一些新的杂志也粉墨登场，包括《她》、《新星》、《都市》、《选择》和《女性》等。

尽管如此，女性杂志仍然因为其肤浅的趣味和无病呻吟的姿态，为一些批评家们所不齿。有人甚至得出结论，说20世纪60年代至20世纪70年代的女性杂志只给女人提供了矫揉造作的女主

↑1982年在美国创刊的《VOGUE》发展神速，短短的十数年之内不仅发行了英国版、法文版、奥地利版、西班牙版、德文版，台湾版的《时尚》也风行起来，并成为发行地最有影响力的时装权威杂志。

人和自恋狂等榜样："这些榜样、生活方式和立场以一致的方式出现，在形式上相互支持。不仅如此，妇女杂志本身在大部分情况下支持了广告中宣传的榜样……女性的物化、个人独立的丧失、内向、退入家庭的怀抱……"

到了20世纪80年代和90年代，女性杂志的面貌开始发生真正的变化，在提供各种实用技能、模仿对象的同时，尝试建构以个性和成就而不是以顺从和责任为基点的女性文化。对于这一点，即便美国著名的女权主义者贝蒂·芙丽丹也认为："妇女杂志目前表现的世界要比25年前进步得多。它们表现了各种妇女——黑人妇女、亚洲妇女和拉丁美洲妇女。而且它们提供的意见表明，它们意识到了妇女的独立自主以及不被动轻信的特点。"

而事实上不管批评家们怎么认为，他们的意见其实并不重要，因为说到底真正影响大众的，还是时尚杂志通过时装向人们推销的生活方式和梦想。

追踪时尚编辑的足迹我们会发现，他们的工作就是从各个时装季节展中选出新的款式，给出一个共同的主题，然后通过时装摄影等方式，将它们推向流行。一本杂志的不同版本如《时尚》或《女性》，在不同的国家迎合了不同的趣味。就时装摄影而言，美国版的《时尚》意味着模特在人行道上腾空跳起，金发后面露出一张笑脸；欧洲趣味则意味着较强的节制性、严肃性和艺术性，黑白的画面中，时装的面貌既有维多利亚时代的优雅，也有现代的茫然。这两种趣味反映在中国的《时尚》中，便带上了一种纠缠不清的含混，再加上一点东方的味道，大概就是当今中国的时装现状了。至于美国式的跳跃，中国的一些都市杂志如《城市画报》等，也曾经有过不惜篇幅的模仿制作。

不管怎么说，时尚杂志为女人们构筑了一个特殊的空间，在这个空间里女人们不仅可以逃避现实的压力，还可以得到很多假想的支持、友谊和温馨、鲜明的色彩、世界上最漂亮的衣服，以及省钱置衣的巧妙方式。

3 一本关于女人的男性读物

对于男人而言，时装与性就像一对孪生姐妹，在他们的眼里，一个女人穿衣服的最高境界，就是让人想像她没穿衣服的样子。

较之于一般时尚杂志的羞羞答答，色情杂志在这方面做得无疑更彻底些。作为老牌的色情杂志，《花花公子》在美国男人中能够保有居高不下的销量，正是基于这样的前提。50年前，当27岁的赫夫纳花500美元买来玛丽莲·梦露酥胸半露的玉照，在餐桌上拼贴出第一期《花花公子》时，并不知道下一期的经费在哪儿，所以，他甚至没敢在第一期上注明出版日期。

美国男人的疯狂大大地出乎赫夫纳的意料，他们见到这本杂志简直就像猫儿闻到了腥。保守派的猛烈攻击更如火上浇油，"好女孩上天堂，坏女孩走四方"的口号在他们的声讨声中反而得到更广泛的传播。至1950年代末，《花花公子》每期的销量已窜至100万份，赫夫纳本人也一改兢兢业业的编辑形象，把自己包装成享乐主义者的活招牌：他和妻子离了婚，也离开了两个年幼的孩子。

从此，赫夫纳过上了真正声色犬马的生活，那是一场永不休止的人生盛宴，无论出现在哪里，他的身边总是簇拥着穿高跟鞋、戴毛绒绒的兔耳朵和兔尾巴的性感女郎。

至于他的孩子们，他似乎并不在乎他们是否会随着母亲的改嫁而改作他姓。有一次他的

↓《花花公子》创办人"老花花公子"赫夫纳与他的最新女友。

↑难怪女权主义者们会义愤填膺,《花花公子》总是将她们置于如此这样的视角,即便穿了衣服也形同裸体。

女儿克里斯蒂参加一个夏令营,一个营友跑过来很神秘地跟她说:"你知道吗,休·赫夫纳的女儿也在我们的营里!"克里斯蒂马上假装惊讶地问:"是吗?她是谁?"那个营友肯定地说:"是茱丽!因为她胸部很大!"

那时,克里斯蒂也买《花花公子》,她的理由是《花花公子》并非只谈性,它也讨论社会热点,有鲜明的政治立场,比如反对越战、反对死刑等,很多著名评论家在《花花公子》开有专栏。可以说,正是对《花花公子》的共同喜爱,使这对父女的感情越来越好,以至于当克里斯蒂在大学获得优等生荣誉时,她做出了改回父姓的决定。

这显然是个明智的选择,这不仅使她得以遨游"花花公子"的非凡世界,而且有机会接手庞大的家族产业。所以,1975年从布兰代斯大学毕业后,克里斯蒂便正式进入了"花花公子"豪华的大厦。直到这时她才真正知道,父亲的生意做得多么大:《花花公子》每月可卖700万份,为方便往返于两栋花花公子大厦之间,赫夫纳甚至拥有一架名叫"大兔"的喷气式飞机。

但克里斯蒂很快就发现,表面的繁华下面掩藏着危机,一些更"色"的杂志正在拼命争夺市场。到了1982年,集团的当年收益减少了5000万美金,股票价格也跌到谷底。眼看日进斗金的好日子已成过去,29岁的克里斯蒂向赫夫纳发出通牒:要挽回颓势,就得让她坐花花公子集团的头把交椅。

在女人堆里忙得不可开交的赫夫纳,自然很高兴将集团总裁的位子拱手相让。"她向来很能干,"他乐颠颠地对外界说:"而且我想,在那种时候有个女儿主动要求为你分忧,简直是身在天堂。"而事实上,这样的人事任命还有另外一个考虑,就是女总裁可以有效压制女权主义者的怒火。几十年来,她们一直将《花花公子》视为性歧视的象征而盯住不放。

克里斯蒂自称也是个女权主义者,但她的主张显然与其他的"战友"们大相径庭:"认为性感女郎是对女性形象的贬低,这本来就是一种偏见和歧视;而认为好女孩就必须跟性划清界限,那更是胡扯。"当然,克里斯蒂对《花花公子》的贡献绝不止于替拍

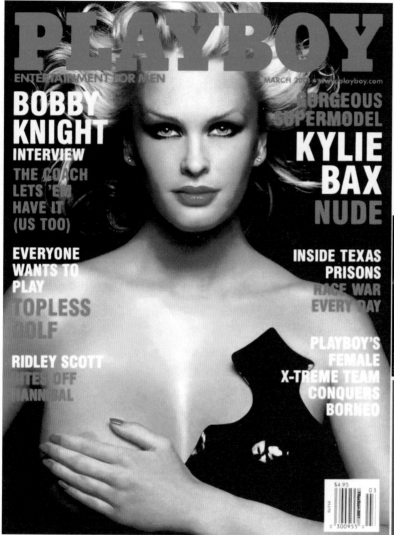

裸照的女郎辩护,为避免继续亏损,她劝说赫夫纳出售芝加哥的花花公子大厦,并将那些不赚钱的俱乐部关闭,转而进军服装、珠宝、网络、有线电视。

在这个女人的带领下,花花公子终于将它的色情业推向高潮:除了普通色情电影,他们还推出了偷窥影碟,专拍女人们的裙底风光。面对人们"侵犯隐私"的指责,克里斯蒂理直气壮地

↑为庆祝《花花公子》创刊50周年，克里斯蒂于2003年在纽约的拍卖所举行了一次特殊拍卖会，300多件曾在该杂志上出现的照片、插图和著名作者的原始手稿被拍卖，起价共约275万美元。参加此次拍卖的300多件拍品都是具有纪念意义的珍藏版本。其中，玛丽莲·梦露在第一本《花花公子》杂志封面上的玉照拍得了17925美元。影星伯·德里克这幅刊登在1980年《花花公子》封面上的照片，也拍得了11950美元。

说这不过是成功的商业策划："它没有侵犯到谁。我的意思是说，那不过和摔跤比赛一样，是一种真实的表演。"

正出于这样的认识，近年克里斯蒂又买下了7个色情频道。"我们只是一个积极的性娱乐公司，"她说："我们在这行已经干了这么久，不应该放弃好的赚钱机会。"

应该说她很有眼光，投资色情影业后，花花公子咸鱼翻身，集团的形象不仅没有受损，2003年克里斯蒂还获得了家族企业领导奖。当然，克里斯蒂并不是她父亲的翻版，她有自己的风格。她的办公室摆满了高科技产品，显得非常有时代感；尽管桌上堆满了裸体女人的照片，但最显眼位置摆放的却是一张50年前的旧照片：年轻的赫夫纳埋头编辑《花花公子》，还是小女孩的克里斯蒂则坐在他的膝上玩耍。这股温情的气息和她父亲目前的形象真是相去甚远——这个老花花公子总是在公司大厦的环形大床上审阅他的色情杂志，并宣称自己的个人爱好和工作结合得完美无瑕。

第十章
Chapter ten
好莱坞万岁

1 衣冠明星

　　早期电影史上，一个女演员拥有服装的多寡，有时会决定她的上镜次数。也就是说，当导演绷着脸皮对你说"亲爱的，这个角色并不适合你"时，很有可能仅仅是因为你的衣服比别人少了几箱。不必感到委屈，因为那时还没有专门的服装设计师，而导演又不能无视服装对影片的影响。

　　服装设计师是在不得已的情况下产生的，当大明星们每周工作6天，每天工作14个小时，再也没时间逛时装店，没时间浏览最新的时装杂志，甚至连看一眼橱窗陈列品的时间都没有时，专门的服装设计师才应运而生。这其中，爱迪斯·海德（Edith Head）是那一时期最著名和最多产的设计师之一，在她长达50多年的职业生涯中，为500多部电影设计过戏服，这些影片包括耗资巨大的《Vertigo》、《All About

---

→电影里的女主角为什么穿着总是那么得当？是因为她的每一件衣服都是由专人设计的，即使一条家庭主妇的围裙。

Eve》、《The Sting》、《Sunset Boulevard》、《Airport77》等。

　　海德在设计方案之前，总是仔细地阅读剧本，与制作人员谈话，了解每一位演员对角色的看法，然后再与艺术总监、设备师、灯光师及导演进行交流。不仅如此，她还会研究场地的气候条件、演员的经济状况以及他们的个性等。她相信电影中的每一个组成部分之间都应有视觉与逻辑上的互补性。为电影提供时尚和漂亮的服装贯穿了海德的一生，你无法想像她是怎样在《The Man Who Would be King》一片中同时为四万名临时演员设计戏服的，而在为导演Demille工作期间，又戏剧性地被饥饿的大象吃掉了刚做好的服装。

　　对于服装设计师来说，默片时代的结束意味着一系列麻烦的开始，因为那些容易发出声响的面料和饰物——比如"沙沙"作响的塔夫绸、叮叮铛铛的串珠手镯——再也不能使用了；彩色影片的诞生也带来新的问题，由于特艺彩色印片法会让戏服看起来过于华丽，所以演员们总是抱怨，她们的风头让衣服给抢走了。事

↓肖恩·康纳利和凯文·科斯特纳在1987年的《不可触及》一片中，穿着乔治·阿玛尼设计的戏装。

实也的确如此，1932年，当琼·克劳馥穿着带垫肩的套装出现在
《Letty Lynton》中，纽约 Macy's 百货公司中的类似服装，一年
内就销售了50万件。

当然也有失败的例子，这件令人扫兴的事发生在夏奈尔的身
上。1931年，好莱坞的一个摄制组出价100万美元，请夏奈尔为
影片 Tonight Or Never（《今夜不再来》）设计全套戏服。然而
影片放映的时侯，一种更加时髦的长裙流行起来，Chanel 的套装
已成为昨日黄花。

这次惨痛的失败令好莱坞心有余悸，很长时间不再敢与设计
师贸然签约。不过，一些大的摄制组仍然允许明星在一些著名的
时装工作室购买时装。此外，他们偶尔也会派一些大牌的明星到
巴黎购物，并顺便做一下预先的宣传。1925年，格洛瑞尔·斯旺
森（Gloria Swanson）即在捧回裘皮及其他时装的同时，在巴黎
的时装店抛下了25万美元。

当好莱坞进入它的巅峰时期，影星们的银幕形象开始向生
活蔓延：玛丽莲·梦露、奥黛丽·赫本、葛丽泰·嘉宝、伊丽莎
白·泰勒、嘉丽莲·丹露……这些公共的玫瑰与时装相互簇拥
着，创造出服装史上一个又一个商业神话。

2 梦露的大腿

梦露的大腿是在电影《七年之痒》中得到展现的，同时展现
的，还有人们的窥视欲望，以及整整一个时代的审美理想。

那是一个神奇的时刻，当玛丽莲·梦露穿着那条著名的白裙
子站在地铁的通风口上，一股自下而上的风将她的裙子吹过头顶
——好莱坞历史上最为经典的一刻瞬间定格：全世界的男人都见
识到了那双大腿，完美的大腿！20世纪的性感女神由此诞生。

↑那是一个神奇的时刻，当玛丽莲·
梦露穿着那条著名的白裙子站在地
铁的通风口上，一股自下而上的风
将她的裙子吹过头顶——好莱坞历
史上最为经典的一刻瞬间定格：全
世界的男人都见识到了那双大腿，
完美的大腿！20世纪的性感女神由
此诞生。

↑玛丽莲·梦露的经典造型,是20世纪50年代成熟女性仿效的对象。

明星与时装的成功合谋,造就了电影史上一个又一个神话。梦露的神话从她认识米尔顿·格林的那天开始。1953年8月的一天,摄影师米尔顿·格林在"二十世纪福克斯电影公司"的停车场里遇见一个刚刚被炒了鱿鱼的小演员,这个人就是玛丽莲·梦露。不管"福克斯"对梦露的演技怎么看,格林的看法很简单,那就是一个星期只付给梦露1500美元的报酬确实是低了点。他建议梦露和他合作,成立自己的电影公司。

1955年1月,玛丽莲·梦露穿戴着格林为他选定的钻戒和奶白色羊绒大衣,一头黑发染成轻盈的铝白色,出现在"玛丽莲·梦露电影制片公司"的开业仪式上。这一性感形象的全新打造,使那个原本看上去多少有些没头脑的傻姑娘,一夜之间成为好莱坞最抢手的性感明星。

作为一个精神病患者的私生女,1926年出生的玛丽莲·梦露和夏奈尔一样,有一个不堪回首的童年。她曾做过12个家庭的养女,遭受过形形色色的虐待和凌辱:有的家庭拿威士忌酒瓶给她当玩具,有的把唱《耶稣爱我》当成对她的惩罚,还有的家庭用磨刀的皮带抽打她。16岁的时候,她便和一个大她很多岁的男人结了婚,并学会了如何在墨菲床(不用时可折起放进墙壁的床)上卖弄性感。尽管这次可怕的婚姻很快就结束了,但她从此患上了慢性失眠症,说话也变得结巴起来。

与夏奈尔不同的是,对这段历史她选择了闭口不提,而不是胡编乱造。所以,当她在功成名就之后,捧着夏奈尔的香水对媒体说"睡觉的时候,我只穿夏奈尔5号"时,显得特别的天真和可信。这番话让所有的男人想入非非,也让"夏奈尔5号"成为历史上最畅销的香水。

一个只穿香水睡觉的女人——她应该有一头银色的卷发,穿白色的露背晚装。她的脸微微仰起,这样可以在俯视的时候让浓密的睫毛迷人地下垂,眉毛则挑逗地上扬着,半张着轮廓丰润的嘴唇,唇边有一颗黑痣——性感的标志,位置不能弄错,在左边。

这就是梦露,20世纪性感女神的标准造型。据说她每次出门,要提前3个小时来化妆。对此她的解释是："我惟一关心的就是那些在时代广场的大众，他们聚集在影院门口，在我进入的时候他们无法靠近，如果我不化妆，他们永远不会看我，因此我的浓妆是为了他们。"

梦露的大腿、梦露的浓妆、梦露的香水……这一切都是为男人准备的。而男人们的欲望也反过来造就了一个梦中的女人，这个女人的一举手一投足都将引起时尚界的阵阵骚动，并迅速催生时装店里的销售奇迹。

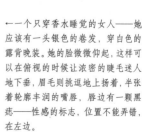

←一个只穿香水睡觉的女人——她应该有一头银色的卷发，穿白色的露背晚装。她的脸微微仰起，这样可以在俯视的时候让浓密的睫毛迷人地下垂，眉毛则挑逗地上扬着，半张着轮廓丰润的嘴唇，唇边有一颗黑痣——性感的标志，位置不能弄错，在左边。

3 不朽的赫本

1961 年，当奥黛丽·赫本（Audrey Hepburn）穿着纪梵希为她设计的黑色裙装，戴着黑色的长手套和蒂凡尼（TIFFANY）珍珠项链，挽着高高的发髻，一手拿着咖啡杯，一手捧着羊角包，出现在电影《蒂凡尼的早餐》中，那款小黑裙立刻和赫本一道，成为电影史上不朽的丰碑。

赫本与纪梵希的梦幻组合为 20 世纪 60 年代的时装树立了一个优雅的样板。他们在《蒂凡尼的早餐》中联手打造的一系列形象令人至今难忘，尤其是那款小黑裙，通过赫本的经典演绎，成为所有时尚百科全书和时装编年史上必提的一笔。除此之外，纪梵希为赫本在《龙凤配》、《下午之爱》、《千面丽人》、《巴黎热情似火》等影片中设计的戏服，均一次又一次地证明，时装只有和明星联姻，才能最大限度地彰显出它的大众意义。

奥黛丽·赫本的着装影响了整整一代人的审美趣味，无论银幕上下，她的举手投足之间总能折射出令人叹服的优雅与美感，她的童花式发型、卡普里长裤、黑色的高领毛衣和平底浅口鞋，长期以来被视为高贵与时髦结合的完美典范，引领着一代又一代的时尚潮流。此外，还有一件小东西几乎贯穿她的一生，那就是她几乎从不离身的大型黑色太阳镜。忠实记录这副眼镜的两帧剧照分别出自《罗马假日》和《蒂凡尼的早餐》，最后一次出现则是为《浮华世界》杂志拍摄封面的时候。并不是每个小脸庞的明星都有勇气尝试这螳螂式的阔边眼镜的，奥黛丽·赫本的过人之处在于，她不仅把一副模样古怪的眼镜戴得风情万

↓ 1956 年 4 月，BAZAAR 杂志以赫本的新造型做封面。这是一张最受时尚杂志欢迎的面孔。

→赫本和她行影不离的大眼镜。

Audrey
Hepburn

Rex
Harrison

My
Fair
Lady™

WINNER OF 8
ACADEMY AWARDS®

从1954年开始，赫本就把自己戏里戏外的服装都交给纪梵希打理。这是1964年纪梵希为她在电影《我的漂亮女人》中设计的造型。

↑老年的赫本担任起联合国儿童基金组织亲善大使的角色，她"演"得十分投入，以至于临终之前还在念叨那些非洲的孩子。

→1989年，赫本与纪梵希在冬日的赛纳河畔，留下了这张著名的照片。他们都老了，纪梵希满头白发，赫本那张精美的脸也不再年轻——此时的赫本已年届60，与第二任丈夫离婚多年，酗酒和病患正在一点一点地吞噬她的身体。

种，更将其提升为个人形象的独特标志。

1989年，赫本在她最后的影片《直到永远》中，以一个天使的形象退出影坛。此后，她担任起联合国儿童基金组织亲善大使的角色，穿着纪梵希为她制作的一系列麻质衬衣，出现在埃塞俄比亚、孟加拉或其他贫穷国家的儿童中间。她与纪梵希最著名的一张照片就是在这个时候留下的：冬日的赛纳河畔，身穿浅色风衣的赫本与纪梵希并肩而行，身材高大的纪梵希将左手搭在赫本瘦弱的右肩上，他们的步履看上去从容而缓慢。他们都老了，纪梵希满头白发，赫本那张精美的脸也不再年轻——此时的赫本已年届60，与第二任丈夫离婚多年，酗酒和病患正在一点一点地吞噬她的身体。1993年，63岁的赫本在瑞士病逝。

然而，《罗马假日》、《龙凤配》和《蒂凡尼的早餐》中的赫本却从没有消失。2003年，著名时尚杂志《Vogue》一年一度的时尚标志评选中，奥黛丽·赫本依然以她高贵优雅的形象居于榜首，与她齐名的男榜冠军，则是以不断变幻发型而著称的球星贝克汉姆。

2004年4月，索斯比拍卖公司为赫本生前的衣物、饰品及珠宝举行了一场慈善义卖，拍卖所得17.7万美元全部捐给了成立于1994年的"奥黛丽·赫本儿童基金会"。在这场拍卖中，赫本的一个黑色鳄鱼皮包和手套最为抢手，最后以3.6万美元成交。她生前最为钟爱的一套淡粉色纪梵希晚礼服，也被人以1.7万美元买走。

4 马龙·白兰度的经典形象

如果说奥黛丽·赫本树立了电影史上淑女的范本，那么经典的硬汉小生则非马龙·白兰度莫属。1951年，当年轻英俊的马龙·白兰度身穿紧身T恤出现在《欲望号街车》中时，他的野性十足的硬汉形象连同充满汗臭的无袖T恤一起，成为女人们衡量男性荷尔蒙指数的理想标准。

1924年出生的马龙·白兰度可谓生逢其时，他的线条硬朗的面孔、粗犷的性格、结实的肌肉以及精湛的演技，刚好成熟于一个充满叛逆的时代即将到来之前。1954年，在以《萨巴达》、《朱利斯·凯撒》和《狂野的人》三部影片获得奥斯卡奖三次提名之后，终于凭借一部《码头风云》捧回了无数明星梦寐以求的小金人。在这部低成本制作的影片中，白兰度扮演的码头搬运工和他在《欲望号街车》中塑造的盲流无产者一样，成为美国工人阶级的代表。

而在时尚领域，真正令白兰度独领风骚的，是他1953年在《美国飞车党》中的装扮。在这部影片中，他以一个身穿皮夹克、驾着两轮摩托飞车狂奔的反叛形象，风靡了整整一代青年。他的钉满了铁扣和拉链的皮夹克、斜扣的鸭舌帽、牛仔裤、长统靴、黑色的皮手套，以及招牌式的紧身T恤，无一不被年轻人热烈地效仿。作为20世纪60年代的超级偶像，马龙·白兰度所引发的摇滚风暴早已超越了一般的服饰范畴，而被赋予了时代的内涵。这种不以时尚征服时尚的现象在服装史上并不多见。

1970年，年近50的马龙·白兰度重出江湖，在弗朗西斯·科波拉导演的影片《教父》中，以其含而不露却时刻蓄势待发的精彩表演，确立了黑帮老大唐·维克托在电影史上的不朽地位。他本人也因此再次登上奥斯卡影帝的宝座。他的白衬衫、深色条纹西服、

↓马龙·白兰度在《美国飞车党》中的造型，代表了整整一代青年的反叛精神。

露在西服口袋外面的白手绢、一丝不乱的后梳发型以及哼哼唧唧慢条斯理的说话方式，随着《教父》的一再热映成为男人们追崇的经典造型，以至乳臭未干的莱昂纳多在泡妞的时候也要将头发梳成"教父"的样式——不过大多数女人还是认为他在《泰坦尼克号》上的表现更好一些。

以"阿飞"形象出道的马龙·白兰度，最终以"教父"的形象收山应该算是实至名归，尽管他在后来的影片《巴黎的最后探戈》《超人》《现代启示录》以及《干燥的白色季节》中均有不俗的表现，但比起那个整天抱着一只小猫沉默不语的"教父"来，还是差了一些。

5 迈克尔·杰克逊——那张似是而非的脸

在整个 20 世纪 80 年代，全美国甚至全世界的人都在听着同一个人的歌，模仿着同一个人的太空步：他跳舞时第四个手指的抖动、额前飘落的一缕卷发、穿衣服的方式、打响指的手势……这个人就是迈克尔·杰克逊（Michael Jackson）。

而这个只戴单只手套的歌手又是那么的不可模仿。他的尖利诡异却一尘不染的嗓音、独树一帜的舞步、超现实的 MTV 幻境、闪电般颤抖的肢体语言，都让他远离所有的追随者，成为不可超越的时代坐标。

当时尚的意义被解释为对某个人爱到无法再爱时的一种身体趋同，便可以解释为什么 20 世纪 80 年代的小伙子都喜欢戴着挂满流苏的半截手套、穿紧身的皮夹克、将头发弄成稻草的样子。不仅如此，如果有钱的话，他们还准备将轮廓欠佳的鼻子垫高，将下巴弄成古罗马斗士的形状，而皮肤，如果洗衣粉可以漂白的话，他们一定会义无返顾地跳进洗衣机。

谈到皮肤，不妨将话题扯远些。

有一个关于防晒产品的广告，拍的是一个美女剥一只煮熟的鸡蛋，那圆润的蛋白本身已是如此嫩滑，以至当她以一个非常轻、非常美的手势将表层的薄衣再次揭除，那剔透晶莹的蛋白质便成了所有女人们心中的梦想。太诱人了，那轻轻一撕的动

← 2002 年的迈克尔·杰克逊，在接受庭审时他不得不摘下面具。有关猥亵儿童的控告，几乎使他真正地焦头烂额。

作，是女人们在心里重复了多少遍的动作——如果皮肤能够随时更换……

吴宇森的《变脸》可以看成是这一愿望的延伸，影片中他让两个截然不同的人物交换了面孔，变脸之后的种种冲突已难唤起女人们的激情，因为变脸本身已提前结束了她们的审美期待。换一副面孔？这太不可思议了，女人们在心里完成的故事恐怕比任何一部电影都要惊险得多：想想看，一个相貌平平的女人一旦换上了张曼玉的面孔将会怎样？

并非没有可能。当一个名叫Peter Butler的外科整形医生从理论上证实了面部移植的可能性，变脸由幻想成为现实似乎只是一个时间问题了。然而，这并不是一件轻松的事，或者说在实际的操作中，它一点也不具有审美的快感，在Peter Butler的计划中，这将是一个复杂的手术。首先，它意味着一个人的死亡，其次这个人的死亡时间不能超过6个小时，然后这个人的脸将被整个地剥离下来，包括皮下脂肪、肌肉、嘴唇、下巴、耳朵、鼻子、8根主供血管甚至少量的面部软骨、头皮、颈部皮肤……你可以想像这些只是鸡蛋表面的一层薄膜，但剥离的过程却令人毛骨悚然；你想像它鲜血淋漓地覆盖在你的脸上，而此时你的脸已不知所踪。

我们还会怀念自己的那张脸吗？那张曾经带给我们诸多遗憾

的，甚至让我们嫌弃的脸，当它被医生以一个轻率的动作扔进垃圾桶里的时候，我们会不会冲过去将它拣起来？

关于这一点，迈克尔·杰克逊应该有最深刻的体会，这个天才的歌唱者或许是人类历史上第一个撕下了自己的脸皮的人。虽说勇气可嘉，然而行动似乎过于超前了点。当他的皮肤在一次又一次的置换中开始剥落，我们有理由认为，一个人的幻想和金钱若是大大地超越了现实，有时也未必是件好事。现在，这个变脸的先驱只能带着精美的面具隐居在阴暗的豪宅里，不能见人，不能见阳光。Peter Butler 能拯救他现在的脸吗？这个皮肤正在死去的人又是否怀念他过去的脸？

但不管怎么说，变脸，这太神奇了！你看着一张美女的脸，你看着她一颦一笑，就像看着自己的脸；你想像着那鸡蛋的薄膜被轻轻地撕去，就像读一篇恐怖小说。

↑据统计，迈克尔·杰克逊自从1981年首次隆鼻以来，至今为止已接受了包括鼻子、下颚、嘴唇、面颊在内的10次重大整容手术，这其中以鼻子的整形次数最多(6次)，其他依次是3次、2次和1次，在皮肤方面也进行了改变肤色的注射和移植手术。这是1983年他25岁时的照片，鼻子已明显地挺直起来，但皮肤依然是黝黑的，有着健康的光泽。

→成功转型为白人之后的杰克逊如日中天，他的兼具嬉皮和摇滚风格于一身的装束、性感洒脱的太空舞步、完美的面容、尖啸且一尘不染的嗓音，均成为那个时代的经典样板。

6 麦当娜的街头趣味

↑麦当娜穿过的皮胸罩，在一家拍卖网站上拍出了1.38万美元的天价。

麦当娜与时尚的经典组合诞生于1990年的一次巡回演唱。在那次表演中，麦当娜穿上法国时装设计师让·保罗·戈尔捷为她设计的时装：肉红色的紧身胸衣、刺眼的锥型胸罩、网眼吊带袜随着大腿的紧绷而变形，显现出一种无比的粗鲁与放纵。毫无疑问，那是一场成功的表演，麦当娜的热辣煽情与那些暴露到近乎无耻的服装简直珠联璧合，令观众如痴如醉以至疯狂。让·保罗·

戈尔捷的大名也随之不胫而走,一夜间,久违多时的紧身胸衣和
网眼袜在时尚圈中再度回潮。

　　从淫荡娇纵的物质女郎,到目不斜视的"庇隆夫人",麦当娜
的每一次变化都让她的追随者措手不及。1983年,刚刚出道的麦
当娜即以挑逗的超短裙、袒露的小腹、刺猬般的染发和杂乱无章
的首饰令街头的女孩们兴奋不已。有趣的是,第二年,华纳唱片
公司即以一个相反的形象发行了她的唱片专辑《像个淑女》,其中
的主题曲竟跃上了美国流行歌曲排行榜的榜首。

　　以街头坏女孩形象一炮走红之后,麦当娜急速转型,在1985
年的热门歌曲 "Material Girl"、"Live to Tell" 中,她又以齐
整的波浪状金发、时髦昂贵的服装、貂皮披肩以及钻石首饰向她
心中的偶像玛丽莲·梦露致敬,并以物质女郎的称号开创了在时
尚界呼风唤雨的新局面,一时间假钻饰、廉价的人造皮
草成为时髦女孩的必备装束。

　　1989年,麦当娜走到了反叛的极端,在
新专辑《像个祈祷者》(Like a Prayer)中,她
不仅烧毁了十字架,还挑衅地亲吻一个非洲裔的
美国教徒。整个美国都被惊呆了,这是她惟一不能被
人们模仿的一次:宗教团体发誓要将她驱逐出教会,百事
可乐因此取消了500万美元的广告合同,《滚石》杂志则将她
评选为当年最差歌手和最差录影带得主。

　　然而麦当娜却尝到了丑闻的甜头,随着恶名的远扬和专
辑的畅销,她开始了放荡生涯的全盛时期。1990年,在Blong
Ambition Tour演唱会中,她终于在服装的设计上与有
着"坏孩子"之称的让·保罗·戈尔捷一拍即合,
那些自虐式的紧身胸衣、近乎无耻的锥型胸
罩,在麦当娜狂野挑逗的表演中大受欢
迎。就这样,一种内衣外穿的新风尚
犹如热病般在时尚界传播开来。

　　麦当娜乘胜追击,取名为《性》
(Sex)的写真自传迅速出笼。尽管

↓麦当娜的百变造型从来都能引起
一阵骚动。但在她为人母之前,基本
上都是围绕过度的性感和街头坏品
位在做文章。让·保罗·戈尔捷为她
设计的这款锥形胸衣,也许是人们
想起麦当娜时首先想起的东西。

阿玛尼的一句"范思哲为妓女设计衣服"一直成为两大意大利设计师乃至两个品牌家族相互对立的原因，但多演技派的好朋友麦当娜肯定要青睐Versace多一点

这部"性史"受尽嘲笑，但她在其中穿过的一件皮胸罩，仍于不久前在一家拍卖网站上拍出了1.38万美元的好价钱。除此之外，她的一条丁字内裤也被人以荒谬的高价领走。

然而，当人们还沉浸在《性》的放纵中窃喜不已的时候，麦当娜却已经开始了她转世投胎的新举措。这个疯狂的女人忽然摘去了假睫毛，把稻草式的头发弄得比挂面还要直，然后穿上20世纪40年代的外套和大衣，戴上黑色的长手套，扮起了纤尘不染的圣洁天使。

再去追随她的步伐已经来不及了。当她以新鲜出炉的淑女形象一举击败米歇尔·法伊佛，争取到在电影《庇隆夫人》中扮演阿根廷第一夫人的机会时，人们终于明白，这个靠露肚脐起家的小女人，并不像他们想的那么简单。

2003年6月，44岁的麦当娜开始了对好莱坞时尚的总清算。在一张名为《好莱坞》（Hollywood）的新MV中，这个一向被认为时尚急先锋的女人以多种造型"赤膊上阵"，以自摸、自虐、露底狂劈及模仿注射等表演，揭开了好莱坞女星们以注射肉毒杆菌来消除皱纹的美容老底。不仅如此，为了重现好莱坞曾经的奢华，她还斥资2000万美元置办演出的时装和钻石首饰，短短几分钟的超豪华表演，一举终结了街头趣味和她的所有牵连。

↓演完庇隆夫人之后，麦当娜又爱上了日本艺妓的造型。这让她再次登上了诸多时尚杂志的封面。

↓集淑女与荡妇于一身——一个最适合为紧身胸衣做注解的女人。

7 奥斯卡的时装盛宴

一件衣服，当它的功能仅止于彰显名利和炫耀身段时，它的最佳去处无疑就是奥斯卡颁奖仪式，那里具备了高级时装所需要的一切背景：金钱、荣誉、全世界最迷人的脸蛋、为开叉长裙而准备的大腿、媒体的聚焦、广告商的期待、操纵者的谎言……一件衣服究竟值多少钱？此时已与这件衣服本身无关，它取决于明星的号召力和广告商精确的计算。

据统计，到目前为止，这个世界上能享受高级定制时装的人已经不足2000，而这些人中有一半将在奥斯卡碰面。所以，一年一度的奥斯卡与其说是电影界的一场盛会，不如说是时装界的大火拼。奥斯卡提名正式宣布前几个月，一些设计师就开始寻找最有可能获得提名的热门明星，主动要求免费替她（他）们设计礼服。颁奖典礼正式举办前几周，数十家珠宝商、首饰厂家、发型设计商店及化装师，便纷纷在洛杉矶临时"落户"，建起自己的办公室，专门为各路明星提供免费服务。

为了让自己的品牌与明星同台亮相，设计师们不仅争相将价值连城的衣服拱手相赠，如果可能，他们更愿意奉上首饰和其他

↑ 2004 年的奥斯卡颁奖典礼上，安吉丽娜性感亮相。

的系列配件。原因很简单，即便没人花得起10000 法郎买一条裙子，但却有成千上万的人花得起 30 法郎买一瓶同品牌的香水或领带。据统计，在范思哲公司1999年的总收入中，有21%的利润来自衣饰配件。也正是在这一年，凯瑟琳·泽塔·琼斯穿着范思哲的露背晚装在奥斯卡的大红地毯上出尽了风头。

2003年，中国歌手李玟应邀在奥斯卡颁奖典礼上演唱电影《卧虎藏龙》主题曲，铺天盖地的预先报道中，有一大半竟是关于她如何置办行头的："为了想在典礼上有最优秀的表现，李玟对自己的服装抱着'输人不输阵'的想法，奥斯卡大会也特地为她请来三位世界最顶尖的服装造型师，替她设计三套礼服，其中一位还是名影星朱莉亚·罗伯兹的专属设计师"，"而身为华人的COCO表示：绝对会有代表中国服饰的旗袍出现"，"典礼的排场相当大，主办单位安排李玟星光大道时穿一套、看节目时穿一套、上台表演又另一套、最后庆功宴上再秀一套"……这就是奥斯卡的奇妙所在，时装在这里不仅可以标榜功名，有时还能替人壮胆！

不管怎么说，一年一度的奥斯卡不仅让设计师们赚足了银子，也让时尚刊物的销量大增：谁穿得最差，谁穿得最好，谁最性感，谁最庸俗等等，如此这般的评论总让人兴致勃勃。早些年，中国演员陈冲因为一部《末代皇帝》而出席了奥斯卡颁奖仪式，其蹩脚的打扮让媒体骂了个痛快。后来出名的巩俐也没逃过媒体的法眼，那些时尚编辑们实在挑不出衣服上的毛病，就说那件漂亮的旗袍穿在巩俐身上，就像是借来的。惟一没有被损过的大概就是章子怡了，但是由于她的身材并非性感型，所以那些露背的晚装

←2004年的奥斯卡颁奖仪式上，妮可·基曼的入场几乎引起骚乱。

斯佳丽·约翰逊，以这样的形象出场显然是一件不明智的事，尽管她的衣服价格不菲，但暴露无遗的小肚腩铁定要成为媒体的笑柄。

2004年奥斯卡颁奖典礼上，好莱坞大嘴美女朱丽娅·罗伯兹凭借这身浅色缎面礼服另辟蹊径，赢得舆论界"最佳着装口头奖"。

↓1999年的奥斯卡颁奖典礼上，凯瑟琳·泽塔·琼斯穿着这款露背的范思哲晚装，令所有人拍案叫绝。

旗袍、绚丽的绣花肚兜，当她穿着它们踏上红地毯的时候，媒体的精英们在赞叹中国服装的博大精深时，忍不住又将她的瘦削身材嘲笑了一番。

　　也许只有当我们身临其境，才能感受到一件衣服对于明星们的意义：那样的一个夜晚，那样的一群人，镁光灯闪烁，全世界的镜头向这里聚焦——一件衣服，或许就是一个人在场的全部价值。

　　还是让我们回味一下这场时装盛宴中的经典名菜吧。

　　奥斯卡史上最华贵的礼服的纪录是格蕾丝·凯利创下的。1955年，这位后来的摩纳哥王妃凭借一部《乡下姑娘》登上影后宝座，她那天的礼服之华贵直追公主王妃。这件由设计师伊迪丝·海德量身打造的衣服，据说仅衣料就花去了4000美元，因为那种罕见的冰蓝色是靠手工一根根染成的，然后送往巴黎手工缝制。与之相配的手袋，则缀满了从肯尼亚海岸40000多颗母珠中精选出来的珍珠。

↑ 2002 年，乌比在奥斯卡颁奖礼上
拿当年热门电影《红磨坊》里妮可的
造型开玩笑。

↑ 1986 年，由于没有得到提名，雪
儿以骇人的造型表达心中的不满，
这件衣服成为奥斯卡时装史上最具
知名度的一件。

1958 年，保罗·纽曼的妻子乔安娜·伍德沃德自制的礼服成了媒体瞩目的焦点。这一年她主演的《三面夏娃》和伊丽莎白·泰勒主演的《战国佳人》相遇，不抱希望的乔安娜穿着自己缝制的绿色礼服出席典礼。"我原以为泰勒会获奖，"乔安娜兴奋地说，"所以在衣服上没花什么钱。"这件衣服的确太没什么特点了，但却是世界时装史上惟一一个DIY（自己动手）战胜了高级定制时装的例子。

1969 年，芭芭拉·史翠珊的黑色晚礼服在奥斯卡颁奖台上获得了最为意外的效果。那一年她因主演《滑稽女郎》而获最佳女主角提名。颁奖之前，她准备了三套衣服去见奥斯卡之夜的节目制片人霍华德·W.柯契。霍华德对前两套都不满意，于是她出示了最后一套——这是一件黑色的纱衣，在光线黯淡的试衣间显得十分炫目。然而，当她最终穿着它走上领奖台时，所有的人都傻了，因为在强烈的灯光下，那件纱衣仿佛突然消失了。她几乎全裸地站在那里，接受着主持人的轻松调侃。

冰岛女歌手比约克 2001 年出席奥斯卡时穿的天鹅装，是从法国的 Piece 博物馆借来的，衣服的佩饰是一只白色天鹅蛋。这件体现环保意识的作品同时还出现在比约克2000年的唱片《Vespertine》封套上。没想到的是，奥斯卡之后这件衣服获得的劣评如潮，被人讥讽为"垂死天鹅"，在英国"年度十大最差衣着排行榜"上名列第五，《今日美国》的网上读者干脆将她评为该届最差衣着女星。

1997 年，妮可·基曼穿着Dior设计的鹅黄绣花改良旗袍走上红地毯，引发了全球中装风暴。尽管后来的中国影星们也穿着旗袍在奥斯卡频频亮相，但最知名的旗袍却仍是妮可·基曼的这件。

被人称为"刀片美女"的雪儿，1984年凭《西尔克伍德》获提名时，是穿着正统礼服出席的。但1986年她主演的《面具》夺奖呼声虽然很高，却连提名也没有得到。不知她这次穿着朋克礼服出场是否与内心的愤怒有关，不管怎么说，这件惊世骇俗的衣服成为奥斯卡时装史上最知名的一件。1988年，她终于凭《月色撩人》走上领奖台，这个善于作怪的女人穿着缀满亮片的蝉翼纱衣，打扮得像个脱衣舞娘。

第十一章
Chapter eleven
模特的步伐

1 从 25 美元到 250 万美元

　　20世纪80年代，超级模特 Christy Turlington 的一次表演，就从范思哲手上赚取了5万法郎，这样的挣钱方式令许多女孩羡慕不已：这些扭着屁股走来走去的模特，她们之所以能从时装设计师的手中得到大把的钞票，仅仅是因为她们穿了一下漂亮的衣服！

　　事实的确如此。如果一个时装设计师想确立或保持他在时装界的地位，启用"超级名模"有时是惟一的办法。他们之所以接受这些模特们开出的天文数字，并不仅仅是因为她们穿衣服比别人好看，而是因为她们能为自己的品牌带来更大的声名和利益。所以当千面娇娃琳达·伊万捷丽斯塔（Linda Evangelista）慵懒地说"一天挣不到一万美元，我是不准备下床的"时，设计师们知道，一个时装与模特共存亡的时代开始了。

　　模特这个职业并不是一开始就这么令人眼热的，世界上的第一个模特玛丽·沃斯就从来没有拿到过一分钱——当然，那是因为她的雇主既是被称为时装之父的沃斯，同时也是她的丈夫。

↑作为那个年代的当红模特，Twiggy 以她漂亮而冷漠的蓝眼睛给人留下深刻的印象。

↑ 1997年春夏 VERSACE 家居用品的发布,奢华的洛可可风格。漂亮的男模是 Christian Anderson。尽管他们的薪酬比女模差得多,但敬业精神同样值得赞赏。

职业模特的真正出现始于1916年左右的英美等国,当时的一些商店因为起用"难看的、化妆过分而背上又长着脓包的工厂女工"来展示商品,受到媒体的嘲讽。相形之下,模特的步伐在巴黎却晚了很多年,直到1950年代模特才被视为一种职业,并且"仍旧没有什么社会地位"。但另一方面,这些高个儿的姑娘们又很受富有男子的欢迎,当时有一个被称为"神秘的模特"的女孩,叫苏穆兰,她的回忆使人相信,时装表演有时的确会让人走火入魔:

莫利纳公司为我设计了一套上等的东方服装。里面装有电灯。我的头巾上的一块宝石和我的耳环也能点亮。两个黑人孩子朝着我的脚下撒玫瑰花瓣。观众中的男子跑来将我踩过的花瓣拾起来吻。想想这种场面吧!我的一些年轻的男朋友在模特走道的尽头等着我。有一个走上来递给我两个里面有钻石和翡翠的盒子——我敢发誓我说的是真事。

尽管如此,模特在当时仍不是一种令人尊敬的职业。她们衣着光鲜地在时装店里待着,为的只是向那些傲慢的顾客展示服装,或者一连几个小时地傻站着,听任设计师拿衣料在她们身上试来试去。她们常常无所事事,闷得发慌,而一旦工作起来却又像机器一样"快得发狂"。不仅如此,她们还要忍受令人难堪的低下收入。很难想像,1940年的模特一天只能赚上25美元。

这样的情形在1960年代得到好转。由于服装业的发展,模特终于从时装的附属一跃而为行业的代表,有些模特甚至成为家喻户晓的国际明星。以身材娇小而著称的模特特维吉(Twiggy)在1966年获得了"年度杰出妇女"称号,这在从前是不可想像的。

模特地位的迅速提升直接反映在她们令人咋舌的收入上。1970年代,一个名模每天挣5000美元已不在话下,而到了1990年代,这个收入又翻了几乎两倍。非常成功的模特一年能挣到25万美元,这其中大约有30人一年能挣到50万美元,更高级的则能挣到250万美元。

↓从每天的25美元,到每年的250万美元,模特身价的直线飚升标志着一个商品时代的到来。

从每天的25美元,到每年的250万美元,模特身价的直线飚升标志着一个身体作为商品出售的技术性产业的日渐成熟。这也是成衣业迅猛发展的阶段,尤其是第二次世界大战后服装的批量化生产,为模特工作的职业化提供了理想的条件。对于那些既想工作又贪图享乐的女孩来说,做模特不失为一举两得的选择。但是想做模特的人多了也未必是好事,她们的工作条件也变得相对苛刻起来,她们不仅要完全听凭模特公司和雇主的召唤,同时还要小心翼翼地保住饭碗。模特成名是因为她们穿衣方式的与众不同,

而不仅仅是因为她们的长相。所以她们的身体明码标价，并最终变成了与自我意志相分离的产品。这也是为什么模特的生活方式与常人不同的原因之一。她们之所以能够自如地运用肢体获取一切，是因为她们的身体本身就是工作的工具。

　　模特职业很快发展成两大种类：一种是T台模特，一种是摄影模特。T台模特主要是运用高挑的身材进行动态的时装展示，她们在跑道上必须保持身体柔软、动作敏捷和有节奏感；摄影模特则主要从事静态的展示，为杂志或其他平面刊物拍摄关于时装的照片。相形之下，摄影模特的身材不一定要那么高大，但面部特征却很重要，她们不一定要漂亮，却一定要上相。所谓上相就是在镜头里轮廓清晰，任何角度看上去都很完美。想做到这一点并不容易，所以，模特业中的整容现象非常普遍。早在20世纪50年代，一位深受迪奥宠爱的模特就做了好几次面部整容。有的模特为了使脸颊看上去更有骨感，不惜拔掉后面的牙齿。名模韦鲁什卡为了使脚看上去瘦小一些，竟从每只脚上抽掉了一个关节骨。

　　20世纪60年代是模特业的转折点，库雷热和玛丽·奎恩特的宇宙服和流行服向时装业中的传统表现方式发起了挑战。尤其是奎恩特，她为年轻人设计的超短裙、灯笼裤、绑腿、聚氯乙烯服装、高统靴、印有动物图案的夹克衫等一系列具有少年梦幻感的服装，使被称为嫩枝（Twiggy）的模特 Leslie Hornby 一路窜红，成为20世纪60年代的时尚偶像。

　　Twiggy 是当时最完美的模特。她的胸部平坦，四肢瘦弱，看

↓摄影模特的基本素质之一就是要有很好的耐力，这样的姿势并不是那么好摆的，弄不好要持续一两个钟头，胳膊上的皮还会被蹭掉几块。

←20世纪90年代从中国走向世界的名模吕艳,以其扁平的面貌、小眼睛、厚嘴唇和塌鼻梁获得西方人的赏识——他们眼里的亚洲美女大抵如此。此时的模特标准也恰好进入了个性化时代。

↓体重只有41公斤的Twiggy是20世纪第一个超级名模,她凭借其矫健的、小男孩般的体型,完美地诠释了玛丽·奎恩特的超短裙,以及沙宣的几何型短发。

上去像个发育不良的唱诗班男孩。然而正是这样的形象与玛丽·奎恩特的超短裙一道,成为那个时代的象征。不仅如此,她还开始生产自己的化妆品、服装、内衣和袜子,用自己的名字命名玩具……很难想像这一切都是在她19岁退出时装舞台前完成的。

正是这样的前景驱动着无数女孩做着模特的梦。但并不是每个模特都能如此幸运的,更多的模特甚至无法从时装公司得到固定工作。而一个模特一旦被认为形象落伍,就意味着很有可能一

↑这种高难度的动作，没有一个强大的摄影班底是不可能制作的。这上面的模特分别是20世纪90年代的超级模特Lauren Helm、Janice Dickinson和Iman。

夜之间被甩出公众的视线。20世纪70年代的当红模特施林普顿有一次在葡萄牙拍摄时装照片，忽然她发现原本应该穿在自己身上的时装被一个更加年轻的模特得到了。她知道自己失宠了，但也只好看着这一切离自己远去。

随着模特地位的变化，T台模特和摄影模特之间的界线越来越模糊，对模特的外型要求也越来越高。她们不仅要身材匀称，脸蛋也不能马虎。在这样的情况下，一个模特除了工作之外，还要用大量的时间健身和美容，这包括节食、运动、按摩、桑拿浴和手脚的护理。名模埃勒·麦克弗森即将自己的成功归因于严格的节食和运动。她每天做的第一件事是做500个仰卧起坐和喝3升水。

尽管如此，面对身边的超级同行，超级模特们仍然时时感到巨大的威胁和压力。辛迪·克劳馥在一次访谈中流露："在跑道上展示时装是一种困难的工作。你的周围有40个世界上最漂亮的女人。你看到的只是自己的缺点，而不是别人的缺点。"施林普顿的感受或许更强烈些："那种不安全感使我在梳妆台前流连，并不断跑进女厕所检查自己的外表。这真是一种可怜的情形！"而模特蒙丘尔却说："这是一种上瘾的事，因为你通过别人的眼睛来获得自己的生存意义。一旦别人不再看你，你就会一无所有。"

2 与摄影师调情

20世纪70年代的某一天，超级名模琼·施林普顿正在《时尚》杂志摄影室里拍摄一则广告，忽然看见从布帘后面露出一个男人的脑袋来，这个人就是大名鼎鼎的激进派摄影师戴维·贝利(David Bailey)。在后来的回忆中施林普顿承认："我的确注意到了他的小脸，一头黑长发，黑而充满怀疑的眼睛和一种有吸引力的警惕表情。"显然，施林普顿被这个"有吸引力的男人"吸引了。但贝利当时没说一句话，只是盯着施林普顿看了一会儿，然后就消失了。这让施林普顿很失望，"哦，他没拿我当一回事"，她想。这想法通常是一个希望被观看的模特的正常反应。

↑看看她的眼神！年轻的模特要表现出恰倒好处的女性魅惑，少不了摄影师的指导与催化。

但来自贝利的叙述却反映了这件事的另一种真相："我走进《时尚》杂志的摄影室，看见布莱恩·达菲在给琼·施林普顿拍一张凯洛格麦片公司的广告。我说：'天哪，达菲，我想分一块。''算了吧，'他说，'你配不上她。别想把你的腿伸到她那儿去。'我们打了十美元的赌，这对我们这些刚刚出头的人来说是不小的赌注。"

贝利赢得了他的10美元。三个月之后，他就和施林普顿同居了。

摄影师和模特之间明显的性意味，是20世纪60年代时装摄影的特点之一。这一时期的时装照片大多采用正面的镜头对着模特，表现一种自发的、带有明显性意味的动作和表情。施林普顿常感到她工作在一种"很强的性气氛"里，她说："摄影师对模特来说的确有一种魅力。被关在摄影棚里会产生一种有性意味的关系，而这种关系往往随着摄影过程的结束而结束。"但事实上她和贝利的关系正好相反。

戴维·贝利、特伦斯·多诺万和布莱恩·达菲是那个时代的英雄，他们以摄影为手段控制着模特们的形象和时尚的面貌，因而被称为"厉害的三人集团"。1966年的电影《春光乍泄》即是以他们为原型，描绘了时装摄影狂野放纵的生活。达菲曾直言不

↑ Man Ray 正在绘制一幅草图。作为当时的新锐摄影师之一，他擅用光与影的效果，营造时装的奇特魅力。他为夏奈尔拍摄的那些照片，即便今天也是常被使用的经典。

讳地承认自己是"有凶暴的异性恋倾向的痞子"。而放荡不羁的戴维·贝利则在1965年与著名影星嘉芙莲·丹露结婚之后，继续制造着一系列爱情故事。达菲认为正因为如此，他们才没有将模特仅仅看成衣架，而是强调了她们的女性特征，并使她们充满生气。

时装摄影有时是一件戏剧化的事，尤其当它发生在一个封闭的空间里。施林普顿回忆起她与演员史蒂夫·麦奎因的一次合作，简直就像是一部电影：

埃夫登的拍照方式很有戏剧性。他放着流行音乐叫我用充满爱的目光盯着这个男人。我知道他的意思：他要我表现出激情。

史蒂夫·麦奎因不太自如，也许这是因为表演和做模特完全是两回事：它们是两种不同的技能。埃夫登开始了拍摄。当他拍开头12张照片时，我紧紧地坐在麦奎因的身边并用拇指和食指轻轻捏住他的耳朵。我做了埃夫登要求我做的事——在近距离内充满激情地看着麦奎因的蓝眼睛。

埃夫登催着我们："不错，太棒了，停下来。就是这个样子！保持这个样子。棒极了……"

模特会无意识地数快门开关的次数。当我意识到12张照片已经拍完时，我让自己全身放松，等待埃夫登再次拍摄。我想麦奎因以为我真的对他有意思。这其实不对：这只是模特工作的方法。我决不是为了他而显示我的性感，我只是在工作。这成了一种条件反射：进入情感，停下来，坐在那儿等，然后再进入情感，直至摄影师满意……

这些迅速的情感变化使麦奎因大吃一惊。他带着一种学术口吻对我说："你感情说来就来，说走就走。"

我耸耸肩说："这是我的工作。"

　　然而，当时装摄影师越来越离经叛道、自行其事时，时装设计师和时装杂志的编辑们终于忍不住了，他们开始抱怨摄影师根本不了解时装，因为他们拍出来的照片除了反映那些混乱不堪的性关系外，什么也没反映。有一位设计师在《时代》杂志尖锐地指出："我很自私地想让衣服看上去很漂亮；摄影师很自私地想出名；艺术指导很自私地想拿出一张使人吃惊的照片；杂志很自私地想推销广告和杂志本身。这么多自私的目的把事情弄得一团糟。"就这样，公众舆论的激烈反对终于结束了摄影师的黄金时代。

　　到了20世纪80年代，一批女摄影师的迅速成名使男摄影师的统治地位受到挑战。这些女摄影师通过对人物姿态的丑化，向时装摄影的成规提出疑问。她们让模特放弃了过去那种常规的姿势，表现出失望、无聊、恐惧、痛苦、绝望等带有叙事色彩的表

←在摄影师的眼中，服装有时也充满了力量。

↑时装摄影有时是一件很戏剧化的事：这幅照片显然是对法国画家卢梭"睡着的吉普赛姑娘"的一种模仿。

情，服装同样被置于无关紧要的境地。

20世纪90年代晚期，一种被称为"吸毒者时髦"（Heroin Chic）的新摄影流派开始大行其道，这些大量起用骨瘦如柴的模特的时装摄影由于有美化瘾君子之嫌，而遭到一致谴责，很快便偃旗息鼓。

3 广告 —— 一次秘密的合谋

模特们一夜暴富的梦想实现起来有时轻而易举，只要她们有本事与化妆品公司签上一年的合约。1987年，卡尔文·克莱恩为了推销他的"迷幻"牌香水，以100万美元的代价和模特乔斯·博兰签订了为期三年的合同。这份合同详细列出了以下的服务内容：

　　所有广播中的广告及利用此媒介的促销（包括全国性的广播网、地方电台、有线和闭路电视、调幅和调频电台、电影），印刷形式的广告及利用此媒介的促销（包括使用保养说明、标签、容器、包装品、说明材料、推销手册、封面、图片、评论、公司报告及所有在杂志、报纸、期刊和其他印刷品中登出的促销性印刷材料），这种服务同时也包括，但不限于时装展览、零售点展览、个人展览和其他被认为或可能被认为涉及时装展览的促销行为。

　　简言之，博兰的形象三年内完全为"迷幻"牌香水所有，不得挪作它用。不仅如此，博兰还被要求"按照卡尔文·克莱恩不时提出的合理要求，保持她的体重、发式、头发颜色及所有身体外表的特点"，并具体规定了她的生活方式"必须恰当反映卡尔文·克莱恩产品的高标准及尊严，不得以任何形式减低、损害和破坏此商标的声誉"。

　　这份合同的有趣之处在于它反映了模特与雇主之间的关系，模特的身体在这里完全成为商品，被卡尔文·克莱恩以形象代言的方式全权买断。我们可以想像在这三年里，博兰梳着"卡尔文·克莱恩"式的发型，穿着"卡尔文·克莱恩"式的衣服，抹着"卡尔文·克莱恩"式的口红……最重要的，无论在那里，无论她是否闻着"卡尔文·克莱恩"的味就想吐，也得洒上"迷幻"牌香水……

　　"迷幻"牌香水最终是否会成为博兰的噩梦我们不得而知，我们知道的是博兰无权终止合同，除非她忽然残废、生病或精神失常——看来100万美元并不好挣。当然，正如我们所知，卡尔文·克莱恩自己并不会印钞票，他的那100万美元最后都分摊在每一瓶香水上，被消费者大方地买单了。

↑ 2001 年 Dior 的创意总监、鬼才加里亚诺让当季的品牌广告变成快打电玩场景，名模 Karen Elson 一人扮演多个武功高手角色，看来接太有创意的广告合同，还要有点真本事。

不管怎么说，当模特的知名度远远高于设计师的时候，后者就不得不依靠她们的力量来推销自己的产品：卡尔文·克莱恩请出了克里斯蒂·特尔灵顿（Christy Turlington）为他的"Eternity"品牌代言；伊斯特·劳德（Estee Lauder）的代言人是宝丽娜·珀里兹科娃（Paulina Porizkova）；辛迪·克劳馥则在露华浓的广告中展开她著名的点缀着一颗黑痣的微笑。而当歌星乔治·迈克尔（George Michael）重金聘请琳达·伊万捷丽斯塔（Linda Evangelista）、纳奥米·坎贝尔（Naomi Campbell）、克里斯蒂·特尔灵顿和塔亚娜·琶提兹（Tatjana Patitz）等一干人马为其拍摄1990年的MTV《自由》时，这些超级名模终于成功地杀出时装的重围，开始向演艺界挺进：她们摇身一变成为摇滚的代言，而那些真正的歌星们反到成了陪衬。

蓬勃发展的广告业将模特的面孔安插进日常生活的每一个角落，在那些巨大的广告牌上、电视屏幕上，模特们不仅销售时装、化妆品，还卖果汁、汽车、电脑……这些动辄身价百万的姑娘们，住的是世界上最豪华的宾馆套房，出入有长得不能再长的轿车接送，身边围满了贴身的保镖……她们终于以取悦于男性的方式，在男权社会里杀出一条血路，创造出世界上惟一一个在收入上压倒男性的行业。

↓詹尼弗·洛佩兹的行李中是各种各样的LV产品。但在拍摄LV广告结束后，她和她的助手理所当然地拿走了拍摄广告用的价格不菲的产品道具，引起LV总裁的不满，或许这单合同就再也不会落到她手里了。

4 他们把名模怎么了

当纳奥米·坎贝尔一而再再而三地迟到、拖拉、耍她的坏脾气的时候，时装摄影师和时装杂志的编辑们面对这些他们一手打造出来的时尚恐龙，终于再也忍不住了，以至于代理她们的模特公司也不得不宣称：无论损失多么惨重，公司和客户们都不愿意再忍受她们了。

时装设计师们的愤怒或许来得更猛烈些，这不仅是因为他们受够了超模们令人揪心的要价，更因为他们花了这么多的钱似乎也并没能让人们多看自己的设计一眼——相反，时装的风头完全让名模本身给抢去了。他们开始怀念起20世纪80年代之前的岁月，那时超级名模的概念尚未出现，传媒对时装表演的评论总是直接地集中在款式、面料、裁剪以及表现风格上，很少被模特分神。而现在，那些时尚记者和专栏作家更感兴趣的是琳达·伊万捷丽斯塔是否怀孕，克劳蒂亚·希弗是否和大卫·科波菲尔结婚，在拳击手迈克·泰森和影星罗伯特·德·尼罗之间坎贝尔究竟和谁打得更火热……超级名模的故事变得比时装更精彩，大有包揽一切绯闻之势，以至于辛迪·克劳馥刚刚在《泰晤士报》上刊登了自己与里查·基尔的爱情宣言，紧接着就上演肆无忌惮的离婚闹剧。

↑怎么了？Kriste MeMenamy好像忽然闹起了肚子，穿着这样的衣服找厕所，似乎有点不大妥当！

1995年，时装设计师们决意联手封杀这些目中无人的时尚恐龙，不再向她们节节攀升的出场费低头。于是，在那一年的巴黎时装展示会上，超级名模们的身影几乎完全消失了，取而代之的是一批新的面孔。在这些新出道的女孩中，有身材瘦小的凯特·莫斯（Kate Moss）、贵族朋克式的斯提拉·特南特（Stella Tenant）以及来自亚洲的珍妮·石明珠（Jenny Shimizu）。这其中，尤以凯特·莫斯的形象重新界定了模特的概念，这位被时装摄影师Corrine Day发掘出来的小妞，尽管体形瘦削甚至还有点罗圈腿，却并不影响她在21岁时和卡尔文·克莱恩签下200万美元的合同。

↓超级名模Cindy Crawford和Stephanie Seymour.

时装模特的形象很快走向另一个极端。这些刺着文身甚至吸毒的姑娘被打扮成邻家女孩的模样，走在T台上也不在乎头发是否蓬乱，唇膏是否化得满脸都是。20世纪90年代后半叶的野小子造型，以及低迷颓废的吸毒者形象，在这些模特的推动下成为时尚的潮流。

不过这股潮流并没能维持多久。1997年，20岁的时装摄影师戴维·索仁提由于吸毒过量而猝然死亡，在时尚界引起震惊。人们开始谴责和唾弃此类倾向：一些曾经在封面上刊登病态造型的杂志收到读者的抗议来信；有瘾君子之嫌的广告被迫终止；模特经纪公司不得不采取强制手段让手下的模特去戒毒；甚至美国总统克林顿对此也发表了严厉的批评。

这一切让失宠的老名模们在暗中窃笑不已——那些新面孔不过是昙花一现，时装的荣耀最终还是要由这些T台宿将来恢复。设计师的联手同盟

和大卫·科波菲尔的恋情提高了克劳
蒂亚·希弗的知名度，不过如今她已经
完全用不上这个了。

↑显然，Kate Moss 对她的肚脐很满意。

→凯特·莫斯的形象重新界定了模特的概念，这位被时装摄影师Corrine Day 发掘出来的小妞，尽管体形瘦削甚至还有点罗圈腿，却并不影响她在21岁时和卡尔文·克莱恩签下200万美元的合同。

不攻自破，克劳蒂亚·希弗、辛迪·克劳馥、纳奥米·坎贝尔、克里斯蒂·特尔灵顿，这几位硕果仅存的超级模特再次以她们的超级身体占领了伸展台前沿和摄影机的正面镜头。那才是她们应该呆着的地方，而此前她们试图开辟的第二战场——克劳蒂亚在德国电视上主持的脱口秀、坎贝尔的唱片和小说、辛迪·克劳馥担任主角拍摄的第一部电影——无一例外地以惨败而收场。

5 致命的芭比

　　如果一定要在超级名模之间给出座次，那么无论是坎贝尔、辛迪·克劳馥，还是过去的特维吉，恐怕都不能排在首位。这一方面是因为她们谁也不会服谁，另一方面她们的迟到、绯闻、漫天要价等种种"恶行"也确实让人们怀疑起她们的职业道德感。而另一个女孩就不同了，她拥有39—18—33的黄金三围却从不计较出场费，拥有享誉天下的美名却从不向摄影师发难，从不迟到，从无绯闻，对所有的设计师都一视同仁……总之人类的所有缺点她都没有——这就是家喻户晓的芭比娃娃。自1959年诞生之日起，这位非人类的超级模特已穿过10亿件时装，足迹遍布150个国家。

　　芭比诞生于第二次世界大战后的美国，据说她是马特尔公司所有人露丝·汉德勒想像的产物，因为她看见女儿喜欢玩当时流行的纸娃娃，所以一直想要设计一款立体娃娃。一次在德国度假，露丝无意间发现了身高11.5寸、三围39—18—33的德国娃娃"莉莉"。正是这个娃娃激发了露丝的灵感，回到美国后，露丝立刻对"莉莉"的形象加以改造，让她看上去像玛丽莲·梦露一般地性感迷人。1959年3月9日，世界上第一个金发美女娃娃正式问世，露丝用小女儿芭芭拉的昵称给她命名，从此这位金发美女就叫做"芭比"。有趣的是，"莉莉"的形象事实上是一名叫做杰克·瑞安的人设计的，此人曾为德国的瑞西恩公司设计过鹰和麻雀导弹。

　　芭比的诞生从一开始就带有性感的意味，她的鱼雷般高耸的双乳作为物质富足、家庭和睦等象征，成为战后美国的新一轮梦想。

　　20世纪60年代起，芭比的形象开始发生变化，她的眼神更加柔和，眉毛也更加的细弯了，两只大耳坠成了普通的珍珠耳坠，到后来干脆消失。1971

↓自1959年诞生之日起，迷人的芭比已穿过10亿件时装，足迹遍布150个国家。

↑至今为止，芭比已从事过包括时装模特、时装设计师、时装杂志编辑、芭蕾舞演员、空姐、运动员、动物权利志愿者等在内的80多种职业，代言过45个民族，拥有43种宠物。

年，第一次出现了古铜色皮肤的芭比。20世纪80年代又出现了黑皮肤的芭比，并开始穿起职业装。据统计，芭比至今为止已从事过包括时装模特、时装设计师、时装杂志编辑、芭蕾舞演员、空姐、运动员、动物权利志愿者等在内的80多种职业，代言过45个民族，拥有43种宠物。在美国，一个11岁的小女孩可能拥有过10个芭比娃娃，同龄的法国小女孩则拥有5个。不仅如此，那些成年的女性同样喜欢购买芭比，事实上平均一秒钟，世界上就有3个芭比娃娃被售出。而一个在1959年标价3美元的芭比娃娃如果保存完好，现在可能会值到5000美元。

每一个曾经拥有芭比的人都知道，只要买上一个芭比娃娃，就会对它的各种配饰垂涎三尺：那些浅帮的高跟鞋、配套的手袋、带有圆顶帐子的卧具或装备齐全的野营车……芭比的妙处就在于它既是一个消费品，同时本身又是一名出色的消费者。多年来，马特尔公司为芭比设计了一套市郊居民购物专用的衣装，并建造了一座供芭比专用的私人购物商城，使这个标准的物质女郎得以保持居高不下的购物狂热。据美国一家杂志统计，从诞生至今，芭比娃娃已经缔造了一个总额高达220亿美元的庞大市场。

这也是芭比为什么只招女孩或女人喜欢的原因。很显然，这个漂亮的女孩从来不会对任何女人构成威胁，因为男人们宁愿去忍受一个哪怕再丑陋的真实肉体，也不会对一个穿着漂亮衣服的假娃娃动心。但女孩们（或者女人们）就不同了，她们关心的恰恰是那些华美的衣服。通过为芭比购物，女孩们学会了如何才能成为一个熟悉各种品牌的消费者，如何解读商品的外包装，同时也了解到时尚和品味对于社会地位的重要性。

更为有趣的是，波兰克拉科夫大学的科学家格拉季娜·加辛斯卡通过研究发现，"三围"中的胸围和臀围大而腰围小，即所谓的"芭比娃娃"或"沙漏"体型的妇女，比其他体型的妇女生育能力强。

据《北京科技报》报道，格拉季娜·加辛斯卡的研究小组调查了119名年龄在24岁到37岁之间的波兰妇女，这些被调查者体重既不偏高也不偏低，同时也不服用任何激素。对她们的唾液所做的分析发现，腰围／胸围比低的妇女的唾液内的雌二醇数量，比其他体型妇女多了26%，而在她们的排卵高峰期间，雌二醇数量可比其他体型妇女多37%。此前美国科学家已经证实，雌二醇

↑正在走向叛逆的新芭比。

↓黑皮肤的芭比。这样的三围据说有很强的生育能力。

←芭比正从她的私人购物城里拎回最时髦的衣服。通过为芭比购物，女孩们学会了如何才能成为一个熟悉各种品牌的消费者。

数量高的女士，容易怀孕。格拉季娜·加辛斯卡等人还发现，腰围／臀围比低的妇女血液内的黄体酮数量，比其他体型妇女多很多，而黄体酮数量高也表示生育能力强。看来，西方人对芭比娃娃的喜爱是有一定的医学依据的。

近年来，芭比娃娃因身材和服饰变得越来越妖娆而遭到了不少批评，这其中，怀孕的米姬娃娃成为众矢之的。1998年面世的米姬娃娃是芭比家族中的一员，也是芭比娃娃最亲密的朋友，她曾一度是全球最畅销的玩具娃娃。米姬娃娃已经结了婚，有丈夫还有一个3岁的儿子，2001年在市面上出售的米姬娃娃明显怀孕了。因此不少父母抱怨，米姬娃娃并不适合孩子们玩耍。美国沃尔玛超市发言人也宣称，在沃尔玛开始售卖怀孕的米姬娃娃后，就不停收到消费者的投诉和抱怨，因此沃尔玛不会再出售米姬娃娃。据称，在费城的芭比娃娃卖场，消费者也全都反对商场出售这样的玩具。

另一款内衣芭比命运也没好到那里。这款新推出的内衣芭比脚蹬高跟鞋，身着纯黑色或粉红色丝袜和吊袜带，还佩带着不少具有挑逗性的饰物。虽然马特尔公司发言人表示内衣芭比的销售对象不是儿童，而是供成人收藏的，但此款内衣芭比令部分消费者感到不能容忍，甚至俄罗斯总统普京也专门签署命令，禁止芭比女郎在俄国销售。

芭比娃娃应该成长吗？《商业周刊》在"2001年全球最佳品牌"排行榜上对芭比评价说："她不仅是个玩具娃娃，她更是美国社会的象征。"事实也确实如此：作为世界上最成功的女孩玩具，芭比娃娃的影响力已经超越了玩具概念，进而在大众心理和精英文化领域产生了深远影响。在美国，她已经成为一个可以进行多重解析的文化符号，并创造着高额的利润。

也许是为了挽回负面影响，2003年5月20日，日本MIKIMOTO珠宝公司在东京银座区展示了20个镶着TAHITI珍珠和钻石的芭比娃娃，并于当年12月在巴黎进行拍卖，所得款项全部捐赠给了法国红十字会，以帮助世界上一些还穿不上衣服的孩子。

↑芭比的成人身段提前完成了对儿童的性教育，同时，这也是瘦身运动长期以来势不可挡的原因之一——那些从小便对芭比娃娃的理想三围迷恋不已的女人，是不会允许自己有个水桶腰的。

↓→迪奥的新形象在芭比身上得到了完美的再现。

第十二章
Chapter twelve
在西方亮起东方明灯

1 东风如此西渐

1970年代，当三宅一生、高田贤三携带着他们神秘的东方气息以及充满幻想的面料及服装设计来到巴黎时，西方设计师一统时装天下的格局终于被打破。

正如兰索兹·维桑在《服装的关键》一书中所说：

以高田贤三、三宅一生来到巴黎为契机，时装世界出现了新的局面。这两位日本人在某些方面采取欧化的做法，同时又创造出了身体与服装之间的新空间。西欧的服装，身体与衣料之间的空间极窄，常常是根据衣服的基本形态结合人体的曲线进行缝制，19世纪时，这种做法达到了它的极限。相对而言，日本的服装空间就要宽裕得多，他们一点也不吝啬布料。和服的制作只是把人体作为一个衣架撑起衣服，很少考虑到人体的曲线。这一点和西欧合身的衣服，正好是对立的……

↑20世纪60年代，日本设计师就开始大举进军巴黎，完全不同的文化背景和设计理念，给巴黎时装界带来了新奇神秘的新空气。

↑1971年，Kenzo也赶了一把未来主义的时髦，但如此对比强烈的高纯度原色搭配和略带幽默感的横纹紧身裤，绝对是Kenzo的个性使然。

以上这番十分啰嗦的论述简言之，就是西方人由于强调身体的曲线，所以总是喜欢用衣服把自己勒个半死；而日本人正好相反，他们的衣服十分宽大，可以在里面自由活动……

维桑接着说："日本的设计师们极力地在创造着人体与服装之间的活动空间，用东方与西方的技术，并结合西方的精神与东方的结构法，开创了一个布料与身体相对分离的设计思路。"

毫无疑问，当巴黎时装沉浸在千篇一律的性感调式中无法自拔时，宽松到甚至有些粗野的日本时装为他们带来了新的惊喜：三宅一生的皱折面料，高田贤三的乡土印花布，以及森英惠的蝴蝶与兰草图案等，这些呼之欲出的东方元素使西方人兴奋不已，尽管这些时装的文化内涵或许他们一辈子都无法理解，但就是有人愿意为那么点出其不意的设计而大方地买单。

日本时装不仅再次让西方人想起神秘的东方文明，同时也让他们看到了亚洲市场广阔而巨大的利润空间。在这一方面，日本设计师向西方的渗透，同时反过来也可以看作西方文明的一个回流渠道，反过来向东方世界倾销他们的服装文化。而事实上，尽管日本设计师的国际地位蒸蒸日上，但其本土消费者更加崇尚的，仍然是欧洲的时装，这与他们对西方时装的大量介绍与借鉴，显然不无关系。

2 高田贤三的"日本丛林"

作为第一个在国际时装市场上树立日本品牌的设计师，高田贤三的时装里有一种让法国人无法拒绝的嬉皮色彩，而这种色彩又始终交织在浓郁的东方风情里，令人感受到一种说不出的喜悦和轻松，这与他缄默不语的性格形成反差。

高田贤三1939年出生于日本京都的兵库县，父亲是一个开旅店的老板。作为一个靠出租房间获得收入的业主，他的父亲当然不理解自己的儿子为什么一定要当个裁缝。高田贤三最初的学业是在东京完成的，尽管他的父亲希望他能够在文学上有所发展，但他还是投奔到那里的文化服装学院，就读服装设计专业。1965年，这个打算在时装界大干一场的青年从马塞来到巴黎，开始了一个叫做"Kenzo"的日本品牌的创业之路。

最初的日子并不好过。在经历了通常在巴黎的异乡人都要经历的贫苦与孤独之后，终于有一天他遇到了设计师路易·费罗。路易·费罗看了几张他设计的草图后，建议他不妨向《ELLE》杂志投稿。而当时的《ELLE》正致力于一项有利可图的工作：他们将来稿中看上去不错的草图设计成成衣，然后挂上已有的成名品牌推出。这样一来既发掘了设计新人，又讨好了一些大的设计公司，

←高田贤三

↑ 1974 年，Kenzo 从日本浮士绘中得来色彩和线条的灵感，并大量使用日本籍模特。

高田贤三的投稿可谓适逢其时。

1970年，已经开始小有名气的高田贤三在巴黎的维维安展厅开设了第一家专卖店。在店铺里，这个来自日本的男人不知为什么选中了法国画家卢梭的《弄蛇女》来装饰墙壁。这是一幅十分著名的画，画面上的热带丛林枝叶茂密而阔大，有着极强的装饰感；丛林的深处，吹着笛子的耍蛇人若隐若现；而画面前端的女人则超现实地躺在一张暗红的沙发上，做着我们无法预知的神秘的梦。高田贤三借这位法国画家的画，将店铺的名字定为"日本丛林"(Jungle Jap)，这种移花接木的做法似乎在暗示我们，从一开始他就打定了主意，要将日本文化植入西方的土壤。

日本丛林的服装从一开始就与大街上流行的服装大相径庭，这使得《ELLE》杂志的主编对他不得不另眼相看。多年的交往终于结出了可喜的花朵，《ELLE》决定将他的作品搬上封面。成功的大门就此打开，高田贤三走上了个性化设

↑事实上，Kenzo 的东方灵感不仅仅来自日本，中国印花、印度服装的廓型也常常是他借鉴的来源。

→ 1979 年，高田贤三从古埃及法老的发型得到启示，鲜艳的色彩、准确的剪裁以及充满图腾崇拜意味的装饰物，给人带来新的刺激。

计的康庄大道。

高田贤三以"Kenzo"（贤三）命名自己的品牌，并尽量使这个品牌充满轻松愉快的青春活力。他大量使用和服的造型和面料，并不时地注入中国、印度、非洲、南美等其他民族的服饰精髓，形成了宽松、舒适的时装特点。这种充满异域风情且无拘无束的服装倾向，刚好满足了20世纪70年代年轻人经常外出旅行的着装需要。此外，他还喜欢大量地使用棉布，并以直线裁剪带来穿着的舒适感；喜欢使用高纯度的原色搭配，使服装产生一种视觉上的熏醉；喜欢只生产单件的服装款式，给消费者留下自由搭配的空间。

高田贤三是日本进入西方的为数不多的设计师中最欧化的一

位，由于长期生活在欧洲，他的习惯和品位与欧洲设计师十分相近。所以，巴黎人始终认为，他的设计是以巴黎为蓝本，并最终返还到巴黎人那里的。为此，他于1984年获得了法国政府授予的"法国艺术文化骑士勋章"。

↓KENZO的时装总离不开"丛林"的气息，这些带斑纹的家伙，显然更适合到人迹罕至的地方去。

成名于70年代的高田贤三能够将Kenzo的声名维持到现在并不是一件容易的事。当那些和他同时代的设计师一个又一个地从时装界消失时，我们不得不考虑这个日本男人做出的衣服究竟好在哪里，关于这个问题，高田贤三在一次媒体采访中显然有点答非所问：

> 有一次乘豪华客轮旅游时，我出席一个晚宴。那时男人们都在吸烟，惟独一个年轻人没有吸。他穿着朴素的白衬衫，打着领结，配一条宽松的沙滩短裤。从远处看，他是最优雅的。

3 "蝴蝶"森英惠

↓森英惠善于将戏剧性的因素运用到耀眼的晚礼服上。在这场展示中，她甚至直接将浮士绘搬上了时装。

蝴蝶是森英惠（HANAE MORI）的标志，在她的故乡，蝴蝶还是春天的象征。森英惠将各种颜色和造型的蝴蝶运用到服装中——当华丽的裙裾翻飞起舞，"蝴蝶"也闻风而动。森英惠说："有时候我觉得时装就似一只蝴蝶，短暂却辉煌，对未来满怀期望。"

1926年出生于日本岛根县的森英惠毕业于东京女子大学的国语系。当她开始学习服装的时候，已经是两个孩子的母亲。1951年，她在新宿开办了自己的"HYOSIHA"服装店，开始了有声有色的职业生涯。这以后的很长时间她涉足电影界，为演员们设计服装，七八年间，她设计制作的戏服约有六七百套，电影明星

一切的细节在羽毛的装饰覆盖下已显得无足轻重。森英惠在这款时装中，似乎更愿意别人称她孔雀夫人，而非蝴蝶夫人。

们纷纷到"HYOSIHA"定制服装，她的服装店因此名声大振。

1965年是森英惠设计生涯的真正开端，那一年她在纽约举行了首次作品发布会，并获得一致好评。1975年以后，她的作品逐步打入伦敦、瑞士、德国和比利时的市场。在巴黎发表的带蝴蝶图案的印染布料礼服，被誉为"蝴蝶夫人的世界"。1977年，蝴蝶森英惠成为巴黎高级时装设计师协会中的第一个日本人。

森英惠的时装线条流畅，造型优美，用色高雅而柔和。她的设计在细节上往往采用西方的装饰手法，但在趣味上则保持了雅致的东方格调。此外，她还善于运用特殊结构的面料来表达对服装的细腻感受，并常以别出心裁的图案设计如超大的花卉和抽象的鸟兽、蝴蝶，令人耳目一新。

现代艺术是森英惠服装设计的灵感之一，抽象的线条、印花图案以及靶状同心圆图案表现在一款款灰、白、玫瑰色的小外套系列之中。黑色晚礼服亦讲究优雅的线条，露背直落到腰部，特别是运用日本风格的印花丝绸所设计的晚礼服，既吸收了欧化的不对称剪裁，又以宽袍大袖展现了东方女性特有的柔美和飘逸。

把质地优良的面料与适体的裁剪结合起来是森英惠的基本手法，同时她还善于将戏剧性的因素运用到耀眼的晚礼服上。她的丈夫专门为此设计和生产了富有光泽的印花面料。尽管她的大多数设计是一种节制的优雅，但她的晚礼服却经常地出现在一些令人振奋的场合。她于1981年推出的豹纹印花薄丝绸女装，面料柔和，款式性感，极佳的悬垂性与深祖露背的样式结合得天衣无缝。此外，日本和服式的廓型和裁剪，也是其在西方世界独树一帜的重要筹码。

基于早期为日本电影设计大量戏服的经验，森英惠对服装的色彩有着敏锐的感受，所以她总是能准确地运用面料和色彩表达不同感情，这些在她为歌剧和芭蕾舞演员设计的服装中，均得到了进一步的体现。

↓三宅一生的经典之作，雕塑般的造型效果得自褶皱面料的独特质感，鬼斧神工般的裁剪技术令人惊异。

4 三宅一生的永久褶痕

作为亚洲最负盛名的时装设计师，三宅一生（Issey Miyake）在巴黎的声望甚至高于伊夫·圣·洛朗。这位以擅长处理皱褶面料而著称的日本人，一生都在追问"什么是服装"。答案最终从自然中获得，所以他的服装总是简便易穿，又能给人带来伸展自如的自由与快乐。

1938年生于广岛的三宅一生，父亲是个军人，所以他从小由母亲一手带大。1945年，美军以一颗原子弹结束了日本人建立"大东亚共荣圈"的梦想，同时也结束了无数广岛人平凡的生命——这其中便包含了三宅一生的母亲，这

↓三宅一生对材料的运用有着与生俱来的敏感和掌控力。他细心地揣摩每一种面料，了解它们在设计中的可能性。这是他1983年的设计。

→在这款时装里，三宅一生将褶皱转化成了高科技的立体弧线。

个辛勤的女人在遭受重创的4年之后死去。三宅一生也因为原子弹的辐射，而致使一条腿终生残疾。

然而这一切并没有终止他成为一个画家的梦想。只是这一梦想在经过时装店的橱窗时发生了小小的变化——他被那些漂亮的衣服迷住了。于是他将未来的方向略做调整，进入了东京多摩美术学院的设计系。1964年，三宅一生从美术学院毕业后即奔赴巴黎，先是在巴黎高级时装培训学校学习了一段时间，然后又分别投奔到纪·拉罗什和纪梵希的手下做助手。1968年巴黎大学发生骚动，他索性去了美国，并在设计师杰弗里·比内手下工作了一段时间。1970年，三宅一生回到日本，在东京建立起自己的"三宅时装设计所"。

野心勃勃的三宅一生很快在东京举办了他的首次个人时装展，但结果却让他大失所望，他的那组从柔道服装中变化而来的粗棉布时装不仅不受欢迎，还被一些崇尚西方文化的日本人嘲笑为"装土豆的口袋"。

20世纪70年代初是三宅一生的命运转折点，他的"土豆口袋"在本土受挫，在纽约和巴黎却受到热烈的欢迎，他的那些宽衣博带的大和时装一经亮相，立刻征服了欧美的时尚舞台。1976

年，他头顶西方世界授予的成功光环重新杀回东京和大阪，举行了"三宅一生和十二位黑姑娘"时装展，令崇洋媚外的日本人大开眼界；随后，他又在东京和京都展示了"与三宅一生共飞翔"的时装系列，引起极大轰动，吸引了 2 万多人到场观看。自此，三宅一生开始了他横贯东西的设计生涯，在西方的语言系统中，编织着属于东方的时装神话。

正如美国著名爵士乐手戴维斯所言："三宅一生的设计方法就像考虑音乐的方法一样，轻轻一按琴弦，就能奏出一个文雅的旋律来。"而这位设计师的不同凡响之处，在于他能用西洋的乐器，弹奏出东方的音符来。1983年，三宅一生在巴黎展示了他的最新时装，其中一组运用鸡毛编织的面料震撼了整个时装界。而这些正是他熟练掌握传统面料，并亲自去纺线和织布的结果。人们无法想像，这个日本男人有时会一连数小时地在自己身上披挂和包裹面料，甚至办公、行走和睡觉也不卸下它们。正因为如此，1980年之后的时装界开始将他们对斜纹布料的偏爱，向日本的条纹亚麻布和厚棉布转移。

三宅一生著名的"褶皱"也是于这个时期声名鹊起：继20世纪80年代推出了令人耳目一新的皱褶面料之后，三宅一生又于20世纪90年代初推出了立体派皱褶系列。大量的压缩、弯曲处理，使服装呈现出前所未有的"雕塑"形态。

↓三宅一生的"褶皱怪人"，发表于1990年。

"单纯"是三宅一生强调的又一要诀。他认为现代服装应该是不用费心打理的衣服，不仅要运动自如、简便易穿，还要给人带来快感。所以他的设计过程有一个特殊环节：把布料挂起来，先感觉它固有的特性，然后再进行"包裹"、"缠绕"和设计。这种无拘无束的设计方式使他的服装始终洋溢着"国际主义精神"：一方面采用意大利著名设计师马瑞阿诺·佛坦尼创造的、带有细密褶皱的布料Pleat Please；另一方面注入了14世纪日本艺术家吉田兼好的"不足主义"，从而形成特有的三宅式缠裹和重叠衣料。

作为将日本风格带入欧洲的先行者，三宅一生的设计影响了整整一代人：那种宽松自在的款式，雕塑般的肌理，黑、白、灰的经典用色等，三宅式的服装元素充斥着20世纪后期的时装舞台。

5 看，那个叫山本耀司的人

20世纪90年代初，世界时装舞台上来自日本的"新浪潮"渐成强弩之末。当时尚的接力棒转到以Martin Margiela为首的比利时反结构学派手时，三宅一生、山本耀司和川久保玲等人的东方文化传教使命似乎已经结束。

然而20世纪90年代末，山本耀司（Yohji Yamamoto）推出了以20世纪50年代法国服装风格为主题的服装系列，令时装界再次对这些日本人刮目相看，他本人的服装展示会也再一次成为人们朝拜的圣地。一个新的专卖店在伦敦开业了，人们甚至传闻，山本耀司正在考虑执掌一个等待起死回生的法国时装公司。与此同时，他的老朋友川久保玲东山再起，三宅一生的褶裥成衣系列再次风行一时。时装界的许多著名设计师如Calvin Klein、Jil Sander、Hussein Chalayan、Helmut Lang，也开始热衷于将日本式剪裁法——尤其是山本耀司和川久保玲的层叠和悬垂技术，运用到自己的款式之中。

↑日籍设计师山本耀司。

对于西方人来说，始终与西方主流时尚背道而驰的山本耀司是个谜，是个集东方的细致沉稳和西方的浪漫热烈于一身的谜。而他的时装正是以无国界的手法，把这个谜的谜底展示在公众的面前：模特转身的刹那，你会发现他的衣裙无论背面或正面都是一样的漂亮！这就是高级时装工艺在高级成衣中的应用，每个细节都同样的精彩，无懈可击。

追述山本耀司的家史，我们会发现他作为一个时装设计师的自然成因。

1943年出生于横滨的山本耀司，母亲是东京城里的一个裁缝。所以，自20世纪60年代末，他就开始帮母亲打理裁缝事务。那个时候，东京的裁缝们地位低下，他们必须走家串户才能做到生意，而且只能走小门。在服装的裁剪上，也完全没有自己的主张，只能小心翼翼地照着西方流行的式样为雇主效力。

但山本耀司却不甘于如此。他从法学院毕业后便去了欧洲，

↑山本耀司1996年的设计，动用了层叠、包裹和悬垂等种种手段，粉绿的雪纱裙肩部自然下垂，裙裾自肩线下放大到及地摆线，依然是包缠式结构。

并在巴黎停留了一段日子。回到日本后，他决心再不让别人将自己视为下等人，因为他已经认识到，服装设计可以和绘画一样成为一门具有创造性的艺术。

尽管此后的很长一段时间，山本对身边的一切包括世俗观念、小资情调、规范着日常生活的条条框框等都十分厌倦，但二战后的种种变化仍为他带来了发展的机遇。那时的日本妇女不得不走出家门到外面工作以补贴家用，这使得山本有机会为她们设计更加宽松舒适、灵巧漂亮的衣服。据山本回忆："在那时，大家都想穿从巴黎进口的衣服，但进口的衣服穿在大多数日本人身上真有些滑稽。"

1972年，山本耀司建立起自己的工作室，并在70年代中期被公认为是先锋派的代表人物。不仅如此，他还和另一个先锋人物川久保玲经常见面，并陷入了一场旷日持久的柏拉图式的恋情之中。有意思的是，山本至今还与川久保玲的丈夫、英国编织服装设计师 Adrian Joffey 保持联系，并"互相交换"有关川久保玲的故事："当我们一踏上巴黎，新闻界即说我们穿着典型的日本人装束，而在日本我们却被认为太前卫。"

1981年，他们在巴黎举行了一次备受争议的时装展示会，据《卫报》的时装编辑Brenda Polan回忆："在那之前巴黎从没有过那种黑色、奔放、宽松的服装，它们引起了关于传统美、优雅和性别的争论。"而山本和川久保玲担心的却是："我们都认为我们是很国际化的，可是在国际上，传媒还是把我们做的定位为'日本风格'"。

经历了20世纪90年代初的萧条之后，山本又以新的激情投入了工作。尽管有一段时间他的心情很坏，而且想故意做一些丑陋的衣服，但很快他就被一种永恒的美感完全吸引住。

"有些人认为，我在拙劣地模仿 Chanel 和 Dior 的风格，"他说的是1997年那次点燃他的新生命火焰的展示会。"那是我对大师们的怀念……我现在的每个服装系列都是崭新的，而我却越来越觉得我可以加入一些以前的成分……实际上，我这个人很懒。这就是为什么我没有去搞法律。开始的时侯，我只想在巴黎开一个小店，从没想过办展示会。最后由于生意上的压力，只得不停地工作……在90年代初那段不景气的日子里，做什么都很费力。而现在，我轻松多了，对工作又充满了兴趣，也许这个职业就是我安身立命的根本。现在，我把一切都看得很开。"

"五十而知天命"的山本耀司深谙如何保持时装的新鲜。他那些著名的顾客如小肯尼迪的妻子 Carolyn Bessette Kennedy 和艺术家 Cindy Sherman 等，为了穿上创意十足、剪裁微妙且十分实用的时装，每一季总不忘搜寻他的最新作品。1999年春季，为了顺应大行其道的实用风潮，山本耀司竟让伸展台上的新娘从婚纱裙的拉链口袋里掏出鞋子、手套和捧花。同年秋季，又在时装发布中重现了"泰坦尼克号"上的大帽子。

对于喜欢从传统日本服饰中吸取灵感的山本而言，通过色彩与质材的丰富组合来传达时尚理念是最恰当的手段。在西方的设计师那里，更多运用的是从上至下的立体裁剪，而山本则从两维的直线出发，形成一种非对称的外观造型，这种自然流畅的形态，正是日本传统服饰文化中的精髓。他的服装以黑色居多，并以男装见长，其Y&y品牌线的男便装由于能够自由组合、价格适中，在市场上赢得了极大成功。

2001年秋冬，山本耀司发表了以爱斯基摩人为原型的高级时装，其精湛的裁剪、不动声色的设计以及对褶皱技巧的巧妙运用，再次令时装界为之折服。对于他的服装，人们喜欢引用他自己的一句话来加以解释："还有什么比穿戴得规规矩矩更让人厌烦呢？"

↓山本耀司的服装以黑色居多，并以男装见长。这款时装采用了其拿手的不对称剪裁，设计简洁、有力。

6 川久保玲的黑色破烂

对保守者来说，川久保玲（Rei Kawakubo）这个名字并不陌生，她的标志性装束是一身黑衣和一头黑色的不对称齐肩短发。

她的名言是："黑即是红。"这位前卫女设计师对于黑色的投入和独特的设计方向，总给人一种悲观而又刺激的印象，并伴有死亡或杀戮的错觉。

这也是她经常遭受媒体轰炸的原因之一。有一次她展示的时装竟像是纳粹集中营里的囚衣——那种无体型的宽松制服几乎被她略作修改就搬上了舞台。人们很奇怪这位大学教授的女儿怎么会成为那样的的设计师。这位来自日本的小女子不仅只手将黑色演绎成时尚的同义词，更使她的每一次展示都带有预言的意味。

1942年出生于东京的川久保玲最初学的是美学专业，毕业后的第一份工作是在一家丙烯纤维厂做广告员。这使她获得了一定的面料知识，同时也引起了她对特殊面料的兴趣。不久，她成为一名自由设计师，并于1973年在巴黎开设了自己的时装公司，叫COMME DES GARCONS，意即"像男孩一样"。对于这个品牌，媒体的看法是一种女性主义的表达，而川久保玲本人的解释则十分单纯——她只是很喜欢这几个单词的发音。

很多女人会从COMME DES GARCONS的衣服旁边跑开，原因很简单，她的衣服不是为了那些喜欢卖弄身段的女人而设计的，正如她自己所说："女人不用为了取悦男人而装扮得性感、强调她们的身段，然后从男人的满意中确定自我的幸福，而应该用她们自己的思想去吸引他们。"但问题的关键是，怎样将思想这个东西和时装扯上边？

↓将面料解构、奇怪的造型，一向是川久保玲时装发布的标志。

1981年，川久保玲在巴黎推出了她的首次时装展。当模特们身穿由独特的机织面料折叠、皱缩而成的服装，脸上化着古怪的妆，梳着不洁的头发，行走在令人压抑的狩猎哀歌里时，整个巴黎为之震撼了。对于这场时装发布，一些媒体的形容是：她的展示看来好像是原子弹爆炸之后的送殡行列，阴沉而压抑。

然而，这仅仅是个开始，更大的"爆炸"还在后面。1982年，她又推出了令人瞠目的

乞丐装，这些如今在伦敦的维多利亚和阿尔伯特博物馆占有一席之地的服装，在当时则被看作灾难的象征。那些网眼式的破烂面料、奇怪的款式、暗沉的色彩，令人于不快中感到某种强大的力量。川久保玲的怪诞想法自此一发不可收拾：1984年，采用弹力人造丝的交叉编织，使服装呈现出起泡的鼓包；1986年，采用捆绑的棉、人造丝和PU、厚帆布，创造出具有吸引力的造型；1992年，以未完成的服装和纸样、贴着艺术家权威的"解构"邮票，在时装界发起解构主义运动……"我不喜欢显现体型的服装"，川久保玲说。所以她的衣服通常必须按照说明来穿，否则极有可能穿

↑COMME DES GARCONS品牌的男装成衣收敛了川久保玲的阴沉风格，如今已经成为另类男性的经典追求。

反，或者不知道将扣子扣进第几个洞眼。

川久保玲让我们看到了许多时装之外的东西。当我们放低傲慢的姿态、打开自我的心智，便能在破烂布片的背后，发现服装的另一种魅力：是的，你不再需要为别人打扮，不再需要以被观看为目的，在镜前浪费时间。

回顾20世纪50年代的日本服装，我们将发现许多与中国相似的现象：那时的妈妈们穿的是和服，年轻一代穿着法国的"新外观"，更年轻的人们则完全是美式装束。这一切像极了中国的旗袍马褂与西服洋装并行的时代。但前者的步伐显然快得多。当那些新的服饰浪潮通过电影、杂志、图片等，先于服装本身到达东京，日本人同样感受到了西方文化融入过程中的痛苦与困惑。

也正是在这时，一批年轻的日本设计师飘洋过海来到欧洲，他们当中有的将巴黎高级时装进行到底，如森英惠和高田贤三，有的回到东京重塑新日本风格，担纲起本土的文化新旗手，如三宅一生、山本耀司。至于川久保玲则是一个例外：她既没有出去学别人的模式，也没有经过正统的训练，甚至在东京的本土上，也不做纯民族的东西。这位前卫的女设计师，似乎仅仅凭借她标志性的黑色，便在近几十年内风靡全球。

第十三章
Chapter thirteen
后现代的奇异之花

1 胡塞因·查拉扬的皇帝新装

后现代思潮下的时装设计师之所以将他们的衣服弄成破烂、夸张、丑陋、暴露的样式，是因为他们确信不如此不足以颠覆传统中的抱残守缺。所谓"矫枉有时必须过正"，这话用在当今的时装界也十分合适。在这方面，胡塞因·查拉扬（Hussein Chalayan）的颠覆可以说达到了极致。

1998年，这位来自英国的设计师在沙滩上发布了他的春夏作品：首先，他在沙滩上竖立起三根小棍，这些小棍以细线相连，形成一个虚拟的三角。然后，他在这个三角里放进一个裸体的模特。这就是他的作品：什么也没穿！然而你也可以像那位可笑的皇帝一样，认为模特已经穿上了漂亮的新装——这就是那些小木棍和细线所暗示的含义。

这件"皇帝的新衣"，既可以看作对时装的彻底解构，也可以当成一次艺术范围内的行为表演，时装

↑胡塞因·查拉扬曾说："我对肉体感兴趣。"了解这一名言，从各种角度去理解他的时装都不困难了。

↑耸人听闻的"皇帝新衣式作品",发表于1998年。其颠覆性已经有诸多评论,但还得加上一样——这样的时装人人都买得起。

的概念在这里已经被完全打破。"我并不在意我本人和时装的发展史有什么瓜葛",在谈到自己的设计时这位解构大师说,"对那些令人眩目的时装杂志也不着迷。我只是想将身体的功能折射到建筑、科学、自然等文化层面上去,再试试能否将我的所得表现到服装上来。"

与许多时装设计师相反,1970年出生于塞普路斯的查拉扬似乎并不怎么喜欢巴黎。1993年从圣马丁学院毕业后,这个傲慢的年轻人就将自己的作品卖给了布朗斯公司,并在圣马丁举行了时装发布会。从概念的产生到作品的完成,查拉扬的时装表演经历了一个漫长的过程:模特们必须先注射抗破伤风疫苗,才能穿上那些布满了铁锈的夹克。这场挑战传统的时装展立刻引起轰动,并为他带来空前的声誉。1994年4月,查拉扬顺利地推出了自己的品牌。

胡塞因·查拉扬的时装以极简而不空洞、现代而不做作的风格著称,但同时他也设计了一些意义晦涩的时装,例如将穆斯林式的面纱水滴般垂落在模特的身上,合体的斗篷虽然显示了很好的防风雨功能，但由于设计过于复杂而令人无法准确地定义。

尽管很少使用英国自产的面料，但查拉扬却坚持只在伦敦时装周上展示自己的时装。他认为："英国时装带来相当多的美观性和前卫性，对世界的影响是显而易见的……那种融入我设计中的应该是通常可以在英国见到的那种自由表达、真实和诚挚的缩影。"

1999年春，查拉扬为TSE公司设计了一款长及地面的安哥拉山羊毛筒裙，巨大的针织樽领拉直了就变成一副面罩。对此德文版的《时尚》杂志评价道：只有当你了解到这位设计师是用土耳其文数数，用英文思考，并同时用这两种语言做梦时，才会明白，这样的领子意味着伊斯兰妇女的面纱。

作为英国新生代设计师的代表人物，胡塞因·查拉扬的作品正在受到越来越多的关注，他的设计与流行无关，带有强烈的实验意味。2000年春夏，他发布了一组立体构成感很强的服装：以硬质材料缝合的上衣完全打破了常规的裁剪法，略带随意地组合在一起。这种单色的硬性材料构成的类似机械的服装，无疑是对后工业时代的一种反讽。意味深长的是，这些作品的下装却都是柔软、轻质的裙子，与坚硬的上衣形成有趣的反差。

这使人想起他在1998年春夏发表的一组同样带有反讽意味的时装：白色的上装采用对称手法，袖子的内侧却做了非常规的切割；上衣的外型线是传统样式的，但前襟却从胸的上部就开始斜下来，变成了露脐装。这组明显带有宗教色彩的时装，同样是对传统样式的一种玩弄。此外，他的服装上的细节往往具有暗示的作用，例如模特前额上的"T"字、无形的服装、硬质材料上的手绘线等等，这些被一些反对者称为小把戏的手法，在赞同者那里却被认为具有摧枯拉朽的革命性。

↑ 2000年春夏，胡塞因已经是备受关注的设计明星，他发布了一组立体构成味很浓的服装，并且给模特设计了这种奇怪的硬壳帽。

↑1990年，麦当娜的世界巡回演唱会大获成功，私底下，麦当娜真该感谢让·保罗·戈尔捷的服装设计，比如这款太著名的胸衣。

2 灵感发动机——让·保罗·戈尔捷

后现代的设计师中如果少了让·保罗·戈尔捷（Jean Paul Gaultier），时尚的看台上便少了一个刺目的亮点——至少，麦当娜1990年的那次巡回演唱是火不起来了。我们无法想像除了这个"坏孩子"，还有谁能为当时的麦当娜设计出更恰当的形象，而一旦离开了那些凌厉的锥型胸罩、铠甲般的紧身胸衣，那位放浪女郎的独自煽情还有多少看头，便真的很难说了。

关于这位后朋克时代的设计师，有人这样形容过他的长相：一双招风大耳上挂着串串耳环，一撮软软的黄白发像风吹过麦田一样东歪西倒伏在布满抬头纹的额头上，稀疏的眉毛下，凹陷的眼窝里鼓着一双圆圆的鱼眼，蒜头鼻子，一张不雅的厚嘴唇，忍者神龟般的脑袋，总之，一看就属于"我很丑，但是我很温柔"的那种。

被视为蛊惑仔的戈尔捷总感到很孤独，因为他的东西很少被人理解，保守者叫他"恐怖的坏孩子"，媒体则认为他是"巴黎的错误"。他不明白，在经历了嬉皮士、朋克运动以及性解放之后，20世纪80年代的人们为什么又缩回到道德伦理的铁笼中。他自认为是少数几个徘徊在笼子外的人，一心想给别人打开枷锁，却反而被看成怪物。幸亏遇见了另一个"外星人"，他的苦闷才略有排解——这就是那位身体比歌声更迷人的麦当娜，他为她的演唱会设计的服装，与其说是天才的爆发，不如说是天才（对社会）的报复。

谈到让·保罗·戈尔捷的超常灵感，便不得不谈他的祖母——一个精通催眠术、喜欢制作假面具，并经常用纸牌为人算命的女人。她所营造的神秘氛围，对成长中的戈尔捷影响很大，以至于18岁的时候就开始了他的设计生涯。那是1970年，他将自己的设计稿寄给当时正如日中天的皮尔·卡丹后，便成为该公司的一名助手。一年后，戈尔捷离开了那里，投奔到让·帕图旗下。后来又跳槽到米谢尔高玛公司担任助手。

1976年，让·保罗·戈尔捷开始独立设计成衣类时装、皮装和泳衣。这一年他举行了自己的成衣时装发布会，以令人惊异的"先锋派"时装，为自己赢得"可怕的坏孩子"称号。这些服装与当时的潮流毫不相干，却在多年之后风靡欧洲。

1984年，戈尔捷在对男装并不了解的情况下，决定进军男装业。当然，他进行了一番研究——在解剖了阿玛尼的服装之后，他得出的结论是尺寸看上去不能太小。与此同时，他发现有些男人竟然穿起了他的女式夹克，原因是他们喜欢他的面料和裁剪。这使他大受鼓舞，并渐渐理清了思路。

很快，他的时装展中出现了拿着烟杆的女人和穿着半透明蕾丝衬衫的男人。这些明显带有同性恋倾向的作品，表明了他中性化的设计态度。由于他的时装表演总是坚持男女系列同时出场，所以很多模特直到上台以前，都不知道谁该穿裙子，谁该拿烟枪。

寂寞的鸵鸟总是独自奔跑。戈尔捷不仅跑得很快，而且跑得很远，光是那令人咋舌的名言，便足以引发一场观念革命："现在是不单女性才拥有挑逗性的时代，男性在性方面愈来愈开放，他们本身亦深富性挑逗的力量。"他的男装夹杂着中世纪武士的升级版本，朋克主机中又装入了17世纪的花哨软驱，由于版本升级太快又老要换零件，所以经常出现一堆读不懂的乱码：男人带胸衣，女人则带着拳击运动员的护阳带。

←让·保罗·戈尔捷在2000年法国极简主义风潮复兴的时刻，展示了他多方面发展的实力。这款以经典法国风潮为设计主轴的服饰正是让·保罗·戈尔捷在当年推出的。顽皮的天性让他忍不住在衣服的肩部别了一副手套。

↓让·保罗·戈尔捷这样阐释自己的设计理念：我想把许多有特色的衣服组合在一起，就像玩拼图一样，如此一来，女人可随着心情的不同去搭配出不同样式。确实，他也一直是这样做的，从他2004年春夏推出的新款式里，能产生好多加减法来。

戈尔捷另一个著名设计，是电影《第五元素》里的戏服：女主角的颈、胸、腰、臀和下体仅由几根白布条遮掩（处理得干净利索），外星人的奇异装扮，电视主持人花哨的穿着，还有女歌星穿着白色长袍、踩着高跷、从脑袋上垂下几根管子、衣服长得有两个人高……《第五元素》一炮打响，戈尔捷的前卫设计成为老套科幻片的最佳卖点。

1989～1990年的秋冬，戈尔捷在巴黎发布了一组以拉链为主

↓20世纪末的最后一个夏天,让·保罗·戈尔捷沉迷于日本文化中,爱上了木屐、和服。在时装舞台上又刮起了一阵东瀛时尚风。

→1989年~1990年秋冬让·保罗·戈尔捷发布的时装。

题的时装。这些时装具有典型的后现代特征,同时也有1960年代的嬉皮风格:服装的各部分之间是断裂的,以刀疤般刺目的拉链相连。有些部位干脆是虚拟的网眼或薄纱,暴露出乳房或肚脐。这种解构式的色情,可看作"麦当娜时期"锥型胸罩的前奏。

1994年春夏,戈尔捷发布的异域风情系列服饰,显示了他多变的风格。他将各种元素如多重项链、头纱、大的圆形扣子、黑色的印花图案等揉搓到一起,营造出一种罕见的异域氛围。

2000年春夏,让·保罗·戈尔捷终于在他著名的米色套装系列里,对传统样式进行了彻底的解构。在这组被"拆"得七零八落的套装里,他虽然保持了优雅的外廓线,却将袖子和肩膀剥离,露出模特的上臂,而欲断还连的袖子则在肘弯以下演变成古典的长手套。同年,他还为香港明星张国荣"从天使到魔鬼"演唱会操刀,设计了颠覆性别的演出服。

3 亚历山大·麦克奎因和他的异灵女孩

亚历山大·麦克奎因（Alexander McQueen）早已厌倦了传媒。的确，关于他的报道太多了，比如一点小隐私或是某次时装展上某个特别棒的屁股造型。

不过最令人难忘的，是他在1997年春夏发布的惊怵系列：那是一个来自日本的异灵女孩，瞪着一只玻璃珠般的眼睛，额头上别着一枚巨大的别针，别针上还交叉一枚装饰着粉色小花的钢针，头发的形状也十分怪诞，一望便知是日本的传统发式。在这组时装中，麦克奎因显示了惊人的天赋，他将那些华丽的织锦面料、夸张但不失优雅的喇叭口领子等古典的元素通过怪异的造型闪现出一种令人恐怖的美。不知后来那部让许多女人吓破了胆的《午夜凶铃》是否受到了他的启发——那个从电视机里爬出来的幽灵，与麦克奎因的异灵女孩显然有着惊人的相似。

↑ McQueen 的中等个头与和善的面孔和他经常制造新闻的名声似乎不太相符，但很长一段时间他也留着这样的发型，和他的设计拉近一些距离。

相对于那些参与了从高级时装到高级成衣的历史转变的前辈而言，1969年出生的麦克奎因实在是太年轻了。所以，当他1992年从圣马丁学院的艺术系毕业的时候，其行为意识可以说是百无禁忌，他的毕业作品也被认为是该校有史以来最富创造性的作品，并因此而被安德森和席帕德公司吸收为徒。

1994年，也就是刚刚毕业的两年以后，麦克奎因开始拥有自己的品牌。又过了两年也就是1996年，他推出了自己的第一个设计系列。在这组时装中，最引人注目的是被称为"巴姆斯特"的裤装，通过这些胯部开得很低的裤子，麦克奎因宣称女孩们暴露屁股的时刻到来了。

尽管每季的时装发布都会让他成为注视的中心，但也有媒体指出他的声誉正处于危险之中。1997年的春夏发布会上，那些让模特看起来像是性奴隶的珠宝刑具的确让很多人不快；而另一些来自非洲的灵感，比如由透空的编织面料制成的短裙，在金属框的象征性束缚中，使人产生一种难言的压抑。但不管怎么说，这场时装史上最具技术难度的T台秀，给人们带来了前所未有的震

在T台上跳起热辣舞蹈，这也是McQueen
的主意。可惜模特的这个动作让我们
无法欣赏McQueen绝妙的臀部设计了。
2004 年春夏发布。

撼。同年10月，麦克奎因被提名为当年的年度设计师。数天之后，又从约翰·加里亚诺手中接下纪梵希的接力棒。

麦克奎因天马行空的想像总能让时装展显得更精彩：当那些模特涉过水流，走过燃烧的汽车，或在头上隆起金色的犄角，时装的天桥顿时成为梦幻者的天地。1998年，这位对传统美学不屑一顾的设计师发布了一组镂刻风格的服装，他将那些人造皮革镂刻成丝丝缕缕，但整件服装的线型却处理得非常之好，成为平衡传统与前卫的经典之作。

麦克奎因的时装业虽然从1996年才开始，但他设计生产的服装已超过了许多时装界的前辈，不仅如此，他设计的成衣产量每年都在增长。现在，他的设计已从富豪名流转向那些正在寻找绸缎夹克的老妇人，以及需要豪迈T恤的乡野村夫。

↑1997年春夏，McQueen发布了一组惊人的作品系列，不但是服装，模特的整体造型都充满了恐怖和灵异感。2003年冰岛歌手比约克演绎了McQueen的这组设计中的一款，配合其"扫帚头"更将鬼才的作品展现得淋漓尽致。

4 清新空气——克里斯汀·拉克鲁瓦

在法国的时装界流行一个传说：每20年就有一颗新星诞生。这个传说从保罗·波烈开始，分别在夏奈尔、巴伦夏加、圣·洛朗那里得到验证。1987年，克里斯汀·拉克鲁瓦（Christian Lacroix）出现，这应该是离我们最近的一颗新星。

克里斯汀·拉克鲁瓦出生于法国阿列斯的一个工程师家庭。那是20世纪50年代，正值女权运动风起云涌之际，妇女解放的呼声最终在衣服上有了具体的体现。拉克鲁瓦的儿童时期就是在这样的背景下度过的，不仅如此，他的祖母还收藏了大量19世纪以来的时装杂志，这使他在耳濡目染当下潮流的同时，有机会接触到经典的古典时装。

中学毕业后，拉克鲁瓦进入蒙塔佩利尔大学攻读古希腊、拉丁文学和文艺史。1971年，奔赴巴黎卢浮宫学校学习艺术史，希

↑克里斯汀·拉克鲁瓦自己爱好一身休闲打扮。

望有机会在美术馆或博物馆做一个讲解员。然而，一个叫佛朗索瓦的女孩改变了他的命运，并最终将他拉回到时装的道路上来——因为这个女孩恰巧是个时装设计师。

拉克鲁瓦成名之前的脚步甚至涉及日本——他曾为日本皇宫设计过服装。1981年前回到欧洲，为相当传统的老字号时装公司帕托设计服装，并以绚丽的色彩、灿烂的配饰和冲气垫圈式的裙子，引起时装界的关注。1987年，得到专门出品豪华用品的LVMH公司的支持，开设了自己的时装店。

拉克鲁瓦对时装界的涉足可谓恰逢其时，自从1961年伊夫·圣·洛朗在巴黎开设了他的时装公司以来，高级时装的大门还没向什么人敞开过。拉克鲁瓦的第一场时装表演便引起了圣·洛朗那样的轰动，一举成为法国最受欢迎的设计师之一。

↓曾经当过博物馆馆长的克里斯汀·拉克鲁瓦，偏好奢华的服装风格。在以美国设计师为主引领的简约风流行的20世纪90年代初，拉克鲁瓦的出现让巴黎时装界看到了复兴"华衣"的希望。拉克鲁瓦1991年设计的豪华礼服甚至比维多利亚时代还奢华。

尽管拉克鲁瓦27岁才开始他的时装事业，但他在西方时装界的地位已举足轻重。他的作品经常轰动巴黎，并令同时代的大师所叹服。他的一年两度的时装展常以活报剧的形式出现，被同行们誉为"清新的空气"。1986年的巴黎时装大赛上，拉克鲁瓦以带有醒目圈点花纹的克里诺林裙和色彩鲜艳的印花布裙，淋漓尽致地展现了精湛的裁剪技艺和工艺水平，力挫群雄一举夺魁。

1994年～1995年秋冬，拉克鲁瓦在巴黎发布的时装体现了来自朋克的影响。所有内衣的胸前都印有大大的头像。其中一件上衣绣有精致的刺绣，裤子的腰部则以大量的扣子装饰。而另一件金色的夹克，则体现了拉克鲁瓦的华丽情结。

1999年～2000年春夏发布的作品有了极大的变化，呈现出极其前卫的姿态。每件衣服都做了不同寻常的结构处理，色彩也十分的火热和跳跃。其中一件上衣在前胸口开了两个不规则的洞，并在边缘做了印花处理，下装是一条过膝的裙子，下摆饰有一条宽宽的银边。在这组时装中我们看

←1999年春夏，拉克鲁瓦用独特面料和亮片来回应奢华、复古潮流的复苏，其实在这两方面，他可从来没有落伍过。

↑1996年设计的小礼服，蕾丝花边是神秘的奢华元素，淑女长手套也被恢复使用。

→刺绣是克里斯汀·拉克鲁瓦最惯用的手法，1991年的发布会上展示时装恐怕算得上时装界最豪华，而且最精工细作的刺绣了。

到，拉克鲁瓦舍弃了一贯的豪华风格，并试图在美学的范畴内，粉碎传统的束缚。

在西方的时装设计史上，很少有人像拉克鲁瓦那样博采众长。他的设计常从博物馆、戏剧、杂货摊以及斗牛士那里吸取灵感，所以总带有强烈的怀旧意味。其服装图案复杂、华丽，色彩绚丽、典雅。他还将传统法国时装的种种元素如抽纱、刺绣、补绣、花边、饰件、首饰等，运用到现代主义的创作中去，从而创作出令人惊讶的新古典主义作品来。

20世纪80年代中期，正是法国高级时装渐渐式微的阶段，拉克鲁瓦的出现可谓喜从天降，为已入垂暮的高级时装带来起死回生的"清新的空气"。

5 天才约翰·加里亚诺

20世纪80年代的中期，尽管英国几乎所有的设计师、时装集团都忙着与传统时装的垄断苦战，以期捍卫英国时装的创造性，

2002 年秋冬巴黎时装展上，
John Galliano 的设计动用了日
本、蒙古、俄罗斯等各种元
素，并用耀眼的西藏红将它
们统一起来。

但还是有越来越多的设计师放弃了伦敦时装周，宁愿远道奔赴巴黎或米兰，展出他们的新作品。1990年代初期，伦敦的时装展陷入了历史上的最低谷。

然而忽然之间，仿佛一切都苏醒了过来：帽子设计师菲利普·特雷西（Philip Treacy）推出了他的"头上雕塑"；手袋设计师鲁卢·吉尼斯（Lulu Guinness）的新品开始供不应求；帕特里克·科克斯（Patrck Cox）的平底鞋与著名的古奇（GUCCI）平分秋色；就连拘谨的小方格图案大衣也忽然变得个性十足，在1999年的春夏时装展上受到热烈的追捧。

人们将这一切归功于一批新锐的设计师，他们全部毕业于圣马丁艺术学院，并且在巴黎最出名的三家时装公司和纽约的一家针蒿羊毛服装店都做得非常成功。这其中，便包括了约翰·加里亚诺。

1961年出生于直布罗陀的约翰·加里亚诺（John Galliano），父母都是西班牙人，6岁时迁居到伦敦南部。1984年从圣马丁艺术学院毕业时，他的毕业设计即在发布会上引起轰动，并被著名的布朗斯时装店全部收购。从那一天起，加里亚诺便成为时尚界和媒体的宠儿，被不断地关注着。

很快，他找到了愿意为他投资的人，并在两个星期后推出以John Galliano命名的品牌。1987年，加里亚诺赢得了全英设计师大奖，第二年又获得巴伦夏加奖。他的品牌和规模也都迅速成长，并推出二线产品如Galliano's Girl和Galliano Genes等。

加里亚诺的聪明之处在于，当许多设计师在街头找灵感的时候，他却一头扎进了故纸堆。他不仅

John Galliano为Dior设计的2004春夏系列。加上本书中已经提及的广告策划，我们可以这样理解设计天才正在做什么：通过适当地使时装造型妖魔化，从而让Dior这个老牌子年轻化。结果他肯定成功了。

↑ John Galliano(左)自己的穿着就是一块鲜亮有创意的招牌。而右边这位穿着另类蛛网衫的 Annabelle Neilson，据说是他设计服装的灵感缪斯。

↑ 颇有解构破坏之名的 John Galliano 其实对裁剪和面料很有研究，1996 年他还没给 Dior 品牌"动手术"时，推出的新装用含蓄典雅来形容一点不为过。

研究了 20 世纪 30 年代时装大师维奥尼的斜裁技术，对巴伦夏加等人也进行了深入的探究。他以超凡的敏锐，将古典素材融进当今的技术和材料之中，并运用复杂的裁剪技术，创造出不俗的视觉效果。作为一个令人振奋的设计师，加里亚诺善于运用不同来源的素材组成全新风貌，并在过去和现在之间找到平衡点。他的作品有时令人无法理解，有时又常被其他设计师借用。

尽管在 T 台上风光无限，但这位天才的设计师却常常入不敷出。1991 年，由于财务上濒临崩溃，加里亚诺不得不停止了创作——这种情况他遇到不止一次了，好在这次同样有救星降临。先是他忠实的朋友凯特·莫斯（Kate Moss）无偿地为他做模特，又有巴黎时装设计师费克尔·阿莫（Faycal Amor）帮他制作 1992 至 1995 年间的所有时装系列，更重要的是，1995 年到 1996 年间，他先后被纪梵希和迪奥公司聘为创作主任。

加里亚诺的创作热情一发不可收拾。1994 年春夏，在巴黎推出的时装系列中，有一款黑色连衣裙备受注目，简洁的线条变化、衣服上的挖洞和透明处理，体现了一个设计师对于时装结构的独到领悟；1997～1998 年秋冬为迪奥推出的时装展示中，一款以人造毛皮为主要面料的晚礼服令人惊叹，那种华丽的"多层风貌"映照出朴素的原始意味，既应和了当时人们对环境的关注，也显示了高超的裁剪手法；2000 年春夏，在巴黎推出了一组斜裁系列，对时装的构造进行了令人耳目一新的改造；同年秋冬，展示了带有朋克风格的时装，他将模特的脸画成猫的样子，然后让他们穿上斜裁风格的服装，再在外面罩上半袖的大衣。

约翰·加里亚诺最著名的设计是他为迪奥公司设计的一袭晚礼服：瀑布型的颈线、大量的裥褶、波浪型的花边裙裾，非常夸张，非常合身。尽管被伊夫·圣·洛朗嘲笑为"太像马戏团了"，但其裁剪上出人意料的高雅，却是公认的。

作为一名设计师，加里亚诺的运气算是够好的了，无论是奥斯卡的红地毯、戛纳影展的颁奖台，还是威尼斯双年展，我们都可以看到他的作品。不仅如此，他的香水和配饰也销得不错。

6 活力之源——Michiko Koshino

20世纪80年代才开始涉足时装界的小条美智子（Michiko Koshin），在很大程度上弥合了运动服和俱乐部服之间的距离。这位出生于日本的女设计师善于用西方式的简捷方法来设计时装，尤其是运动服。可以这么说，当时的伦敦需要的就是Michiko Koshino风格的俱乐部制服，由于她设计的标志带有极强的冲击力，使得这些运动本身也变得受欢迎起来。

Michiko Koshino设计的防雨夹克在当时十分流行，这种被称为"古斯"（Goose）的夹克时装，采用细密的绗缝，不仅具有很好的功能性，还显得十分有趣。20世纪90年代，她的设计能力在这种机智诙谐的基础上走得更远，她将伦敦多如牛毛的俱乐部特性糅合进自己的作品中，并因此而获得广泛的知名度。

尽管Michiko Koshino十分信奉伦敦文化，但她的设计并没有被此限制住，她的非常英式的品牌帕卡·克拉巴（Pukka Clobba）总是充满了呼啸感，或许正因为如此，这个品牌的销售并不尽如人意。她的每个时装系列都有骇人的饰物作为补充：从威尼斯的金耳环，到特别的滑雪帽，甚至伞、包、毛巾等。

Michiko Koshino的异想天开使她有胆量用那些前卫的时装去补充顾客们的衣柜。她将伦敦的旗舰店布置得像俱乐部D.J的桌子一样，并展示了大量受摩托车手启发而设计的时装。她还喜欢在T恤上印上自己的名字。这些色彩艳丽的套装竟很受旅行者的欢迎。

在1993年春夏伦敦时装展上，Michiko Koshino发布的一组随意性感的女装极受注目。那是一些黑色纱质的T恤，其中一件上面还有几道故意的破损。这些时装化的T恤，依然保持了运动的意味。

1993年～1994年秋冬，Michiko Koshino在伦敦又发布了类似"破烂装"的作品，其中一件短背心使用棉质的面料，肩部留有毛边，袖子好像被忘掉了一样；而另一套时装则运用了俱乐

↑虽然小条美智子（Michiko Koshino）出生在日本，但她的设计却已经非常伦敦化。

部服的符号元素，西装式的长背心、臂部的徽章图案显示出设计师对这些元素的熟练运用。

Michiko Koshino的最大才能，在于她能够快速适应时尚变化，设计出性感十足的运动服饰。此外，她的市场营销手段也十分灵活，其时装表演常在俱乐部举行，或者给类似沙宣这样的公司提供促销时装。由于她的作品充满活力和具有都市文化符号，所以她的产品在都市青年中有着很好的销量。

↓→ Michiko Koshino 的最大才能在于
她能够快速适应时尚变化。

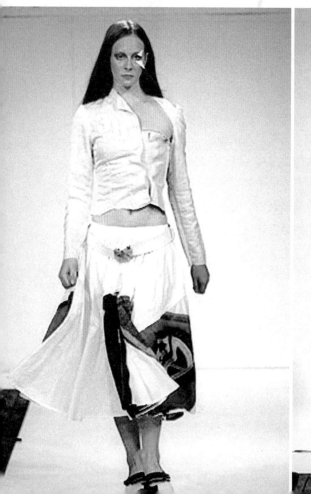

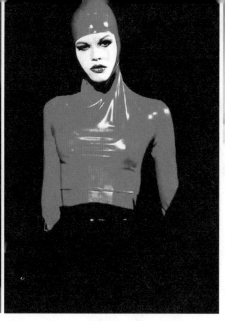

Thierry Mugler的性感设计,并不在于暴露部分有多大,也不拒绝来自色情符号的灵感,总而言之,你无法固定住他的风格。

7 西尔瑞·马格勒

1948年生于法国的西尔瑞·马格勒(Thierry Mugler),1974年开始他的设计生涯。这位差点做了芭蕾舞演员的设计师,致力于将那些可笑的、色情的、不确定的元素搜罗到自己的作品中来。他的设计从粗俗的装饰到极简的风格,应有尽有。

西尔瑞·马格勒的设计取材非常广泛,好莱坞电影、科幻小说、性拜物教、历史事件、各个历史时期的艺术,甚至1950年的底特律汽车,都可以成为他的设计元素。他的目的很明确:就是要通过衣服使女人看上去像女神,或是像女侠,或至少像个穿工作装的成功女性。所以,他的时装常常将腰部勒得很细,裙摆则十分宽大。而对于胸和臀,马格勒自有他一套不同凡响的办法。1995年,他推出的一套黑色直身晚礼服可谓出尽了风头,原因就是他在这条正经的裙子后面开了个不大不小的洞,而这个洞刚好露出了模特的半个屁股!

他的另一款套装也令人大开眼界。这套黑色的裙装,上衣短到刚刚盖过乳线——也就是说基本上有半个乳房露在外面,裙子则在腹股沟处"断"成两截,赫然的裂缝中,连内裤也隐约可见。有趣的是与服装配套的大帽子,将模特的脸整个地遮起来,令人

↓Thierry Mugler1999年的设计作品保持反流行的反叛态度，正如这条常规上可以叫做"小黑裙"的服装，被他调整出朋克风格来。腰部的奇怪造型夸张了髋骨，突出了性和防卫的矛盾意味。

想起那些表面正经、内里却十分风骚的女子。

这或许正是马格勒追求的境界，他的女装总是十分夸张、轻佻、极富女人味，但同时又棱角分明，保持一种刻意的典雅与高贵。他并不在乎一般女性的感受，至于那些影视歌星们，她们对他那些颇具戏剧化效果的服装实在是太喜爱了。在他的时装发布会上，走在伸展台上的往往不仅仅是模特，还有他的那些明星朋友们，诸如杰瑞·霍尔（Jerry Hall）、劳伦·修顿（Lauren Hutton）、戴安娜·罗斯（Diana Ross）、伊万娜·川普（Ivana Trump）、提皮·赫德伦（Tiippi Hedren），以及沙朗·斯通（Sharon Stone）等，这使得他的时装表演常常出人意料地精彩。

当然，更多的时候还是要看模特们的表现，在这方面，马格勒从不松懈。每场表演前，他不仅要查看模特们的服装、配饰，还要亲自为她们设计发型和化妆，甚至场地的灯光和音响也要亲自过问。所以，他的时装秀至少和他的时装一样著名，其热烈的程度有时不亚于摇滚音乐会，以至于有时不得不在巨大的体育场进行。

马格勒反流行的时装特征很难用语言来形容，不过有一点却是很明确的，那就是许多年来他一直保持着反叛者的形象，无论通俗还是高雅，粗野或精致，他的设计都十分关注人体的感受，有着潜在的美感，并体现出精妙的比例关系。

8 继续摇滚——安娜·苏

祖籍中国的安娜·苏（Anna Sui），1955年出生于底特律的华裔中产家庭，父亲是位工程师。这个酷爱花衣服的女人从小就喜欢帮自己的洋娃娃和哥哥的玩具兵穿着打扮，有时还玩奥斯卡颁奖游戏。她把流行杂志上的图片剪下来，排列在一本她现在称

女性化的，甚至是女孩化的繁华风格
是 Anna Sui 的最爱。

作"Genius Files"的本子里。

安娜·苏高中毕业后进入纽约帕森设计学院。此时，风靡全球的摇滚风潮刚刚过去，它的尾声部分却开始对时装业产生影响，安娜·苏正是在这个时候进入时装行业的。那是20世纪70年代的初期，她从帕森学院毕业后，开始在一家为年轻人制作运动装的公司工作，后来进入格兰诺拉，这是一家非常时髦的公司，在这里她将兴趣放在设计与历史的融合上，设计出既有时尚色彩，又混合了古典元素的新造型。

1980年，安娜·苏在一场精品展中发表了6件个人的设计作品，立刻收到梅西百货公司（Macys）的订单，其中一件作品被刊登在纽约时报的广告上。她的时装受朋克影响非常深，所以常将自己的一些设计卖给摇滚商店，同时还兼任米舍尔的摄影风格师。

1987年，安娜·苏决定成为真正的时装摄影师。她来到了安妮特的展示屋，并得到安妮特·布莱恩德尔的帮助，安娜·苏回忆说："安妮特给了我巨大的帮助，她帮我建立了我自己的服装企业。"

安娜·苏将自己的业务从公寓搬到了纽约服装区的一个阁楼工作间，并于1991年在纽约时装周上发布了第一个服装展示。她的那些超级名模朋友们——纳奥米·坎贝尔、琳达·埃文格里斯塔和克里斯蒂·特琳顿，免费为她做了表演。她的设计从头到尾都展现出独特的"安娜·苏"理念，被《纽约时报》誉为高级时装与嬉皮的混合体。此外，由于受让·保罗·戈尔捷和西尔瑞·马格勒的影响，她的设计中还融入了大量音乐和戏剧的成分。

1992年，安娜·苏在纽约的苏活区格林街113号开设了她个人的店面。店里展现了她对于室内装潢的灵感，墙壁漆满了紫色与红色等强烈的色彩，诡异的人体模型以及跳蚤市场的家具陈列，都充分展现出她对于装饰的狂热。

值得一提的，是她于1993年春夏在纽约时装周上发表的一款朋克式时装：大红格子外套，黑色内衣，红格子的长裤，长裤的前面烫缝装饰着长串的黑色纽扣，黑色的腰带上还有鲜艳的红黄星形装饰。还有一款波西米亚式的纱裙，由透明的纱和紫色的缎料组成，大面积的裸露中尚存一丝隐秘与羞涩，是一件难得的浪

↑1996年～1997年秋冬，设计师们面对环保主义者的抗议，纷纷改用人造毛皮，安娜·苏的皮草服装设计以丰富的层次感体现出装饰性。

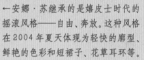

←安娜·苏继承的是嬉皮士时代的
摇滚风格——自由、奔放。这种风格
在2004年夏天体现为轻快的廓型、
鲜艳的色彩和短裙子、花草耳环等。

漫色情之作。

　　1995年，安娜·苏发表了新的ANNA SUI系列，将ANNA
招牌的时髦作风加以入木三分的诠释，成为相当经典的设计系列。
接着她又将其品牌版图延伸到亚洲，陆续在东京及大阪成立专卖
店，在日本引发ANNA SUI热，成为日本女性的抢手商品之一。
此外，她还在1997年发表了鞋款的设计，1999年推出ANNA SUI
香水与化妆品。

　　即便是私人的住宅，安娜·苏也设计得非同寻常。在座落于
曼哈顿雀儿喜区（Chelsea）的住所中，她以印地安红墙和地板装
饰空间，摆设着重新刷新的古董和跟人一样大的假人模特儿，氛
围神秘而诡异，和她的服装很有些神似。

　　在深受极简主义影响的20世纪90年代，安娜·苏的华丽和
繁复既是一种颠覆，也是一种调解，她让我们感受到女性永恒的
体温和来自血液的自由精神。

↑ 2003年的安娜·苏也开始运动起来。

2000年秋冬，她的时装系列依然维持着这样的基调，从毛料、多重纱质、丝质到毛皮，无一不被赋予花花草草、珠串锦织乃至民俗的华巧，累叠出层次丰富的美感：荷叶边飘逸的轻纱衬衫配搭流苏及膝裙、宽腰带、高统靴、彩色裤袜；毛边短皮衣配搭雪纺上衣、粗织民俗风七分裙、拼贴样式的皮靴、藏青丝巾。作为女人，安娜·苏有充分的理由站在女人的立场诉说着她们的善变与奔放。

当然，令人低回不已的还有她拿手的配饰：从游牧风格转变而来的头巾、宽边帽、大颗珠粒的首饰、旖旎的丝巾和丝袜。

第十四章
Chapter fourteen
裘皮的意味

1 人类的第一件衣服

当人类还属于有毛动物的时候——当然，这样说并不等于现在的人已经没毛了——他们似乎并不需要另外的衣服。这一点不需要任何考证，看看现存的动物就知道了，比如老虎、狮子、水貂、羚羊什么的，但据说它们的数量正在急剧下降，有的已濒临灭绝的境地，原因之一就是人类忽然又渴望起毛皮来——那曾经是人类最早的衣服。

人类的第一件衣服，在亚当和夏娃的伊甸园中被描述成树叶的连缀物，它们仅用于遮羞，并不起到挡风遮雨、保暖御寒的作用；而在考古学中人们更倾向服装起源于兽皮说，因为一些出土于旧石器时代的骨针说明，那时的人们已经开始缝纫了。

所谓"旧石器时代"，从历史学上划分，大

↓奥斯卡最佳女主角希拉里·斯旺克的时装聊胜于无，这样的形象在原始的壁画上经常出现，只不过当时的皮革还不能制作得这么精细，并且上衣多半是没有的。

约从二三百万年前开始，到1万年前为止。对于今天的人们来说，这样的时间概念恐怕只有数字上的意义。所以一件衣服无论是存在于一万年前，还是一百万年前，在今天来看并无太大差别，除非它们在材质上有着本质的不同。一个比较有名的例子是发现于前苏联冰冻岩层里的一个男孩尸体，据考证大约已经有10万多年了，男孩身上的覆盖物经过仔细辨认，被证实是加工过的兽皮裤子和靴子，这就是人们认为的最早的衣服。

不过最近有报载，外国科学家从研究人类的体虱入手，得出了人类穿衣始于5万年之前的结论。根据是体虱寄居于服装的皱折处，所以衣服的历史有多长，体虱的历史也就应该有多长。科学家在研究了体虱的DNA后，发现它们在5万年之前就诞生了，于是"科学断定"：人类的第一件衣服始于5万年前。

无论是考古论断，还是科学论断，服装的最早出现都是在旧石器时代。至于前后相差的5万年，应该算是区区小数，对于已经活到21世纪的人们，似乎可以忽略不计。

最早的衣服究竟是什么样？人们从来没有停止过想像。有人认为"最先出现的下身之服当为前后两片，各自独立，飘飘乎类似两面旗帜"，就像如今的一些非洲土著居民。后来有人将布片缝成筒状，形成了最早的裙子。再后来又嫌裙子裹脚，追起野兽来十分不便，于是又有人将裙子从中间裁开，成了最早的裤子。

关于裤带的想像就更是有趣："是先有腰带还是先有吊背带？合理的想像是在腰间顺手围了一圈，于是乎腰带的构思出现了。但先民们是否自然而然地就明白了腰肢这部分躯体可以做束装之用，还是疑问。两个平阔的肩头可以挂物，倒是让先民无师自通学会用绳或带系吊下装，这似乎更合情理。须知无论前后片帘改为裙，裙又衍为裤，都是在产生了线或绳之后才可能的事。所以用线或绳（粗线）吊起下装挂在肩头是比以带束腰更省脑筋的行为，先人们当初做事大约总是先拣容易做的干起来。"

与衣服同时出现的，大约还有文身。而文身的

关于人类该不该穿裘皮时装，历来存有争议。例如美国版《时尚》杂志的编辑Anna Wintour是赞成穿裘皮的，为了表达这种观点，她在纽约一家豪华餐厅里，将一具非食用的动物尸体搁在她的裙下；而在英国，摄影师戴维·贝利则拍了一个激动人心的广告：时装表演的伸展台上，一名模特挥舞着裘皮大衣，忽然向观众喷血。

出现，有人推断和伤疤有关：由于那时的人们经常和野兽展开肉搏，所以极易留下疤痕，谁的疤痕多，也就表示谁最勇敢。出于对伤疤的敬意，人们开始在身上画起纹样。

从这一点来看，即便今天的动物保护主义者也不能对当时的人们说三道四，他们之所以穿戴兽皮，是因为他们只能穿戴兽皮，并且，那并不是一个以强凌弱的结果，而是真正的弱肉强食。谁也没有绝对的优势，捕猎者随时可能被猎，他们只有数着伤疤为自己祈祷。这些茹毛饮血的先辈们，他们做梦也不会想到，有一天他们的子孙大开杀戒，为的仅仅是一条标榜时髦的披肩。

↑刺青戴环的历史可追溯到当年古罗马军团的百夫长，他们的乳头戴着圆环，以保证大氅不会移动。另据《欲经》(Kama Sutya) 记载，人们一度还普遍地在阴茎上刺青挂环。在耳朵上穿孔的习惯则更普遍了。到了朋客时代，"性手枪乐队"的成员已公然地将尖针别在任何部位，而辣妹则引导着更加年轻的女孩将圆环挂在她们的肚脐、眉毛、鼻子甚至舌头上。当然，还有文身。如今的文身展示了一种新的部落文化，与水手和军人身上的传统纹样没有丝毫关联。除了传统的手法外，人们还想出了一些新的文身方法，这包括：划痕，即不让伤口正常愈合，留下一道凸起的疤，烙印，即用滚烫的金属结结实实地灼在皮肤上——关于这项技术，文身专家建议在运用到人身上之前，先在鸡胸脯上操练，或者如果你吃素，先在豆腐上试一试也行。

2 芬迪与裘皮的爱恨情仇

以皮草起家的芬迪 (FENDI) 公司最终成为动物保护主义者的死对头，以至每次时装发布都如临大敌，戒备之森严令人想到二战期间的地下活动。他们也不得不如此，因为那些举着反对标语的激进分子随时会闯进来砸场子——这样的事发生过不只一次了。所以它的时装发布总是场外比场内更热闹，那些愤怒的示威者们，当他们隔着守门的警卫大声抗议时，买家看客则保持着一贯的冷静悄然入场。

芬迪公司的创始人是一个叫 Adele Casagrande 的女子，她于1925年在皮毛的腥味中展开了自己的事业，和 Edoardo Fendi 先生结婚后，将公司的名字也改为FENDI（芬迪）。Fendi 夫妇去世后，公司由他们的五个女儿经营，现在又加入了女儿们的女儿们。一色的娘子军中，只有一个男性人物，这个人就是法国设计师卡尔·拉格菲尔 (Karl Lagerfeld)。

自从 1962 年接任芬迪的首席设计师以来，这位总是摇着折扇出场的先生为芬迪创造了惊人的业绩。他设计的那些皮草系列，无论是雍容华贵的裘皮大氅，还是前卫摇滚的吊带背心，都令皮草爱好者们如痴如狂。他不仅将一些原本不登芬迪之堂的松鼠皮等引入高档时装，还"反主流"地在牛仔大衣内镶上名贵的水貂衬里。1993年的秋冬系列中，他还设计了一个收起来即是拉链小包、打开来却是长大衣的裘皮作品。

↑2001 年冬季《哈泼芭莎》(BAZAAR) 的中文版上，一款裘皮时装的配文，让我们重新估价动物们的价值："毛皮魅力——貂皮饰边钉状跟长靴、狐皮毛帽与耳罩——顿时热力燃烧。

拉格菲尔的出众才华，加上这个老字号品牌的精良工艺，使芬迪的皮草事业如日中天。但动物保护主义者们敌视的眼睛，却始终是他们的心病。更令他们难堪的是来自时尚圈内的抵制，20 世纪 90 年代末，一群包括坎贝尔、特琳顿在内的超级名模，裹着抗议标语拍了张著名的集体裸照，那上面写的便是："就算没衣服穿，我们也宁可只穿自己的皮，而不穿动物的皮。"这件事曾经轰动一时，成为高级时装界的热门话题。意味深长的是，坎贝尔在这次行动之后，很快又穿着裘皮大衣在 T 台上迈起了猫步。

对于动物保护者的抗议，芬迪现任掌门人 Carla Fendi 则表现得十分镇定。"这是自由和民主的代价，"她说，"当然我们也乐意接受。然而，一个自由的社会理应让不同的意向和价值观共存。你不喜爱的东西并非等于别人也不喜爱。穿裘皮不应该受到歧视。"

问题是有些人太喜爱裘皮了，喜爱到无以复加，就像美国电影《101 斑点狗》中那个叫德·维尔的女人，被人当街唾骂至狗血

↑纳奥米·坎贝尔在参加过"我宁愿什么都不穿"运动后，又在芬迪的展示会上穿着皮草迈起了猫步。

淋头，也要将皮草趣味进行到底。

这也是"芬迪"们决意将皮草生意进行到底的信心来源。1999年，芬迪的秋冬系列一改往日的豪华作风，而开始向嬉皮和摇滚进军。那些水貂皮的三角背心、五彩缤纷的皮草夹克、牛仔裤与裘皮大衣的绝佳搭配……使裘皮爱好者的年龄层降下来，销售业绩升了上去。

除了裘皮的时装，芬迪的皮革制品也日新月异，如手袋、箱包、皮鞋等，尽管价格高得离谱，仍有大量的拥趸相随。1999年春夏，芬迪的Baguette（长面包）手袋面世，在香港和米兰都创下前所未有的销售业绩。

与皮革有染的还有大名鼎鼎的路易·威登（LOUIS VUITTON），这个创建于1854年的老牌子，从一开始就以精致耐用的箱包得到王公贵族的赏识，历经无数动物的生死循环而不衰。那些经过鞣制的小牛皮、山羊皮、鹿皮、鳄鱼皮……尽管它们制成箱包后，视觉上的杀戮和血腥感要大大弱于裘皮，但仍然没有逃过动物保护者的围攻。2004年2月12日，法国的动物保护主义者裸体涌上巴黎街头，高举粉色的心型标牌，抗议路易·威登继续以滥杀动物为代价来获得利益。

其实，手包中也有大量的毛皮制品。20世纪50年代末曾出现一股突如其来的毛皮手包热，这种保留了动物原始感的手袋以卷毛波斯羊皮制成，在1954年雅克·法思设计的灰色法兰绒套装系列中，被配以尖顶帽和大围巾；在1957年的回潮中，新式毛皮手包又被设计成只适宜与朴素衣服相配的样式，而放弃了帽子或披肩等配饰；英国的简·希尔顿设计了猎豹毛皮制成的扁平型大包，以及用灰色负鼠毛皮制成的椭圆形手包和钱夹；本巴朗在伦敦的福特纳姆－曼森推出一种以小牛皮包架和手提、包体用彩色毛皮制成的旅行包和手袋；而巴黎的手包设计师罗杰·墨德尔，则为纪梵希设计了一款美洲豹皮的手包。1958年8月的《时尚》杂志上，刊登了1955年劳德－泰勒（Lord&Taylor）公司制作的有白色和黑色斑纹的小马皮手包，以及瓦尔特·凯特恩制作的有美洲豹皮作边的大框架皮手包和小马皮手包……

↑20世纪80年代流行裘皮、镀金和富有魅力的设计，芬迪的F标志即意味着奢华与身份的象征。

以上的这些，事实上在今天的街头仍能看到。那些经典的样式经过后来者的翻版和仿制，再替换以廉价的毛皮，使得任何一个想沾点腥的人都能品尝到皮草的味道。当然，如今又加上了摇滚的色彩，再配上崇尚自然的牛仔服，就更像个返璞归真的现代人了。

不管怎么说，动物保护主义者日益高涨的呼声对皮草业是个不小的打击，财大气粗如芬迪者也不能等闲视之。妥协的办法是打出人工养殖的旗号，折中的办法是开辟人造毛皮的新路径。

但问题的关键是，有人提出人造毛皮也不环保，因为仿皮草是通过多种类型的化学纤维混合而成的，这些纤维通常包括聚丙乙烯系纤维、变性聚丙腈系纤维和聚酯纤维，一旦弃之不用，便成为不易降解的有害垃圾。支持此类说法的当然是皮草供应商，他们举出种种例子来证明反皮草运动存在的误区，比如："新西兰有超过8000万只的负鼠，它们每天能吃掉21吨的各式植被，对环境造

2002～2003秋冬的巴黎时装周上，皮草和羽毛卷土重来。

山本耀司的这款裘皮时装，其创意来
自爱斯基摩人的日常穿着。他说："我
要把那种披挂动物毛皮的装饰概念融
入时尚。"

成极大危害，破坏了新西兰正常的生态环境，进而影响到人们的正常生活。新西兰ＥＣＯ皮草公司下辖的自然开发部门已开始销售负鼠皮制的内衣，希望以此能控制负鼠的大规模繁殖，通过发展皮草行业来维持生态平衡。"此外，"皮草生成的化学成分是水（30%～50%）、蛋白质（55%～75%）、脂肪（2%～20%）、无机盐及碳水化合物（＜2%）。也就是说，一件皮草大衣埋在地下，一个月就可以全部降解掉。皮草应该说是很环保的面料。"

但世界环保组织抵制皮草的呼声却不绝于耳，他们曝光残忍的猎杀行为，呼吁关闭皮革畜牧场，甚至有激进环保人士向Ｔ台上的模特泼洒颜料。西雅图一位叫Jackie Alan Giuliano的博士在其所著的《皮草仍在飞舞》一书中告诉人们：动物们在捕兽夹上经历几天痛苦的折磨，腿被紧紧地夹住。狗、猫、鸟和其他"非标的"或"垃圾"动物也常在这种残忍的陷阱中死亡。那些在养殖场饲养的动物也没好到哪里去，被限养在狭小的笼舍中度过它们短促的一生。它们苦于感染、残酷的对待以及凌迟处死。它们常在被剥皮后还存有一息。这位博士动情地说："你曾见过花栗鼠的皮衣吗？这种皮衣，一件得要剥夺200多只花栗鼠的性命。你曾看过活生生的花栗鼠吗？每一只都像披着长而华丽毛皮的巴掌大的老鼠，他们是我所见过最温和、最亲切的小动物。"

3 环保主义者在行动

自从人类有了穿裘皮、嗜山珍的癖好以来，动物保护主义者没有一天停止过他们的行动，这行动包括拯救濒危动物、拒绝皮草时尚、抗议砍伐森林等。

在中国的青藏高原，活动着（或者说曾经活动着）一支叫做

↑汤姆·福特为GUCCI设计的羽毛套装和怀旧风格的毛皮手袋。

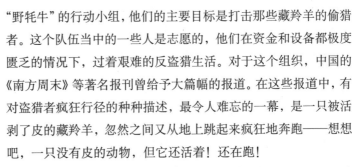

"野牦牛"的行动小组,他们的主要目标是打击那些藏羚羊的偷猎者。这个队伍当中的一些人是志愿的,他们在资金和设备都极度匮乏的情况下,过着艰难的反盗猎生活。对于这个组织,中国的《南方周末》等著名报刊曾给予大篇幅的报道。在这些报道中,有对盗猎者疯狂行径的种种描述,最令人难忘的一幕,是一只被活剥了皮的藏羚羊,忽然之间又从地上跳起来疯狂地奔跑——想想吧,一只没有皮的动物,但它还活着!还在跑!

藏羚羊的恶运起因于一种叫做"沙图什"(SHAHTOOSH)的披肩,由于这种披肩异常柔软和轻薄,甚至可以从指环中穿过,所以也叫指环披肩。"沙图什"在波斯语中是"羊绒之王"的意思,指的便是藏羚羊外层皮毛下的绒毛。

"沙图什"的历史大约可以从18世纪算起,那时的欧洲妇女便开始以拥有这种披肩作为显赫地位的象征。据说拿破仑就曾送给他的情人约瑟芬一条沙图什,约瑟芬喜爱极了,立刻订购了400条。沙图什不仅华美,而且极其保暖,有人甚至认为如果用它包裹一只鸽蛋,那么这只蛋就可以孵化了。该故事的另一个版本是,这只蛋会被焐熟。

关于"沙图什"的来历,非法交易者一直在散播着一个美丽的谎言,他们诗意地说:在海拔超过5000米的藏北高原,生活着一种叫藏羚羊的野生动物,每年的换毛季节,一缕缕轻柔细软的羚羊绒从藏羚羊身上脱落,当地人历尽艰辛把它们从灌木丛中收集起来……

事实是,那里根本就没有什么灌木丛。而作为这个世界上奔跑速度最快的野生动物之一,藏羚羊被捕获的惟一可能,就是远距离射杀。据统计,目前仅存的藏羚羊总数不足5万只,还不到100年前的十分之一,以目前每年被掠杀2万只以上的速度计,3年后这种动物将从地球上永远消失。对于披肩的拥有者来说,这或许是个可喜的消息,因为那样的话,整个人类就只有从他们的披肩上感怀藏羚羊了,不仅如此,这些绝版披肩还将变得更加奇货可居。

藏羚羊之所以能在世界上最恶劣的环境中生存,不仅因为它

们有极好的耐力、极好的保暖的毛，还因为它们有极好的群体精
神。这些灵敏的动物，当它们之中出现"伤员"时，大队藏羚羊
就会减慢前进的速度，以此来关照和保护它们的同伴。正是这个
习性使盗猎者大获便利，每当夜晚，他们便开着汽车朝即将临产
的雌羚羊群横冲直撞，并疯狂地开枪扫射。而一旦有藏羚羊受伤，
整个羊群便停留下来，谁也不愿独自逃生。在盗猎现场常常可以
看到这样的景象：数百头被杀的藏羚羊尸陈荒野，遍地血红，有
些幼小的羊羔仍躺在母藏羚羊的尸体旁，从鲜血淋漓的乳头上吸
奶，鲜血染红了它的嘴巴、鼻子、毛茸茸的小脸……

藏羚羊的非法贸易致使印度的老虎也走上绝境，那里的走私
者十分乐于将虎骨虎皮带进中国，以此交换藏羚羊绒。事实上几
乎所有的"沙图什绒"都是从中国走私到印度的，并在那里的贾
谟和克什米尔地区进行加工——那里是世界上目前惟一拥有沙图
什编织技术的地方。随后，"沙图什"几经转手来到欧美，成为上
流社会和时尚界追逐的对象。至于"沙图什"的价值，如今的西
方市场上大约一条可卖到16000美金。对比之下，那些偷猎者的
所得就显得寒碜多了：1990年，一张藏羚羊皮只能卖25美元。

一条披肩——这就是藏羚羊即将灭绝的原因！

对于藏羚羊的残酷滥杀，应该是人类文明史上最可耻的一页。
尽管《濒危野生动植物国际贸易公约》（CITES）早在22年前就规
定"任何从事藏羚羊制品的贸易在国际上都是非法的"，尽管事实
上很多人都已经知道了藏羚羊与"沙图什"的关系，但这种被动物
保护者称为"裹尸布"的披肩，仍然在一些西方国家屡禁不绝。

1997年2月，大都会警察署野生动植物组在伦敦缴获了138
条沙图什披肩，价值353000英镑；1999年，美国的几位名流被美
国野生动物管理部门调查，要求说明他们的沙图什的来源；2000
年，伦敦－巴黎－米兰秋冬时装节开幕，国际爱护动物基金会特
别赶赴会场，敦促时装设计师们协助杜绝"沙图什"的非法交易，
并要求欧美和印度德里的时装设计师们在保证书上签约，不再设
计和加工沙图什。

国际爱护动物基金会（IFAW）最新公布了一项秘密调查，

↓1997年，Dior公司推出了一款笼中鸟的形象。模特身上装饰着各色羽毛，脖子上还围着貂皮的围巾，被关在一个笼子里，表达出自然与人不断恶化的关系。

→一名动物保护主义者身穿昂贵的皮草，但却以动物的姿势在马桶中喝水，以讽刺那些空有华贵的衣裳却与动物无异的人。

在意大利动物保护宣传团体LAV(Lega Anti Vivisezione)的协助下，意大利官方成功缴获了罗马一家时装店非法出售的两条藏羚羊绒披肩。调查的过程颇具戏剧性，由于目前沙图什的交易十分隐秘，所以调查是从乔装打扮开始的：

IFAW濒危物种保护宣传专员施巴尼·卓布朗女士和另外一位调查者装扮成购物者，走进罗马的一家时装店，故意谈论想买沙图什披肩。于是，店主开始向他们兜售，并给他们看了样品。由于当时没货，店主让他们过几天再去。他们再去的时候，果然看到了另一条沙图什。他们将这一切都用隐蔽摄像机拍了下来，并交给了意大利警方。又经过了一个月的调查，警方搜查了这家时装店，缴获两条沙图什，一条是红的的，一条是蓝色的。

"别忘了，这次调查的仅仅是罗马的一家时装店"，卓布朗女士说，"我们只想向大家证实，藏羚羊在中国被屠杀，藏羚羊绒在印度被编织成沙图什披肩，然后这些披肩最后被走私到欧美贩卖。"她认为，只有将这些贩卖沙图什的人罚得倾家荡产，才能真正从源头上遏止藏羚羊的被杀。

"沙图什"仅仅是诸多"时装惨案"当中的一例，当我们走到那些裘皮、皮草、皮革制品的背后，我们将发现时尚的力量真的太大了，大到足以泯灭人性、毁坏生态。

由于生态环境的严重恶化，20世纪70年代起环保运动便开始日益高涨，毛皮业也受到了动物保护主义者的巨大冲击。1987年美国的毛皮市场销售额曾高达18亿美元，但是到了1990年，竟一下子减少到1亿美元！反对穿毛皮的最激进团体PETA（伦理性地看待动物的人们）等各类环保组织，于1988年前后不断在美国发动袭击毛皮动物养殖场、焚烧毛皮店的过激运动。进入90年代，又掀起了"与其穿毛皮，还不如裸体"的运动，超级模特们全裸上阵拍起反毛皮的广告。另外，纽约的高级饭店、米兰的歌剧院里发生的毛皮衣服被人泼上颜料的事件也不时地在杂志上被报道。站在爱护动物的立场上，不仅是毛皮、皮革，就连毛织物和丝织物也都成了禁止使用的东西。在这种情况下，人工饲养的毛皮登上了时尚舞台。但环保人士认为："人不能残酷对待一只野生动物，同样也不能残酷对待一只家养动物。"

到了20世纪90年代末，美国的毛皮销售额开始逐渐恢复。巴黎、米兰一些颇受消费者欢迎的设计师发布会上，曾一度绝迹的毛皮时装又开始复活，并出现了对毛皮流行的时尚预测。曾参加过反对毛皮运动的名模纳奥米·坎贝尔于1997年3月在米兰举办的FENDI时装表演中，也穿上毛皮登场。美国的《VOGUE》杂志甚至在封面上宣称："为生产汉堡包在农场饲养动物与为制作大衣而养殖水貂有什么不同？"言下之意，毛皮与汉堡包一样，同是人类的必需品。

在中国，皮草则正成为一种富裕的象征而悄然登场。2002年在北京举行的"皮草缤纷夜"展示了11位来自巴黎、米兰、纽约等地设计师的皮草作品。北欧世家皮革（SAGA）总裁祈庭立（Ulrik Kirchheiner）预言说："中国已经成为世界毛皮和其他高档产品的重要市场。"

而另一方面，动物保护主义者仍在进行着他们杯水车薪的奋斗：曾在美国电视连续剧"NYPD Blue"中扮演女侦探的查罗蒂·罗丝，开始在动物保护组织"人道对待动物联盟"的公益广告中扮演角色，这部由罗伯特·瑟伯雷拍摄的广告是该组织系列广告

↑2004年4月21日，在美国加利福尼亚州贝弗利山庄附近举行的一次"反对穿戴动物皮毛服装"的集会上，一名全身涂成红色的女士躺在一件裘皮大衣上，以示对动物皮毛服装穿戴者的抗议。据悉，本次由一个"善待动物"组织发起的集会活动，是因为加拿大政府授权许可在纽芬兰地区捕杀35万头幼海豹而引起的。

↑ 2004年2月12日，法国的动物保护主义者裸体在巴黎街头游行，抗议著名的时装品牌路易·威登利用动物皮毛生产裘皮类的产品。

"拥抱自然，不穿兽皮"中的一辑；2003年2月17日，两名身上画着美洲虎图案的女子，冒着严寒裸体走上加拿大渥太华的街头；4月21日，在美国加利福尼亚州贝弗利山庄附近举行的一次"反对穿戴动物皮毛服装"的集会上，一名全身涂成血红的女士躺在一件裘皮大衣上；作为世界上绒毛丝鼠皮毛的最大输出国，克罗地亚的动物福利机构"动物之友"发起了一场大规模的示威活动，抗议在伦敦和美国举办的皮草秀；"英国小姐"雅娜·布丝为声援反皮毛消费的活动，在裸体上写着："宁愿一丝不挂，也不穿锦帽貂裘"；意大利"反活体解剖联合会"在都灵大型连锁店门外持续示威，提醒消费者衣领上的毛是从猫狗身上扒下来的；英国时装设计师凯瑟琳·哈姆内特（Katharine Hamnett）自1990年就开始了她环保主题的设计；更多的时装设计师开始关注环保问题，并积极使用麻、纱、棉等绿色面料……

另有一些动物保护主义者走上了极端的道路，他们试图以暴力的手段，反对人对动物的暴力：英国一个名叫"动物解放阵线"的保护动物团体最近声称，他们将毒药掺进了一家公司生产的糖果里，以抗议该公司资助用猴子做医学实验。一时间，舆论为之哗然，警察忙于侦破，商店忙于检验，消费者人人自危。该组织随后声称，所谓下毒事件，不过是为了警告这家公司而开的玩笑！

↓鳄鱼因其华丽的皮而倒霉。

4 动物无言

在北美的阿拉斯加荒野上，生长着一种以植被为生的老鼠，繁殖力很强。但是，当它们的种群繁殖过盛并开始对植被造成危害时，其中一部分成员的皮毛会自动变成鲜亮的黄色，以此招来天敌对自己的捕食。如果即便这样也不能将种群减少到适当的数量，老鼠们便会结队奔向山崖，投海自尽。

在中国东北的某个养熊场，关了十几只熊，它们之所以活着，是因为人们要从它们的身上提取胆汁。每天，它们被人用铁钩钩住脖颈，然后用刀在腹部割开伤口并插进管子，这根管子直通胆囊。当墨绿色的胆汁被抽出来时，熊们大张着嘴，喘得眼珠子都快要掉下来。这样的酷刑从上午8点一直持续到10点。有的熊实在无法忍受了，便自己将伤口扒开，拉出里面的内脏，狂号着以求速死。

在云南，几个猎人追赶一群斑羚直至断崖前。羊群终于无路可逃，猎人们举起了他们的枪。这时，一只最年长的斑羚走出来，低鸣几声后，斑羚群自动分成老年组和青壮年组。一只老斑羚率先出列，纵身跳向断崖，紧接着一只青年斑羚飞身出去，在老斑羚跳到最高极限时，恰好踩在它背上，并猛力弹上对面的山崖，垫背的老斑羚则坠下深渊。就这样，它们一对对地跳出去，有的成功，有的双双落入深谷。

还是一个猎人，正追杀一只藏羚羊，眼看走投无路，藏羚羊突然转回身来，对着猎人扑通跪下。猎人很奇怪，因为他从未见过畜生求饶，但他还是开了枪。后来他剖开羊的肚子，发现了里面的小羊。

狍子是一种很傻的动物，它一听到枪响，必然回头张望谁要打它，所以射杀它们总是十分容易的。

悬崖前，一匹马收缰不住坠下山崖，而英勇的骑士则纵身一跃，及时脱险——这是一部电影里的镜头，为了

↓18世纪的欧洲，由于女人们对羽毛的病态喜爱致使一些鸟儿几近灭绝。这样的危机在今天看来似乎仍未消除，鸟类保护主义者任重而道远。

↑美国艺术家马修·巴尼（Matthew Barney）在其著名影像作品《悬丝》中，创造了这个令人震撼的豹女形象，人与自然的关系在一系列无法言说的痛苦中，得到有力的彰显。

这个场景，一匹白色良种马上演了以下的真实一幕：开拍前，那匹马已预感不妙，每次离悬崖还有几米远时，就抵足悲鸣，再也不肯向前。于是导演命人将马眼蒙上。那马落着大颗的泪珠，被人推下山崖。半小时后，六月的晴空突然大雪纷飞……

坦白说，以上所列并非亲眼所见，而是我在一篇文章中看到的，所以，你可以不信。下面我要说一些我亲眼看见的。

在中国南京一家兽医院的院子里，一头牛被固定在双杠一样的架子上，它的左肋部已被打开，人们正围着它做实验。由于麻醉药比较贵，所以它只好忍着痛。它的腿有些抖，但它没吭声。另几头牛趴在旁边的稻草上，它们的身上都有巨大的伤口。它们只是吃草，也不吭声。第二天又要做实验，所以还要选出一头牛，人们去挑的时候，看见昨天那头牛被其他的牛紧紧围在中间。

有一条狗，是从警犬队淘汰下来的，被送给了兽医院。这狗和其他一些实验用的狗关在一起，它们每天的食物，几乎就是自己的粪便。它不断地眼看着同伴死去：有的饿死，有的实验完了之后被扔回来，伤口仍大敞着，内脏流了一地。就快轮到它了，它预感到大限将至。幸运的是，恰在这时，一个前来就诊的犬主要给自己的狗输血，于是它被拉了出去。在这位客人的要求下，这条狗没有被以切断动脉的方法取血，而是采取了比较人道抽血的方法。简言之它活了下来，并被这个好心人买回家。后来这狗被一个特别爱狗的人领了去，过上了它从未指望过的好日子。有一天，它的主人带它去菜场，走近肉铺的时候，那狗看见卖肉的举起刀，扑通一声就跪下了，屎和尿吓得喷了一地……

我把话扯远了，回到时尚中来。

有一天打开电视，赫然出现一双狐狸的眼睛，然而那是怎样的眼睛，已经不能用绝望来形容。它瑟缩在笼子里，一截前肢只剩下一半，皮肉翻卷着，露出里面的骨头。镜头拉开——笼子里关满了同样的狐狸和其他的小兽，它们已经不能被称之为动物，确切地说，那只是一些等待加工的毛皮。

镜头切换，进入了皮毛的加工程序。

再次切换，是T台上的时装表演，那些狐狸、水貂、狸子、小山羊……此时已穿在模特身上，接受着时尚的检阅。

这是一个沉重的话题，在一本关于时尚的书里谈这些，似乎太扫兴了一点！不过这些都是我说的，动物们没说。

动物无言。

5 让衣服说话

当话题渐渐沉重起来的时候我们才发现，一件衣服其实承载了很多。夏奈尔说"衣服不在于穿什么，而在于怎么穿"，看来并不完全适合今天的价值标准。撇开皮草的话题不谈，人造纤维事实上也一直困扰着时装界，范思哲为麦当娜设计的那些PV面料透明装，虽然精妙无比，但却因为其面料难以降解，长期以来为环保主义者所诟病。

穿什么在很大程度上表明了一个人的生活姿态。比如喜欢穿棉麻制品的人，多半是一个崇尚自然、追求品位的人，在生活中

↑对于一个讷言的人而言，衣服是一种强烈的语言，一种回避现实同时又唤醒记忆的公开的密码。

↑范思哲为麦当娜设计的这些透明时装尽管十分美妙，但却因为其面料难以降解，长期以来为环保主义者所诟病。

会尽量地使自己舒服自在，不受约束，看起来个性十足，这同时也标志着他很环保，很符合绿色的时尚潮流；与之相对应的，是喜欢穿毛料和丝绸制品的人，这种面料虽然也很舒适和环保，但由于在洗涤和打理上都很费心，所以穿这类衣服的人在生活中多半有一些拘谨，一方面追求完美的生活品质，一方面却又因为这样的追求而患得患失。在形象上两者也有区别，前者一般比较随意浪漫，后者则比较精致得体。当然，两者也有混淆的时候，就像一枚硬币的正反面，一个人的双重性格在穿着上也会不时地有所体现。

穿什么还显示了一个人的身份地位。首先，一个穿化纤面料的人显然是无法和一个穿裘皮的人相比的，也无法和穿棉麻、毛料和丝绸的人相比，它们在价格上天差地别。尽管如今的人造纤维技术已经有了很大改进，但终究脱不了"的确凉"之后的低档印象。当然，一些特殊的制作例外，比如范思哲为麦当娜制作的时装以及高品质的运动装等，而事实上如今一些高档化纤面料的服装也并不便宜。化纤面料的特点是易成型、易洗涤、不用熨烫，这对于那些既喜欢套装的得体正式，又不想花时间打理的人来说，无疑是一个不错的选择。但对一个讲究品质的人而言，衣橱里过多的化纤服装显然是无法容忍的。而裘皮就不同了，那是身份和财富的象征。一件高档的裘皮服装，有时甚至相当于一个人一生的收入。想想看如果一橱子的裘皮，那是什么概念！

当我们将目光落到时尚的窠臼里来，或许真的不必将皮草趣味想得那么严重？毕竟，这么多的素食主义者也并没有改变禽畜被杀的命运，何况一件衣服。

如果说穿什么表明了一个人的生活品质，那么怎么穿便表明了一个人的审美趣味——这也正是时装设计们孜孜以求、不断翻新的一个话题。每年的时装展都在告诉我们应该怎么穿，而事实上每一次的时尚预言都是对上一次的背叛。时装是什么？拉尔夫·劳伦说，时装是一种生活方式；珍妮弗·克雷克（J.Craik）说"时装是一种文化移入的手段，一种个人和群体借以使自己和周围的文化在视觉上合拍的手段"；而维维安·韦斯特伍德则说，

当时光进展到公元2004年，人类的赤
裸欲望与当初的赤身裸体当然不再是
同一回事。人们对兽皮的欲望也不再
与必须的生存竞争有关。简单地说，一
个人可以通过衣服告诉人们，你已拥
有了什么，还希望得到什么什么。

"时装就是夹携着穿与不穿的构想，游刃于男性化与女性化的两极。时装的终极目标是赤裸"。

这真是一个有趣的论断，将我们的视点再次引回到本书开头的话题上来。

当时光进展到公元2004年，人类的赤裸欲望与当初的赤身裸体当然不再是同一回事，人们对兽皮的欲望也不再与必须的生存竞争有关。简单地说，一个人可以通过衣服告诉人们，你已拥有了什么，还希望得到什么。

至于一件暴露的晚装代表了什么，只要你在晚餐的时候将筷子拂落，然后假装弯腰去拣，然后将女人涂着指甲油的脚捏上一捏……你会得到明确的答案。

↑你完全可以在夏天戴上貂皮的帽子和手套，或者，只穿一条热裤和小到不能再小的背心，这一切随你，没人能拿你怎样。